Matthias Suding

Separatoren für Li-Ionen Batterien aus Zwillingscopolymeren

Matthias Suding

Separatoren für Li-Ionen Batterien aus Zwillingscopolymeren

von der Idee bis zum funktionsfähigen Produkt

Südwestdeutscher Verlag für Hochschulschriften

Impressum / Imprint
Bibliografische Information der Deutschen Nationalbibliothek: Die Deutsche Nationalbibliothek verzeichnet diese Publikation in der Deutschen Nationalbibliografie; detaillierte bibliografische Daten sind im Internet über http://dnb.d-nb.de abrufbar.
Alle in diesem Buch genannten Marken und Produktnamen unterliegen warenzeichen-, marken- oder patentrechtlichem Schutz bzw. sind Warenzeichen oder eingetragene Warenzeichen der jeweiligen Inhaber. Die Wiedergabe von Marken, Produktnamen, Gebrauchsnamen, Handelsnamen, Warenbezeichnungen u.s.w. in diesem Werk berechtigt auch ohne besondere Kennzeichnung nicht zu der Annahme, dass solche Namen im Sinne der Warenzeichen- und Markenschutzgesetzgebung als frei zu betrachten wären und daher von jedermann benutzt werden dürften.

Bibliographic information published by the Deutsche Nationalbibliothek: The Deutsche Nationalbibliothek lists this publication in the Deutsche Nationalbibliografie; detailed bibliographic data are available in the Internet at http://dnb.d-nb.de.
Any brand names and product names mentioned in this book are subject to trademark, brand or patent protection and are trademarks or registered trademarks of their respective holders. The use of brand names, product names, common names, trade names, product descriptions etc. even without a particular marking in this works is in no way to be construed to mean that such names may be regarded as unrestricted in respect of trademark and brand protection legislation and could thus be used by anyone.

Coverbild / Cover image: www.ingimage.com

Verlag / Publisher:
Südwestdeutscher Verlag für Hochschulschriften
ist ein Imprint der / is a trademark of
AV Akademikerverlag GmbH & Co. KG
Heinrich-Böcking-Str. 6-8, 66121 Saarbrücken, Deutschland / Germany
Email: info@svh-verlag.de

Herstellung: siehe letzte Seite /
Printed at: see last page
ISBN: 978-3-8381-3453-6

Zugl. / Approved by: Düsseldorf, Universität, Diss., 2012

Copyright © 2012 AV Akademikerverlag GmbH & Co. KG
Alle Rechte vorbehalten. / All rights reserved. Saarbrücken 2012

Inhaltsverzeichnis

Inhaltsverzeichnis .... - 1 -
Abkürzungsverzeichnis .... - 5 -
1 Zusammenfassungen .... - 7 -
    1.1 Zusammenfassung .... *- 7 -*
    1.2 Summary .... *- 10 -*
2 Einleitung .... - 13 -
    2.1 Aufbau und Funktionsweise einer Lithium-Ionen Batterie .... *- 13 -*
    2.2 Verschiedene Konzepte an Li-Ionen Batterien .... *- 17 -*
    2.3 Anforderungen an Separatoren .... *- 22 -*
    2.4 Stand der Technik/Forschung .... *- 25 -*
    2.5 Zielsetzung und Motivation .... *- 30 -*
3 Theoretische Grundlagen .... - 35 -
    3.1 Separatorklassen .... *- 35 -*
        3.1.1 Mikroporöse Polymerseparatoren .... - 35 -
        3.1.2 Anorganische Kompositseparatoren .... - 39 -
        3.1.3 Polymergelelektrolyte .... - 41 -
        3.1.4 Weitere Separatorkonzepte .... - 44 -
    3.2 Die Zwillings- bzw. Zwillingscopolymerisation .... *- 45 -*
        3.2.1 Mechanismus der Zwillings- bzw. Zwillingscopolymerisation .. - 47 -
        3.2.2 Monomere .... - 51 -
            3.2.2.1 Einfluss des Zentralatoms .... - 51 -
            3.2.2.2 Einfluss der organischen Komponente im Monomer .. - 53 -
            3.2.2.3 Einfluss funktioneller Gruppen .... - 53 -
    3.3 Prinzip der Gurley Apparatur .... *- 54 -*
    3.4 Prinzip der Leitfähigkeitsmessungen .... *- 57 -*
4 Experimenteller Teil .... - 67 -

Inhaltsverzeichnis

4.1 Synthese und Charakterisierung der Monomere .... - 67 -

    4.1.1   Synthese des 2,2'-Spirobi[4H-1,3,2-benzodioxasilin] .... - 68 -

    4.1.2   Synthese des 2,2-Dimethyl-4H-1,3,2-benzodioxasilin .... - 70 -

    4.1.3   Lagerfähigkeit der Monomere .... - 73 -

        4.1.3.1 Lagerfähigkeit des Monomer A .... - 73 -

        4.1.3.2 Lagerfähigkeit des Monomer B .... - 76 -

4.2 Membranherstellung .... - 77 -

    4.2.1   Herstellung freitragender Filme .... - 79 -

    4.2.2   Initiatorvariation .... - 85 -

    4.2.3   Thermische Initiierung .... - 89 -

    4.2.4   Auftragen des Zwillingscopolymers auf verschiedene Vliese .. - 99 -

    4.2.5   Reduktion der Schichtdicke .... - 104 -

4.3 Verbesserung der Beständigkeit gegen typische Lösungsmittel für Batterieelektrolyte .... - 113 -

    4.3.1   Vernetzungsagentien .... - 114 -

    4.3.2   Thermische Nachbehandlung .... - 120 -

    4.3.3   Analyse der Vernetzung .... - 123 -

    4.3.4   Einfluss der Vernetzung auf das Zwillingscopolymer .... - 130 -

4.4 Erzeugung von Poren .... - 137 -

    4.4.1   Erzeugung von Poren durch Herauslösen von Wachsen .... - 137 -

    4.4.2   Erzeugung von Poren durch Behandlung mit Basen .... - 141 -

    4.4.3   Erzeugung von Poren durch Behandlung mit Flusssäure .... - 145 -

4.5 Gurley Zahl .... - 150 -

    4.5.1   Aufbau der Apparatur .... - 150 -

    4.5.2   Bestimmung der Gurley Zahl von unterschiedlich behandelten Zwillingscopolymeren .... - 154 -

4.6 Leitfähigkeitsmessungen .... - 157 -

    4.6.1   Entwicklung und Aufbau der Leitfähigkeitsmesszelle .... - 157 -

    4.6.2   Bestimmung der Leitfähigkeit von unterschiedlich behandelten Zwillingscopolymeren .... - 165 -

5 Ausblick .... **- 169 -**

6 Literaturverzeichnis .... **- 171 -**

7 Anhang .... - 181 -

7.1 Verwendete Geräte und Methoden .... *- 181 -*

7.2 Verwendete Chemikalien und Aufbereitung .... *- 183 -*

7.3 Synthesen und Ansätze zur Membranherstellung .... *- 185 -*

    7.3.1 Monomer A (2,2'-Spirobi[4H-1,3,2-benzodioxasilin]) .... - 185 -

    7.3.2 Monomer B (2,2-Dimethyl-4H-1,3,2-benzodioxasilin) .... - 186 -

    7.3.3 Ansätze Zwillingscopolymere mit festem Initiator .... - 187 -

    7.3.4 Ansätze Zwillingscopolymere mit flüssigem Initiator .... - 188 -

    7.3.5 Ansätze Zwillingscopolymere mit Initiator und Trioxan ...... - 190 -

    7.3.6 Ansätze Membranen mit thermischer Initiierung .... - 191 -

    7.3.7 Ansätze der Membranen mit Luvitec VA 64P® .... - 191 -

7.4 Spektren und Diagramme .... *- 192 -*

    7.4.1 ^{1}H-NMR Spektren Monomer A .... - 192 -

    7.4.2 ^{1}H-NMR Spektren Monomer B .... - 195 -

    7.4.3 ^{13}C-NMR Spektren Monomer A .... - 199 -

    7.4.4 ^{13}C-NMR Spektren Monomer B .... - 202 -

    7.4.5 ^{1}H-NMR Spektren der Beständigkeitstests des Monomer A ... - 205 -

    7.4.6 ^{1}H-NMR Spektren der Beständigkeitstests des Monomer B ... - 209 -

    7.4.7 Rückstandsuntersuchungen mittels ^{1}H-NMR .... - 210 -

    7.4.8 DSC-Messungen .... - 214 -

    7.4.9 DTA-Messungen .... - 232 -

    7.4.10 Zug-Dehnungs-Messungen .... - 234 -

    7.4.11 Gurley Daten .... - 236 -

    7.4.12 Leitfähigkeitsmessungen .... - 238 -

Abkürzungsverzeichnis

Ø	Durchschnitt/Durchmesser
A	Fläche
ASTM	American Society for Testing and Materials
C	Kapazität
CCP	kapazitiv gekoppeltes Plasma
Cyc.	Zyklus
DABCO	1,4-Diazabicyclo[2.2.2]octan
DBU	1,8-Diazabicyclo[5.4.0]undec-7-en
DEC	Diethylacarbonat
DME	Dimethoxyethan
DMSO	Dimethylsulfoxid
DOL	1,3-Dioxolan
DSC	Dynamische Differenzkalorimetrie (Digital Scanning Calorimetry)
DTA	Differenz-Thermoanalyse
E	elektrisches Feld
EC	Ethylencarbonat
E-Modul	Elastizitätsmodul
Gew. %	Gewichtsprozent
HAADF-STEM	Weitwinkel-Dunkelfelddetektor-Rastertransmissionselektronenspektroskopie (eng. High Angle Annular Dark Field - Scanning Transmission Electron Microscopy)
HFP	Hexafluoropropen
ICP	induktive gekoppeltes Plasma
JIS	Japanese Industrial Standard
konz.	konzentriert
kW	Kilowatt
L	Länge
LiBOB	Lithiumbis(oxalato)borat
LiTFSi	Lithiumbis(Trifluoromethylsulfonyl)imid
Monomer A	2,2'-Spirobi[4H-1,3,2-benzodioxasilin]
Monomer B	2,2-Dimethyl-4H-1,3,2-benzodioxasilin
N	Newton
Nm	Newtonmeter
PAN	Polyacrylnintril

PE	Polyethylen
PEG	Polyethylenglycol
PEO	Polyethylenoxid
PET	Poeyethylenterephthalat
PFA	Polyfurfurylalkohol
PMMA	Polymethylmethacrylat
POM	Polyoxymethylen
PP	Polypropylen
ppm	parts per million
PVDF	Polyvinylidenfluorid
R	Widerstand in Ω
S	Siemens
Sccm	Standardkubikzentimeter
SEI	Solid Elektrolyte Interphase
t	Zeit
TEM	Transmissionselektronenmikroskopie
T_g	Glasübergangstemperatur
TG	Thermogravimetrie
U	Spannung
UV	Ultraviolett
V	Volumen
Vol. %	Volumenprozent
Wh	Wattstunde
Z	Impedanz
δ	chemische Verschiebung
σ	Leitfähigkeit
Ω	elektrischer Widerstand
ω	Kreisfrequenz

1 Zusammenfassungen

1.1 Zusammenfassung

Die Speicherung von elektrischer Energie in stationären sowie mobilen Speichermedien rückt seit Jahren immer weiter in den Fokus der aktuellen Forschung. Dabei haben sich insbesondere Li-Ionen Batterien als hoch effizient herausgestellt. Im Vergleich zu Blei-, Nickel-Metallhydrid- oder Alkalibatterien zeigen sie beispielsweise wesentlich höhere Energiedichten, wodurch das Gewicht einer Batterie bei gleicher Leistung erheblich reduziert werden kann. Ein bedeutendes, wenn auch nicht direkt an der elektrochemischen Reaktion beteiligtes Bauteil, stellt der Separator einer Li-Ionen sekundär Batterie dar. Dieser verhindert den physikalischen Kontakt zwischen Anode und Kathode, also einen Kurzschluss der Batterie, muss jedoch den Li-Ionen einen möglichst ungehinderten Fluss zwischen den Elektroden ermöglichen. Im Gegensatz zu Batteriesystemen wie dem Säure-Bleiakkumulator, welches schon seit über 150 Jahren bekannt ist, gelang die Lithium-Ionen Technik erst vor gut 20 Jahren zur Marktreife. Daher befinden sich nahezu alle Bauteile der Batterie noch in einem Entwicklungsprozess. Für Separatoren hat sich dabei herausgestellt, dass diese im Fall von Polymerseparatoren, angereichert mit anorganischen Bestandteilen, die besten Eigenschaften zeigen. Daher wurde in dieser Arbeit ein neuartiges Copolymer, ein sogenanntes Zwillingscopolymer, welches in einem Polymerisationsschritt organische und anorganische Nanodomänen bildet, auf seine Anwendbarkeit als Separatormaterial untersucht.

Bekannt war, dass die Monomere 2,2'-Spirobi[4H-1,3,2-benzodioxasilin] und 2,2-Dimethyl-4H-1,3,2-benzodioxasilin in äquimolaren Verhältnissen durch kationische Initiierung zu einem glasharten Compositmaterial, dem sogenannten Zwillingscopolymer, polymerisieren. Dieses zeigt nanometergroße Bereiche aus Phenolharz, Polydimethylsiloxan und Siliziumdioxid. Bei ersten Versuchen zur Herstellung von Membranen aus diesem Material hatte sich gezeigt, dass eine ausreichend dünne Schicht nur mit Hilfe einer geeigneten Polyethylenterephthalat (PET)-

1 Zusammenfassungen

Unterstruktur erreicht werden konnte. Um den glasharten Charakter des Polymers aufzuweichen, wurde das molare Mischungsverhältnis 2,2'-Spirobi[4H-1,3,2-benzodioxasilin] : 2,2-Dimethyl-4H-1,3,2-benzodioxasilin von 1:1 auf 1:2,3 geändert. Hierdurch wuchs der Anteil an flexiblem Polydimethylsiloxan, während der Anteil an unflexiblem Siliziumdioxid sank. Da durch die Initiierung der Schmelze mit kationischen Initiatoren die Bearbeitungszeit dieser sehr begrenzt war, erfolgt hier ein Wechsel zu einer thermischen Initiierung, welche bei 200 °C erfolgte. Durch die nun längere Bearbeitbarkeit der Schmelze konnten unterschiedliche Methoden zur Aufbringung auf das Vlies und zur Reduktion der Schichtdicke erprobt werden. Dabei hat sich gezeigt, dass defektfreie Membranen aus Zwillingscopolymer auf PET-Vlies mit Schichtdicken von ~ 30 µm nur durch eine Vorbehandlung des Vlieses mit Plasma erreicht werden konnten.

Ein weiteres wichtiges Ziel, die Beständigkeit des Materials gegen batterietypische Lösungsmittel wie Diethylcarbonat, Ethylencarbonat oder in zukünftigen Generationen verwendetes Dimethoxyethan sowie 1,3-Dioxolan herzustellen, konnte durch thermisch eingeleitete Vernetzungsreaktionen erreicht werden. Im Fall einer kationisch initiierten Zwillingscopolymerisation hat sich gezeigt, dass eine Nachbehandlung bei 200 °C für 30 Minuten notwendig war, um eine ausreichende chemische Stabilität zu erhalten. Im Fall der thermischen initiierten Polymerisation erfolgte der Schritt der Vernetzung simultan, sodass hier nach einer Polymerisationszeit von 80 Minuten die notwendige Beständigkeit erreicht wurde. Dass es durch die Nachbehandlung zu einer Vernetzung im Zwillingscopolymer kommt, wurde durch verschiedene Methoden wie DSC, DTA, Härtemessungen oder Schrumpfbestimmung nachgewiesen.

Um den Fluss von Li-Ionen durch die Membran (molare Zusammensetzung der Monomere 1:2,3) zu gewährleisten, musste in diesen eine gewisse Porosität erzeugt werden. Dies gelang, durch eine Behandlung der Membran mit verschiedenen Flusssäure (HF)-Lösungen. Dabei wurden durch die HF-Lösung Siliziumdioxiddomänen herausgelöst. Die entstandenen Poren konnten durch HAADF-STEM Aufnahmen bestätigt werden und wiesen Größen im Bereich von 25-125 nm auf. Eine weitere Bestätigung dafür, dass Poren in der Membran entstanden sind, lieferten Gurley Messungen. Um diese durchzuführen, wurde zunächst eine dafür notwendige Appartur entsprechend der ASTM-Norm konzipiert und aufgebaut. Messungen mit dieser Apparatur haben gezeigt, dass Membranen, welche für 1,5 Minuten mit HF-Lösung 19-21 % bzw. 38-40 % behandelt wurden, Gurley Zahlen von 26 s bzw. 27 s aufwiesen. Kommerzielle Separatoren zeigen Gurley Zahlen im Bereich von 24 s. Bei einer Reduktion der Konzentration der HF-Lösung auf 9-11 % steigt die Gurley Zahl auf 65 s, was einer Verringerung der Porosität entspricht. Bei konstanter Konzentration von 38-40 % HF in Lösung, aber einer Verkürzung der Behandlungszeit, war ebenfalls eine Verringerung der Porosität feststellbar. In diesem Fall stieg die Gurley Zahl von 27 s nach 1,5 Minuten auf 99 s an.

Eines der wichtigsten Kriterien eines Separators ist die Li-Ionen Leitfähigkeit. Um diese messen zu können, wurde in der hier vorliegenden Arbeit ein Li-Ionen Leitfähigkeitsmessstand eigenständig entwickelt und aufgebaut. Die Leitfähigkeiten einer Zwillingscopolymermembran (molares Monomerverhältnis 1:2,3) ohne Behandlung mit Flusssäure lag bei $3,7 \cdot 10^{-6}$ S/cm. Durch die Behandlung mit HF-Lösungen mit Konzentrationen zwischen 19 und 40 % für 1,5 Minuten lies sich die Leitfähigkeit deutlich auf $3,3 \cdot 10^{-3}$ S/cm bis $4,8 \cdot 10^{-3}$ S/cm steigern. Diese Werte sind vergleichbar mit kommerziell erhältlichen Separatoren, welche Leitfähigkeiten im Bereich von $\sim 2 \cdot 10^{-3}$ S/cm aufweisen. Bei einer geringen Konzentration von 9-11 % HF bei gleichbleibender Behandlungszeit stieg die Leitfähigkeit nur leicht auf $1,1 \cdot 10^{-5}$ S/cm. Auch bei einer Verkürzung der Behandlungszeit mit 38-40 % HF war nur ein geringer Anstieg auf $1,5 \cdot 10^{-5}$ S/cm festzustellen.

1 Zusammenfassungen

1.2 Summary

The storage of electrical energy in stationary as well as in mobile accumulators gains more and more interest in current research since several years. Especially Li-ion batteries show high efficiency in this research area. In contrast to acid-lead-, nickel-metal hydride or alkaline batteries they have much higher energy densities. Due to this, the weight of a battery with an equal capacity can be reduced significantly. An important component of a Li-Ion secondary battery is the separator, although it is not directly involved in the electrochemical reaction. The function of the separator is to prevent physical contact between anode and cathode to avoid a short circuit of the battery, but let the Li-ions flow freely from one electrode to the other. In contrast to battery systems like the lead-acid-accumulator, which is known for more than 150 years, the Lithium-ion technique became marketability only 20 years ago. Because of that, nearly every component of the battery is still in a development process to achieve performance. For separators it was found, that polymerseparators, enriched with inorganic nanoparticles, show the best properties. Due to that fact, in this work a novel copolymer, so called twinpolymer, which builds organic and inorganic nanodomains in one polymerization step, was reviewed for a feasible application as separator in Li-ion batteries.

It was known, that the monomers 2,2'-spirobi[4H-1,3,2-benzodioxasiline] and 2,2-dimethyl-4H-1,3,2-benzodioxasiline, in an equimolar mixture, polymerize by cationic initiation to a glass hard composite material, the so called twinpolymer. This polymer shows areas in nanometer dimension of phenolic resin, polydimethylsiloxane and siliciumdioxide. In first experiments to create membranes of this material it was found, that an adequate thin layer is only reached by using a PET-nonwoven as framework. To soften the glass hard character of the material the molare mixture 2,2'-spirobi[4H-1,3,2-benzodioxasiline] : 2,2-dimethyl-4H-1,3,2-benzodioxa-siline was changed from 1:1 to 1:2,3. Hereby the contingent of the flexible polydimethylsiloxane increased, while the contingent of the inflexible siliciumdioxide decreased. Due to the fact, that the polymerization was started by a cationic initiator, the machining properties of the melt were limited. Because of that the initiation was changed from cationic to thermal, which occurs at 200 °C. By the longer machining properties of the melt, different methods of laminating the polyethylenterephthalat (PET)-nonwoven and to reduce the film thickness could be tested. Thereby it was found, that membranes made by twinpolymerization on a PET-nonwoven with a film thickness of ~ 30 µm could only be reached by a plasma preatrement of the PET-nonwoven.

A further important aim of this work, the chemical resistance against battery typical solvents like diethyl carbonate, ethylene carbonate or in next battery generation used solvents like 1,3-dioxolane or dimethoxyethane, was reached by thermal initiated crosslinking reactions. In case of cationic initiated twinpolymers it was found, that thermal post curing at 200 °C for 30 minutes was enough. In case of thermal initiated polymerization the crosslinking step occurs simultaneously with the polymerization. In this case a polymerization time of 80 minutes leads to an adequate chemical resistance. The crosslinking of the polymer by post curing could be verified by different methods like DSC, DTA, hardness measurements or determination of shrinking.

To ensure the flux of Li-ions through the membrane (molar mixture of the monomers (1:2,3), the membranes have to show an adequate porosity. In this work the pores were created by treating the membranes with different concentrated hydrofluoric acid (HF)-solutions. Thereby the HF-solution solved the siliciumdioxide domains. The created pores could be proved by HAADF-STEM pictures and showed dimensions in the range of 25-125 µm. A further indication, that pores were formed, was given by Gurley measurements. To perform these measurements, a Gurleydevice had to be designed and build up accordant to an ASTM-norm. Measurements with these device showed, that membranes which were treated for 1.5 minutes with HF-solutions 19-21 % and 38-40 % respectively have Gurley Numbers of 26 s and 27 s. commercially available separators show Gurley numbers in the range of 24 s. Due to a reduction of the HF-solution concentration to 9-11 %, the

1 Zusammenfassungen

Gurley number increases to 65 s. This shows that the membrane has a less porosity. With a constant HF-solution concentration of 38-40 % but reduced treatment time, a reduction of the porosity is also notable. In this case, the Gurley Number increases from 27 s after 1.5 minute to 99 s after 1 minute.

One of the most important characteristics of a separator for Li-ion batteries is the Li-ion conductivity. To measure these, in this work a measuring cell for Li-ion conductivity was developed and constructed. The conductivity of a twinpolymer (molar mixture 1:2,3) without HF-solution treatment was determined to $3.7 \cdot 10^{-6}$ S/cm. Due to treatment with HF-solutions with concentrations between 19 and 40 % for 1.5 minutes, the conductivity increased to the range of $3.3 \cdot 10^{-3}$ S/cm up to $4.8 \cdot 10^{-3}$ S/cm. These conductivities are comparable with commercially available separators which show conductivities in the range of $\sim 2 \cdot 10^{-3}$ S/cm. At lower HF-solution concentrations of 9-11 % with constant treatment time of 1.5 minutes a small increase of the conductivity up to $1.1 \cdot 10^{-5}$ S/cm compared with untreated twinpolymer was found. Also a reduction of the treatment time to 1 minute with a 38-40 % HF-solutions leads to a small increase up to $1.5 \cdot 10^{-5}$ S/cm.

2 Einleitung

In diesem Kapitel der Arbeit soll zunächst der Aufbau sowie die Funktionsweise von Li-Ionen Batterien erklärt werden. Anschließend erfolgt ein kurzer Überblick über verschiedene Typen von Li-Ionen Batterien sowie über ihre Anwendung. Im weiteren Verlauf des Kapitels werden dann speziellen Anforderungen an Separatoren, welche auch in dieser Arbeit entwickelt werden sollen, vorgestellt. Aktuelle Forschungsergebnisse zur Verbesserung der Separatoreigenschaften beziehungsweise der Stand der Technik werden vorgestellt und schließlich die Zielsetzung und Motivation dargelegt.

2.1 Aufbau und Funktionsweise einer Lithium-Ionen Batterie

Eine Lithium-Ionen Sekundärbatterie besteht grundsätzlich, wie die meisten anderen Batterien auch, aus Anode, Kathode, Separator und Elektrolyt. Da Batterien häufig für den mobilen Einsatz verwendet werden, sollen diese möglichst klein und leicht sein sowie eine hohe Spannung und Kapazität aufweisen. Um diese Eigenschaften zu erreichen, müssen alle Komponenten hohen Anforderungen entsprechen. Die Elektroden sollten daher ein möglichst geringes Äquivalentgewicht sowie eine hohe spezifische Ladung aufweisen. Ebenso sollten sie ein möglichst positives (Kathode) bzw. stark negatives (Anode) Elektrodenpotenzial besitzen. Desweiteren muss eine ausreichende kinetische und thermodynamische Stabilität gegen den Elektrolyten sowie eine hohe Lade/Entlade Zyklenbeständigkeit gegeben sein. Im Falle der Anode erfüllt elementares Lithium nahezu all diese Anforderungen[1]. Durch eine Passivierungsschicht aus Zersetzungsprodukten des Elektrolyten und des Leitsalzes, welche nur für Li-Ionen durchgängig ist, ist auch die thermodynamische Stabilität des Lithiums gegen den Elektrolyten gegeben. Diese Schicht wird auch als „Solid Electrolyte Interface" (SEI) bezeichnet[2, 3]. Trotz einer guten Li-Ionen Leitfähigkeit stellt diese

2 Einleitung

Schicht einen Widerstand bei der Ionenwanderung dar. Daher kommt es besonders an weniger gut ausgeprägten Stellen der SEI zur Ansammlung von Lithium, welches sich dort nadelförmig als dendritisches Lithium abscheidet. Dieses Lithium kann durch mechanische Belastung abbrechen oder durch ein „Hineinwachsen" der SEI abgekapselt werden und steht dadurch beim Entladen nicht weiter zur Verfügung. Durch diesen irreversiblen Lithiumverlust lässt sich eine maximale Ladeeffizienz von 99 % erreichen. Um dennoch eine ausreichend hohe Zyklenbeständigkeit zu erreichen, wird in der Regel ein drei- bis vierfacher Überschuss an Lithium zugegeben[1]. Der Grund, warum dennoch kaum Batterien mit elementarem Lithium als Anode vorkommen, ist der geringe Schmelzpunkt von 180 °C. Da beim Schmelzen des Lithiums die oben beschriebene SEI aufbricht, ist dieses dann hoch reaktiv und steht in Kontakt mit leicht entzündlichen Lösungsmitteln. Die Gefahr des „thermischen Durchgehens" und eine daraus resultierende Explosion der Batterie kann dann nicht mehr ausgeschlossen werden[4]. Das Ausweichen auf das nächst höhere Homologe, das Natrium oder leichte Metalle der II und III Hauptgruppe ist nicht möglich, da hier entweder keine beständige oder eine nur sehr schlecht leitende SEI gebildet wird[1]. Am häufigsten werden Li-Ionen Interkalationsverbindungen wie Kohlenstoff, Übergangsmetalloxide oder Lithium-Ionen legierende Metalle als Anodenmaterial verwendet. Zwar wird hier das Elektrodenpotential zu wenig negativeren Werten verschoben, die Ladungsdichten bleiben jedoch äquivalent[1]. Dies ist dadurch zu erklären, dass nicht etwa Lithium, sondern die wesentlich kleineren Lithium-Ionen eingelagert werden. Viele Lithium Verbindungen wie beispielsweise $Li_{22}Sn_5$, die aufgrund ihrer hohen Ladungsdichte ideal als Anodenmaterial geeignet wären, zeigen beim Einlagern des Lithiums Volumenänderungen von 100-300 %[1, 5]. Diese großen Volumenänderungen führen zu starker mechanischer Beanspruchung der Elektrode, wodurch die Zyklenbeständigkeit stark herabgesetzt wird. Im Gegensatz dazu zeigt graphitischer Kohlenstoff Volumenänderungen von lediglich ~10 % und damit eine einzigartige Zyklenbeständigkeit von >1000 Zyklen[1]. Die geringe Volumenänderung ist darauf zurückzuführen, dass in der Regel nur ein Li-Ion je sechs Kohlenstoffatome

2.1 Aufbau und Funktionsweise einer Lithium-Ionen Batterie

eingelagert wird[1]. Auch das Elektrodenpotential liegt nur wenig oberhalb dessen von metallischem Lithium. Daher werden momentan in kommerziellen Batterien vorwiegend Anoden aus graphitischem Kohlenstoff eingesetzt[6].

Die Anforderungen an das Kathodenmaterial sind nahezu identisch mit denen des Anodenmaterials. Der einzige Unterschied besteht darin, dass in diesem Fall ein möglichst positives Elektrodenpotential vorliegen sollte, um so eine möglichst hohe Zellspannung zu erhalten. Besonders geeignet sind hierbei die Übergangsmetalloxide Li_xNiO_2, Li_xCoO_2 oder $Li_xMn_2O_4$. Wie im Graphit werden auch in den Übergangsmetalloxiden die Li-Ionen oft zwischen den einzelnen (Oxid-)Schichten eingelagert. Da hier jedoch nur < 0,5 Li-Ionen pro Metallatom reversibel eingelagert werden können, ist die Ladungsdichte geringer als im Graphit[1]. Unter den Übergangsmetallen stellt Li_xCoO_2 das am häufigsten eingesetzte dar[5]. Da Kobalt jedoch zu den seltenen Elementen gehört, ist es in seinem Vorkommen sehr begrenzt und preislich nicht sehr attraktiv. Um hier zu günstigeren und zusätzlich ungiftigeren Materialien zu gelangen, wird in der letzten Zeit auch verstärkt an Kathoden aus Eisenphosphat geforscht. Diese weisen zudem eine höhere Kapazität auf, sind aber noch nicht zu Marktreife gelangt[7].

Um einen physikalischen Kontakt, und damit einen Kurzschluss, zwischen Anode und Kathode zu vermeiden, sind diese durch einen Separator voneinander getrennt. Die Anforderungen an einen Separator sowie verschiedene Separatorkonzepte werden ausführlich im **Kap. 2.3** bzw. **Kap. 3.1** erläutert. Für den Transport der Li-Ionen von Anode zur Kathode bzw. umgekehrt ist ein Elektrolyt unerlässlich. Im Bereich der Elektrolyte gibt es zwei unterschiedliche Konzepte. Zum einen den anfänglich dominierenden Flüssigelektrolyten, zum anderen den polymeren Festelektrolyt. Flüssigelektrolyte bestehen in der Regel aus zwei organischen Lösungsmitteln und einem Lithiumsalz mit großen Anionen wie z. B. $LiPF_6$ oder Lithiumbis(Trifluoromethylsulfonyl)imid (LiTFSI). Dabei ist ein Lösungsmittel aprotisch, polar und meistens zyklisch, wie beispielsweise Ethylencarbonat (EC) oder 1,3-Dioxolan (DOL) um die Li-Ionen voneinander zu trennen. Das andere ist eher linear, wie z.B. Diethylcarbonat (DEC)

2 Einleitung

oder Dimethoxyethan (DME), um die Viskosität des Elektrolyten herabzusetzen. **Abb. 2.1** zeigt die Strukturen einiger Salze und Lösungsmittel, die als Elektrolytlösungen verwendet werden.

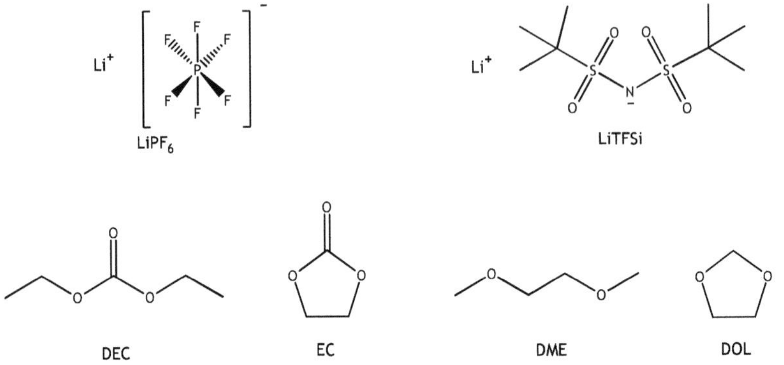

Abb. 2.1: Darstellung verschiedener Salze bzw. Lösungsmittel welche in Elektrolytlösungen verwendet werden.

Wichtig bei der Wahl des Lösungsmittels für den Elektrolyten ist auch, dass dieses auf den Elektroden die SEI Deckschicht ausbildet. Die Deckschicht ist bei Interkalationselektroden von zentraler Bedeutung, um zu verhindern, dass solvatisierte Li-Ionen eingelagert werden. Dieses ist thermodynamisch begünstigt, würde jedoch die Schichtstrukturen des Graphits zerstören, da ein solvatisiertes Li-Ion ~1000 % größer ist, als ein nicht solvatisiertes[1]. Der Vorteil von Flüssigelektrolyten gegenüber polymeren Festelektrolyten liegt in der hohen Mobilität der Li-Ionen. Kommerzielle Polymergelelektrolyte bestehen in der Regel aus einem Polymerfilm, welcher mit geeigneten Lösungsmitteln zu einem Gel aufgequollen wird. Ein Lithiumsalz muss aber auch in diesem Fall zugegeben werden. In **Kap. 3.1.3** erfolgt eine genaue Erklärung zu diesem Elektrolyt- und Separationskonzept.

Aufgrund der Tatsache, dass die Interkalation der Li-Ionen in der Anode bzw. Kathode relativ lange andauert, ist es notwendig, möglichst große Kontaktflächen zwischen Anode-Separator und Kathode-Separator zu schaffen. Daher ist die Verwendung von Dünnschichtelektroden mit Schichtdicken zwischen 30 und 200 μm erforderlich. Bei dieser Art der Elektroden, werden dünne Filme aus Anode, Separator und Kathode gestapelt und anschließend aufgewickelt. In **Abb. 2.2** ist der Aufbau solcher Schichten sowie der Aufbau einer gewickelten Batterie dargestellt.

2.1 Aufbau und Funktionsweise einer Lithium-Ionen Batterie

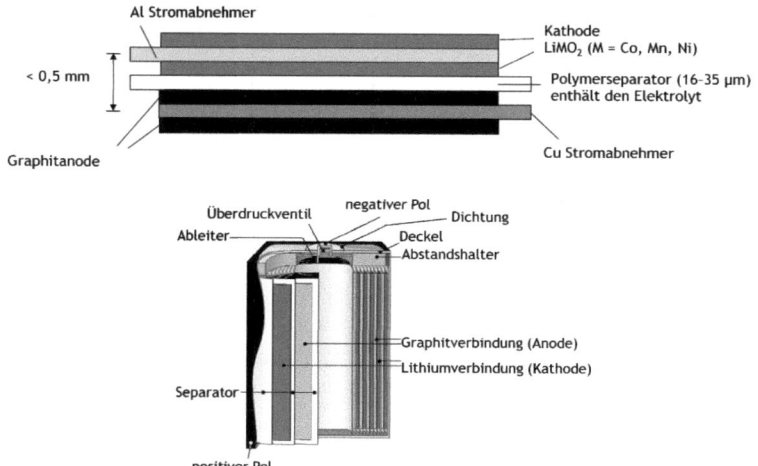

Abb. 2.2: Darstellung des Anoden-Separator-Kathoden Aufbaus sowie des Prinzips der gewickelten Batterie[8].

2.2 Verschiedene Konzepte an Li-Ionen Batterien

Batterien nehmen eine wichtige Rolle in unserem alltäglichen Leben ein. So benötigt beispielsweise der Konsumgüterbereich für Mobiltelefone, Notebooks, MP3-Spieler, elektrische Werkzeuge oder Uhren Batterien. Aber auch im medizinischen Bereich, z. B. für Hörgeräte, Herzschrittmacher oder vor allem auch in der Automobilindustrie als Starterbatterie (für PKW, LKW etc.) oder in Hybrid- und Elektrofahrzeugen werden Batterien benötigt. Im Jahr 2009 wurden weltweit Batterien im Wert von 47,5 Milliarden US-Dollar umgesetzt. Bis zum Jahr 2015 wird der Umsatz voraussichtlich um mehr als 50 % auf 74 Milliarden US-Dollar wachsen[9]. Dies entspricht einer jährlichen Wachstumsrate von ~ 7,7 %. Dabei werden bereits jetzt über 75 % des Umsatzes mit wiederaufladbaren, sogenannten Sekundärbatterien erzielt. Sekundärbatterien werden im deutschen Sprachgebrauch auch häufig als Akkumulatoren bezeichnet. **Abb. 2.3** gibt einen Überblick über das Marktvolumen von verschiedenen Batterietypen.

2 Einleitung

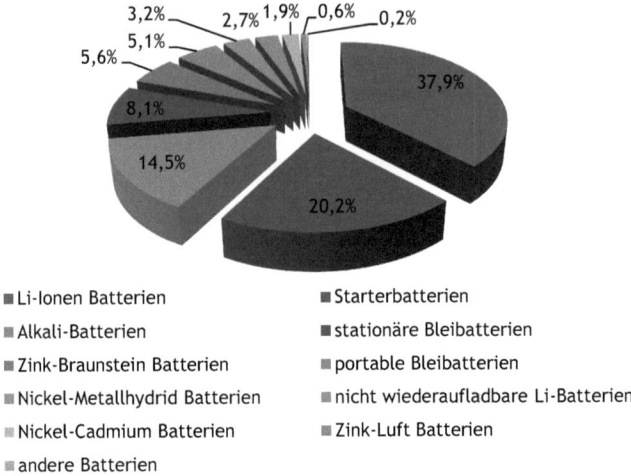

Abb. 2.3: Prozentualer Anteil verschiedener Batterietypen am Gesamtmarkt[9].

Unter den verschiedenen wiederaufladbaren Batterietypen zeichnet sich die Li-Ionen-Batterie durch ihre hohe spezifische Energie von ~ 150 Wh/kg, ihre hohe Energiedichte von ~ 400 Wh/L, die herausragende Zyklenbeständigkeit von > 1000 Lade-/Entladevorgängen, die geringe Selbstentladung von nur 2 - 8 % pro Monat und die hohe Betriebsspannung von 2,5 - 4,2 V aus[6]. Im Gegensatz dazu zeigen Bleibatterien spezifische Energien von lediglich 33 Wh/kg, was ~ 20 % der Energie einer Li-Ionen Batterie entspricht[10]. Nickel-Metallhydrid Batterien zeigen einen weiteren Nachteil gegenüber Li-Ionen Batterien. Sie weisen mit 15-20 % Selbstentladungen im Monat bis zu 10fach höhere Verluste auf[11].
Abb. 2.4 zeigt einige spezifische Energien für verschiedene Sekundärbatterien.

2.2 Verschiedene Konzepte an Li-Ionen Batterien

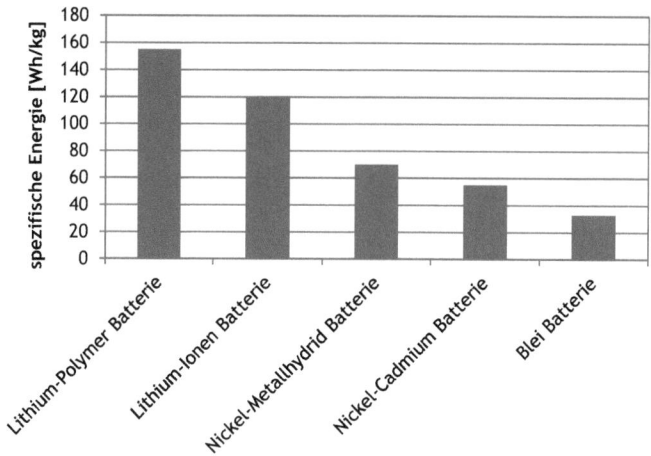

Abb. 2.4: Spezifische Energien unterschiedlicher Batterietypen für Sekundärbatterien[1, 10, 12].

Ein weiterer Vorteil der Lithium-Ionen Batterie gegenüber anderen Modellen ist ein geringer Memory-Effekt[1]. Dieser beschreibt den Kapazitätsverlust, welcher bei häufigen Teilentladungen auftritt.
Hinter dem allgemein verwendeten Begriff Lithium-Ionen Batterie verbergen sich verschiedene Konzepte der Batterie. Das grundlegende Prinzip, dass Lithium-Ionen zwischen den Elektroden wandern, ist jedoch in allen Batteriekonzepten gleich. Im Folgenden soll kurz auf die zwei wichtigsten Konzepte, die Lithium-Ionen und die Polymergelelektrolyt Li-Ionen Sekundärbatterien, welche zur Klasse der Lithium-Polymer Batterien zählen, eingegangen werden.
Die Lithium-Ionen Sekundärbatterie zählt zu den meist verkauften Batterien weltweit. Das Prinzip dieser Technik beruht darauf, dass Li-Ionen beim Laden bzw. Entladen zwischen Anode und Kathode wandern, wo sie als Interkalationsverbindung eingelagert werden können. In **Abb. 2.5** ist das Funktionsprinzip einer Li-Ionen Batterie schematisch dargestellt.

2 Einleitung

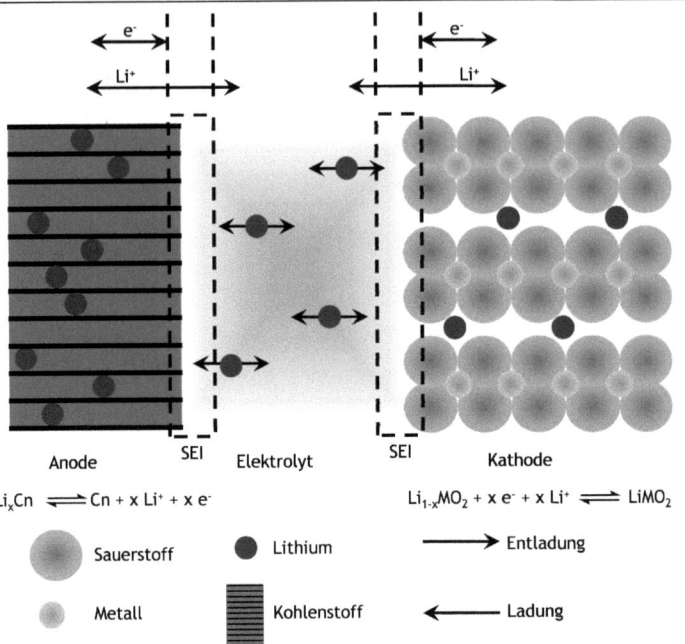

Abb. 2.5: Schematische Darstellung des Funktionsprinzips einer Lithium-Ionen Batterie[1].

In den meisten Fällen wird bei Li-Ionen Batterien Graphit als Anodenmaterial eingesetzt[1, 13]. Für die Kathode wird ein Übergangsmetalloxid, häufig Kobalt-, Nickel- oder Manganoxid verwendet[1]. In den vergangenen Jahren hat sich die Forschung auch immer intensiver mit Eisenphosphat als Kathodenmaterial auseinandergesetzt, da dieses eine höhere spezifische Kapazität und geringere Kosten aufweist und zudem auch weniger giftig ist[14]. Anode und Kathode werden durch einen Separator vor physikalischem Kontakt und damit vor einem Kurzschluss geschützt. Ein flüssiger, nicht wässriger Elektrolyt, der häufig aus einer Mischung aus cyclischen und linearen Carbonaten besteht, in denen ein Lithiumsalz gelöst ist, gewährleistet den Transport der Li-Ionen. Ein kommerziell erhältlicher Elektrolyt ist beispielsweise der von Merck vertriebene SelectiLyte™ LF 40, welcher aus einer einmolaren Mischung aus Lithium tris(pentafluoroethylen)trifluorophosphat gelöst in Diethyl-carbonat:Ethylencarbonat (1:1 Gew. %) besteht[15]. Eine ausführliche Beschreibung des Aufbaus und der Funktionsweise einer Li-Ionen Sekundärbatterie erfolgt in **Kap. 2.1.**

2.2 Verschiedene Konzepte an Li-Ionen Batterien

In Polymergelelektrolyt Li-Ionen Sekundärbatterien bestehen Anode und Kathode wie bei der Lithium-Ionen Sekundärbatterie aus Graphit bzw. (Übergangs-)Metalloxid. Der Unterschied zwischen beiden Varianten besteht darin, dass die Lithium-Polymer Sekundärbatterie keine flüssigen Elektrolyte beinhaltet, sondern der Separator aus einem Polymer wie beispielsweise Polyethylenoxid besteht, welches den gesamten Elektrolyten bindet und anschließend als gelartige Folie vorliegt. Dadurch wird bei einer Beschädigung des Akkus ein Auslaufen des meist giftigen und leicht entflammbaren Elektrolyten, wie es bei Lithium Ionen Batterien der Fall wäre, verhindert und so ein erheblicher Sicherheitsgewinn erzielt. Diese Sekundärbatterien werden daher heute in den meisten Mobiltelefonen und Notebooks genutzt. Auch die Autoindustrie zeigt großes Interesse an dieser Technik. Das Prinzip des in diesen Batterien verwendeten Polymerelektrolyten wird in **Kap. 3.1.3** näher erklärt.

Die aktuelle Forschung stellt zwei andere Konzepte in den Mittelpunkt, welche aber noch nicht die Marktreife erreicht haben. Dazu zählen die Lithium-Schwefel Sekundärbatterie, welche schon seit über zwei Jahrzehnten bekannt ist, sowie die Lithium-Luft Batterie. Im Vergleich zur gewöhnlichen Li-Ionen Batterie bestehen die Vorteile einer Lithium-Schwefel Batterie sowohl in einer bis zu dreifach höhere Energiedichte als auch in einem wesentlich geringerer Preis[9]. Der geringere Preis lässt sich dadurch erklären, dass Schwefel im Vergleich zu vielen Metallen und seltenen Erden in großen Mengen vorhanden ist. Im einfachsten Fall baut sich eine Lithium-Schwefel Batterie aus einer Schwefelkathode und einer Lithiumanode auf. Im Gegensatz zu gewöhnlichen Li-Ionen Batterien beruht das Prinzip nicht auf der Interkalation von Lithium Ionen in den Elektroden. Vielmehr geht das Lithium mit dem Schwefel, die in **Gl. 1** dargestellte Redoxreaktion ein[16]:

$$S_8 + 16\,Li \rightleftharpoons 8\,Li_2S \qquad \textbf{Gl. 1}$$

Im Falle der Lithium-Luft Batterie besteht die Anode aus metallischem Lithium, die umgebende Luft bildet die Kathode. Der große Vorteil dieses Prinzips besteht darin, dass die Kapazität der

Zelle allein durch die Masse der Anode bestimmt wird, da der für die Reaktion benötigte Sauerstoff der Luft entnommen werden kann. Dies macht die Batterie im Vergleich zu den anderen Modellen wesentlich leichter. Zurzeit sind diese Batterien jedoch noch nicht wieder aufladbar[9].

2.3 Anforderungen an Separatoren

Die Hauptaufgabe eines Separators besteht darin, den physikalischen Kontakt zwischen Anode und Kathode zu verhindern. Dabei ist es wichtig, dem Ionenfluss so wenig Widerstand wie möglich entgegenzubringen. Obwohl der Separator an keiner Zellreaktion teilnimmt, kommt diesem somit eine zentrale Aufgabe zu. Durch die gegebene Struktur hat dieser außerdem Einfluss auf Batterieeigenschaften wie die spezifische Energie, Zyklenbeständigkeit oder auch die Sicherheit. In diesem Kapitel sollen nun die zahlreichen Anforderungen, welche Separatoren zu erfüllen haben, näher erläutert werden.

Eine Grundvoraussetzung des Separators ist die chemische Beständigkeit. Besonders unter den hohen Redoxbedingungen einer voll geladenen Batterie darf der Separator seine mechanischen Eigenschaften im Elektrolyten nicht verschlechtern. Die Mindestanforderung der mechanischen Belastbarkeit stellen 1000 kg/cm^2 dar, bei punktueller Belastung 300 g für eine 25 µm dicke Membran[17]. Dies ist erforderlich, da der Separator zusammen mit dem Elektrodenmaterial in der Batterie aufgewickelt wird. Hierbei kann es zu partiellen Druckbelastungen durch die Elektroden kommen, welche bei zu geringer Stabilität des Separators direkt zu einem Kurzschluss führen würden. Aufgrund der Tatsache, dass während des Aufwickelns zur späteren Batterie auch eine mechanische Belastung auf die Anode-Separator-Kathode Grenzflächen ausgeübt wird, ist es wichtig, dass der Separator eine gewisse Suszeptibilität zum Eindringen von Partikeln aufweist. Diese liegt bei 38,6 Nm/µm[18]. Auch sollte der Separator im Elektrolyten nicht beginnen sich aufzuwickeln oder zu verdrehen, damit sich eine möglichst große und spannungsfreie Grenzfläche mit den Elektroden ausbilden kann. Da in Batterien oft

2.3 Anforderungen an Separatoren

Temperaturen > 50 °C erreicht werden, ist es ebenso bedeutend, dass der Separator hohe Temperaturen übersteht ohne dabei zu schrumpfen. Als Mindestkriterium gilt hier, dass der Separator nach 60 Minuten bei 90 °C weniger als 5 % Schrumpf aufweist[17, 18]. Eine weitere wesentliche Anforderung ist die sogenannte „Shutdown"-Funktion. Dies bedeutet, dass der Separator ab einer bestimmten Temperatur, welche unterhalb der Temperatur des thermischen Durchgehens liegt, in der Batterie den Ionenfluss blockiert. Durch diese Eigenschaft kann eine Explosion der Batterie durch Überhitzung verhindert werden. Der „Shutdown" wird häufig dadurch erreicht, dass eine Komponente des Separators zu schmelzen beginnt und so die Poren verschlossen werden. Das Schmelzen dieser Komponente darf jedoch keinen großen Einfluss auf die mechanischen Eigenschaften haben. Da der Separator wie schon erwähnt, nicht an der eigentlichen Reaktion in der Zelle beteiligt ist, setzt sein Gewicht die spezifische Energie der Batterie herab. Um diesen Effekt nicht zu groß ausfallen zu lassen, sollte der Separator eine möglichst geringe Schichtdicke aufweisen. Diese wirkt sich auch positiv auf den Widerstand aus, denn je dünner der Separator desto höher ist seine Leitfähigkeit. Es muss daher ein Kompromiss zwischen mechanischer Stabilität und Widerstand gegen den Ionenfluss bzw. eine geringe Energiedichte gefunden werden. In heutigen Separatoren betragen die Schichtdicken 20 ~ 30 µm[6]. Eine weitere Anforderung, welche direkten Einfluss auf den Widerstand gegen den Ionenstrom hat, stellt die Porosität dar. Typischerweise liegt diese im Bereich von ~ 40 -70 %[6]. Sie kann über die Gurley Zahl, welche ein Maß für den Wiederstand gegen durch die Membran strömende Luft darstellt, bestimmt werden. Dieser Widerstand kann relativ leicht dadurch ermittelt werden, dass die durch die Membran strömende Luft einen beispielsweise in einer Bürette stehenden Wasserpegel in einer festgelegten Zeit um einen zu bestimmenden Wert sinken lässt. Die Charakterisierung mittels Gurley Zahl erfolgte auch für die in dieser Arbeit entwickelten Separatoren durch eine selbst gebaute Gurley Apparatur. Eine ausführliche Erklärung der Gurley Zahl sowie des Aufbaus der in dieser Arbeit verwendeten Apparatur erfolgt in **Kap. 3.3**. Die Porosität ist entscheidend dafür, dass der Separator ausreichend flüssigen Elektrolyten aufnehmen kann, um

2 Einleitung

so eine gute Ionenleitfähigkeit zu gewährleisten. Eine Porosität von > 70 %, welche den Widerstand weiter sinken ließe, würde jedoch die „Shutdown"-Funktion beeinträchtigen und der Separator würde zu Schrumpf neigen[17]. Doch nicht nur die Porosität beeinflusst die Elektrolytaufnahme, sondern auch die Benetzbarkeit des Separators ist von Bedeutung. Dieser sollte den Elektrolyten leicht aufnehmen und ihn auch dauerhaft in sich halten. Dabei hängt die Benetzbarkeit des Separators stark von seiner Oberfläche ab. Wird beispielsweise ein hydrophiler Elektrolyt eingesetzt, sollte der Separator auch eine hydrophile Oberfläche besitzen um eine hohe Benetzung zu gewährleisten. Diese kann beispielsweise durch anorganische Nanopartikel, oder wie in dieser Arbeit durch anorganische Nanodomänen im Polymer erreicht werden. Als letztes spielen auch Porengröße und Form eine entscheidende Rolle. So sollten die Poren kleiner sein als Komponenten, die von den Elektroden absplittern, jedoch so groß, dass sich die solvatisierten Li-Ionen ungehindert durch den Separator bewegen können. Die Form der Poren hat in soweit Einfluss, dass labyrinthartige Poren das Durchwachsen von Li-Dendriten verhindern. Poren, welche hingegen auf kürzestem Wege durch den Separator verlaufen, lassen die Ionen schneller von einer Elektrode zur anderen gelangen. Hier muss je nach Anwendungsgebiet der Batterie entschieden werden, welcher Separator am geeignetsten ist. Obwohl der Separator also nicht direkt an der Zellreaktion beteiligt ist, ist er ein elementares Bauteil der Batterie. Dies zeigt sich auch darin, dass die Kosten für einen Separator bis zu 20 % der Gesamtkosten einer Batterie betragen dürfen[9]. In **Tabelle 2-1** sind noch einmal alle wichtigen Anforderungen zusammengefasst.

2.3 Anforderungen an Separatoren

Tabelle 2-1: Wichtig Anforderungen an Separatoren für Li-Ionen Batterien[6].

Parameter	Ziel
Verkaufspreis [$/m^2]	≤ 1
Schichtdicke [µm]	≤ 25
MacMullin Nummer	≤ 11
Gurley Zahl [s]	≤ 35
Benetzbarkeit	vollständige Benetzung
chemische Stabilität	stabil über 10 Jahre in Betrieb
Porengröße [µm]	< 1
Stabilität bei punktueller Belastung	300 g/25,4 µm
thermische Stabilität	< 5 % Schrumpf bei 200 °C
Restwassergehalt	< 50 ppm H_2O

2.4 Stand der Technik/Forschung

Schon seit über 30 Jahren wird mit zunehmender Intensität an Separatoren für Batterien geforscht. Dabei ist nicht nur die Anzahl an Publikationen zum Thema Separatoren allgemein gewachsen, sondern auch die Zahl der Veröffentlichungen zu Lithium Batterien stieg von einer in 1973 auf 54 im Jahr 2010 an (**Abb. 2.6**).

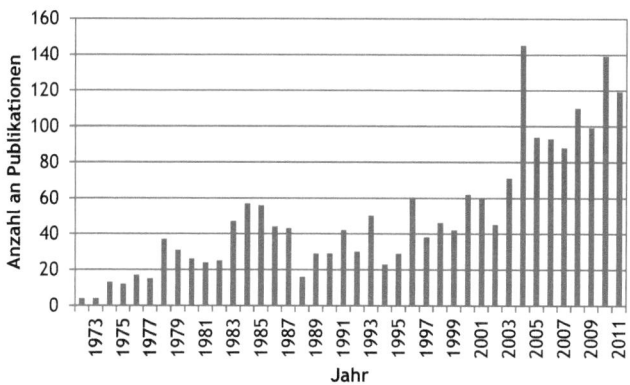

Abb. 2.6: Anzahl der gefundenen Veröffentlichungen bei der Suchmaschine „Scopus" zur Anfrage "Separator AND Battery" (■) und "Separator AND Battery AND Lithium" (■).

2 Einleitung

Die derzeit meist verwendeten Separatoren sind Polymerseparatoren aus Polyethylen (PE) Polypropylen (PP) oder Blends aus beiden Polymeren[6]. Kommerzielle Separatoren werden beispielsweise von der Firma Celgard angeboten und zeigen Schichtdicken von 12 bis 38 µm mit Leitfähigkeiten zwischen $9{,}8 \cdot 10^{-4}$ und $1{,}84 \cdot 10^{-3}$ S/cm[18]. Die Poren in diesen Separatoren weisen Durchmesser von mehr als 10 nm[18] auf. Diese Membranen können je nach Anwendungsgebiet über ein sogenanntes „trockenes" oder „nasses" Verfahren hergestellt werden. Dabei wird im „trocken" Verfahren das Polymer zu einer Folie extrudiert und die Poren durch Recken der Folie erzeugt. Im „nassen" Verfahren wird das Polymer zusammen mit einem Lösungsmittel und einem Wachs zur Folie ausgesprüht und getrocknet. Anschließend werden Poren durch Herauslösen des Wachses erzeugt, was zu einer vernetzten und labyrinthargtigen Porenstruktur führt. Beide Verfahren werden in **Kap. 3.1.1** näher erläutert. Zur Anwendung in Batterien mit möglichst hohem Stromfluss sind Separatoren, welche im „trockenen" Prozess hergestellt wurden besser geeignet, da diese wenig verzweigte Porenstrukturen aufweisen. Für Batterien mit möglichst hoher Lebensdauer sind Separatoren nach dem „nassen" Prozess besser geeignet, da aufgrund ihrer labyrinthartigen Porenstruktur das Wachsen von dendritischem Lithium unterdrückt wird[17]. Durch Oberflächenmodifikationen wurde in den letzten Jahren versucht, die Elektrolytaufnahme und damit die Leitfähigkeit des Separators zu verbessern. Kim et al. erreichten beispielsweise durch Einlegen eines PE Separators in Acrylnitril und anschließende Plasmabehandlung eine Erhöhung der Leitfähigkeit von $8{,}0 \cdot 10^{-4}$ auf $1{,}4 \cdot 10^{-3}$ S/cm[19]. Stepniak und Ciszewski führten eine Plasmabehandlung durch und gelangten durch anschließendes Aufpolymerisieren von Acrylsäure zu einer Erhöhung der Leitfähigkeit eines PP-Separators von $\sim 2 \cdot 10^{-3}$ auf $\sim 5 \cdot 10^{-3}$ S/cm[20]. Einen anderen Weg zur Herstellung von Polymerseparatoren verfolgten Djian et al. Sie erzeugten durch Phaseninversionsverfahren makroporöse Polyvinylidenfluorid-Membranen (PVDF) mit Porendurchmessern von 10 µm und Schichtdicken im Bereich 40 - 50 µm. Die Leitfähigkeiten dieser Membranen schwanken zwischen $7 \cdot 10^{-4}$ und $2 \cdot 10^{-3}$ S/cm[21]. Eine

2.4 Stand der Technik/Forschung

Zusammenfassung der verschiedenen Leitfähigkeiten von mikoporösen Polymerseparatoren gibt **Tabelle 2-2**.

Tabelle 2-2: Zusammenfassung von Leitfähigkeiten verschiedener mikroporöser Polymerseparatoren.

Entwickler	Material	Besonderheiten bei der Herstellung oder Nachbehandlung	Leitfähigkeit [S/cm]
Celgard[18]	PE		$1{,}84 \cdot 10^{-3}$
Kim et al.[19]	PE	Plasmabehandlung	$1{,}4 \cdot 10^{-3}$
Stepniak & Ciszewski[20]	PP	Plasmabehandlung/ Aufpolymerisieren von Acrylsäure	$5 \cdot 10^{-3}$
Djian[21]	PVDF	Phaseninversion	$7 \cdot 10^{-4} - 2 \cdot 10^{-3}$

Neben den mikroporösen Polymerseparatoren gewinnen anorganische Kompositseparatoren zunehmend an Bedeutung. Hier ist vor allem der von der Firma Evonik entwickelte Separion® Separator zu erwähnen, welcher in **Abb. 2.7** dargestellt ist. Bei diesem Separator sind anorganische Nanopartikel auf eine PET Unterstruktur aufgeklebt.

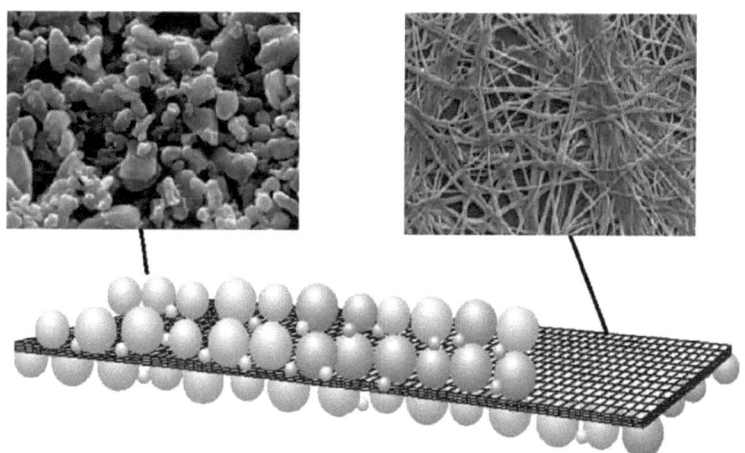

Abb. 2.7: Schematische Darstellung des von der Firma Evonik entwickelten Separion® Separators[17].

Die anorganischen Bestandteile sollen dabei die Elektrolytaufnahme und dadurch die Leitfähigkeit erheblich

2 Einleitung

verbessern. Der Aufbau sowie die Herstellung solcher anorganischen Kompositseparatoren wird in **Kap. 3.1.2** näher beschrieben. Typischerweise weisen anorganische Kompositseparatoren Leitfähigkeiten zwischen $2,5 \cdot 10^{-3}$ und $4 \cdot 10^{-3}$ S/cm auf[17]. Choi et al entwickelten einen Separator basierend auf Polyethylen, welches mit Aluminiumoxid und Poly(lithiumstyrolsulfonat) beschichtet wurde. Die Leitfähigkeit dieser Separatoren lag allerdings nur zwischen $7,2 \cdot 10^{-4}$ und $8,3 \cdot 10^{-4}$ S/cm, es ließ sich jedoch eine Erhöhung der thermischen Stabilität erzielen. Der thermische Schrumpf lag mit 3,8 – 7,6 % deutlich unter dem von nicht beschichtetem PE, welches um 13,8 % schrumpft. Der Nachteil solcher Kompositseparatoren besteht jedoch darin, dass die anorganischen Nanopartikel sich mit der Zeit von der Unterstruktur lösen und es so zu einem Verlust an Leitfähigkeit kommt. Dieses Problem soll durch die Separatoren, welche in dieser Arbeit hergestellt werden umgangen werden, da bei dem hier verwendeten Material anorganische Nanodomänen fest in ein organisches Polymer Netzwerk eingebaut sind. Ein weiterer Vorteil der in dieser Arbeit verwendeten Materialien liegt darin, dass die anorganischen Partikel nicht in einem gesonderten Arbeitsschritt aufgebracht werden müssen, sondern im Polymerisationsschritt entstehen.

Bereits 1999 lieferten Song et al einen Überblick über sogenannte Polymerelektrolyte[22]. Diese übernehmen in einer Batterie sowohl die Aufgaben des Elektrolyten als auch des Separators. Bei den Polymerelektrolyten werden grundsätzlich zwei Typen unterschieden. Zum einen die Feststofflektrolyte, zum anderen die Polymergelelektrolyte. Der große Vorteil dieser Separatoren ist es, dass die Gefahr des Auslaufens von hoch giftigem und oftmals leicht entzündlichem Elektrolyt ausgeschlossen wird.

Feststoffelektrolyte bestehen aus einer Polymermatrix und einem komplexen Lithiumsalz wie $LiClO_4$. Sie kombinieren dabei die Eigenschaften des Polymers wie leichte Verarbeitbarkeit, Formflexibilität, geringes Gewicht oder Ungiftigkeit mit den elektrischen Eigenschaften des Leitsalzes. Als Polymer werden häufig Polyether eingesetzt, hauptsächlich Polyethylenoxid und Polypropylenoxid[23]. In diese wird dann das Lithiumsalz eingearbeitet, welches möglichst große und weiche Anionen

2.4 Stand der Technik/Forschung

enthalten sollte[17, 24]. Die Größe der Anionen ist wichtig, da diese bei der Einlagerung zwischen den Polymerketten deren Ordnung aufbrechen und dadurch den Schmelzpunkt senken sowie die Kettenmobilität erhöhen[24]. **Abb. 2.8** zeigt schematisch den Li-Ionen Transport der hauptsächlich durch das Verbinden und Trennen der Ionen mit dem Polymer an beweglichen Segmenten erfolgt.

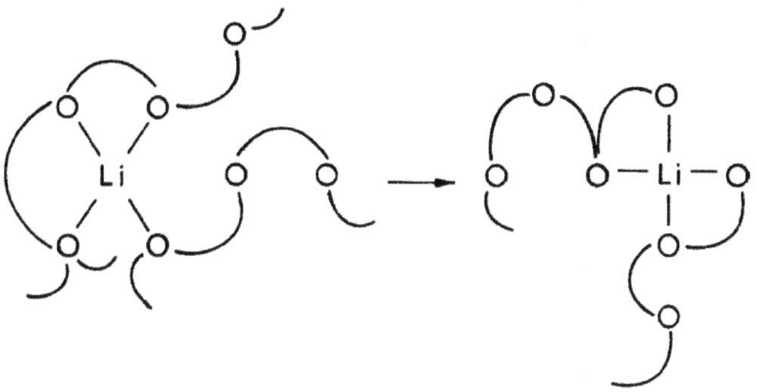

Abb. 2.8: Schematische Darstellug der Wanderung von Li Ionen in Polyethylenoxid[24].

Die Ionenleitfähigkeiten liegen allerdings besonders bei geringen Temperaturen weit unter denen, welche von Flüssigelektrolyten erzielt werden können. So zeigen Separatoren aus Polyethylenoxid und Lithiumbis(oxalato)borat (LiBOB) als Leitsalz Ionenleitfähigkeiten im Bereich von 10^{-5} S/cm bei Raumtemperatur und 10^{-3} S/cm bei 60 °C[25]. Durch Blenden, Weichmacher, Vernetzen oder den Einbau von anorganischen Partikeln wurde versucht die Leitfähigkeit zu steigern. Dies geht jedoch oft mit dem Verlust an mechanischer Stabilität einher[26]. So führt beispielsweise eine höhere Kettenmobilität in der Regel auch zu höheren Leitfähigkeiten, andererseits aber auch zu einer verminderten mechanischen Stabilität. J. Ji et al versuchten einen Kompromiss in Stabilität und Leitfähigkeiten durch verschiedene multifunktionelle Blockcopolymere basierend auf Polyethylenoxid und Polyethylen zu erzielen. Bei ausreichend hoher mechanischer Stabilität erzielten sie eine Leitfähigkeit von $3,2 * 10^{-4}$ S/cm[26]. Einen anderen Weg gingen Fisher et al. Sie entwickelten einen Elektrolyt basierend auf Polyethylenoxid und einer schwefelhaltigen ionischen Flüssigkeit. Dieser Elektrolyt weist

2 Einleitung

Leitfähigkeiten von $1,1 \cdot 10^{-4}$ S/cm bei 0 °C und $1,2 \cdot 10^{-3}$ S/cm bei 25 °C auf[27]. Aber auch hier zeigt sich, dass die Leitfähigkeit bei geringen Temperaturen stark abfällt. Dieses Problem gilt es weiterhin zu lösen.

Im Gegensatz zum Feststoffelektrolyt wird das Polymer beim polymeren Gelelektrolyt mit einem Lösungsmittel gequollen[28]. Von großer Bedeutung als Polymermatrix bei diesem Typ Elektrolyt sind Polyvinylidenfluorid (PVDF), Polyvinylidenfluorid Hexafluoropropen Copolymer (PVDF-HFP), Polyacrylnitril (PAN), Polyethylenoxid (PEO) und Polymethylmetacrylat (PMMA)[29]. **Abb. 2.9** zeigt die Strukturen der diskutierten Polymere.

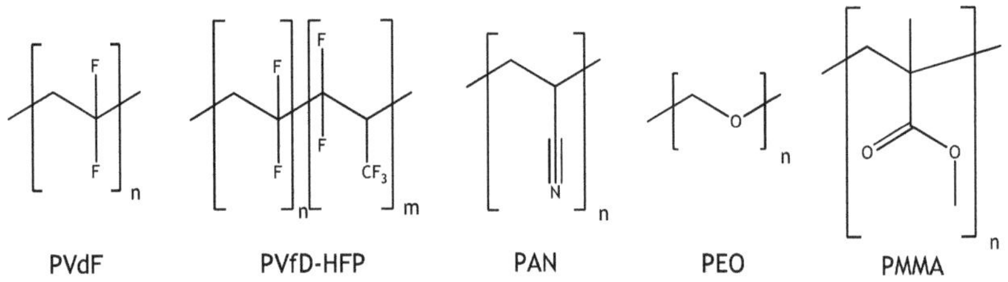

Abb. 2.9: Strukturen der in Polymergelelektrolyten am häufigsten verwendeten Polymere.

Besonders gute Eigenschaften wie hohe Temperaturbeständigkeit und Einsetzbarkeit bei niedrigen wie hohen elektrischen Spannungen weisen das Polyvinylidenfluorid Hexafluoropropen Copolymer und das Polyacrylnitril auf[28]. Polymergelelektrolyte werden bereits seit einigen Jahren in kommerziell erhältlichen Batterien eingesetzt. Ihre Leitfähigkeit liegt mit $1,1 \cdot 10^{-3}$ - $4,1 \cdot 10^{-3}$ S/cm bei 20 °C, jedoch immer noch leicht unter der von klassischen Flüssigelektrolyten[29]. Als Leitsalze werden für gewöhnlich $LiPF_6$, LiBOB, LiTFSI oder $LiClO_4$ verwendet. Eine genauere Beschreibung des Aufbaus sowie der Funktionsweise des Polymergel-elektrolyten als auch des Feststoffelektrolyten erfolgt in **Kap.3.1.3** bzw. **Kap. 3.1.4**

2.5 Zielsetzung und Motivation

Die Speicherung elektrischer Energie in mobilen sowie stationären Speichermedien stellt eine der größten Herausforderungen unserer

2.5 Zielsetzung und Motivation

Zeit dar. Bereits im Jahr 1912 postulierte der italienische Professor Giacomo Ciamician, dass in Zukunft die elektrische Energie nicht durch die Verbrennung von Kohle, sondern vielmehr durch die Nutzung der Sonnenenergie erzeugt wird.[30] Die immer begrenzteren Vorkommen an fossilen Brennstoffen sowie die Auswirkungen des Klimawandels ließen in den letzten Jahren ein weltweites Umdenken beim Thema Energiegewinnung und Nutzung erkennen. So wurde bereits im Jahr 2001 von der Europäischen Union und dem Rat eine „Richtlinie zur Förderung der Stromerzeugung aus erneuerbaren Energiequellen" vorgelegt, welche 2004 in der Bundesrepublik Deutschland durch die Novellierung des im Jahr 2000 eingeführten „Erneuerbare Energiengesetzes" umgesetzt wurde[31-33]. Da erneuerbare Energien wie Solarenergie oder Windkraft nicht konstant zur Verfügung stehen bzw. bei Verbrauchsspitzen im Stromnetz nicht zu beliebigen Zeiten zugeschaltet werden können, ist eine Speicherung dieser Energie unerlässlich. So sollte nach Möglichkeit die an besonders sonnen- oder windreichen Tagen überschüssig produzierte Energie für weniger energieeffektive Tage gespeichert werden. Der Ansatz, die Grundlast des deutschen Stromverbrauches über Atomkraftwerke zu decken, wurde im Jahr 2011 aufgrund eines atomaren Störfalls im japanischen Fukushima verworfen. Denn im gleichen Jahr beschloss die Bundesregierung der Bundesrepublik Deutschland den Ausstieg aus der Stromerzeugung durch Atomkraftwerke bis zum Jahr 2022[34]. Aber auch ein Umdenken der Automobilhersteller in Richtung Elektroantrieb, oder die große Zunahme an mobilen elektrischen Geräten wie Notebooks, Smartphones, Tablet-PC's, MP3-Spielern, elektrischem Werkzeug oder elektrisch unterstützten Fahrrädern zeigt die Notwendigkeit der Entwicklung immer effektiverer und leistungsstärkerer Batterien.

In den letzten Jahren hat sich die Lithium-Ionen Sekundärbatterie als eines der vielversprechendsten Batteriesysteme herauskristallisiert. Die hohe spezifische Energie sowie das hohe Redoxpotenial dieser Batterien ließen die Forschung an ihnen in den vergangen Jahren stark zunehmen. Von zentraler Bedeutung in einer solchen Batterie ist neben Anode und Kathode der Separator.

2 Einleitung

Dieser nimmt an der eigentlichen elektrochemischen Reaktion zwar nicht teil, bestimmt aber durch seine Leitfähigkeit und seine dimensionale Beschaffenheit erhebliche Faktoren wie Lade-/Entladezeit, Ladezyklenbeständigkeit, Energiedichte und letztlich auch einen erheblich Teil des Preises. In der Literatur hat sich gezeigt, dass anorganische Kompositseparatoren aus einem polymeren Grundgerüst, welches mit anorganischen Bestandteilen angereichert wird, besonders gute Eigenschaften aufweisen[17]. Ein Problem liegt jedoch darin, dass sich diese anorganischen Bestandteile durch Stöße oder ruckartige Bewegungen mit der Zeit vom Polymer trennen und somit die Leitfähigkeit des Separators erheblich beeinträchtigt wird. Durch das in dieser Arbeit verwendete Material soll versucht werden, das Ablösen der anorganischen Bestandteile zu verhindern.

An der TU Chemnitz entwickelte S. Spange et al im Jahr 2009 das Prinzip der Zwillingspolymerisation bzw. der Zwillingscopolymerisation[35]. Bei der Zwillingspolymersiation wird ein Monomer, bestehend aus einem organischen und einem anorganischen Teil, eingesetzt.

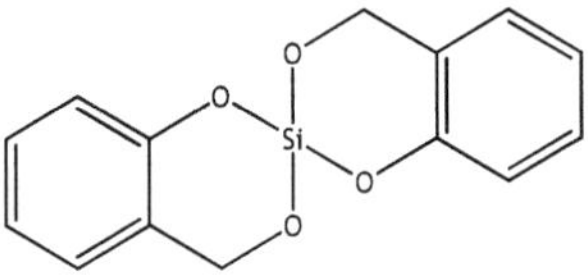

Abb. 2.10: Beispiel eines für die Zwillingspolymerisation geeigneten Monomer mit anorganischem Bestandteil (Si-Zentralatom) und organischen Bestandteilen (aromatische Reste).

Dieses wird so initiiert, dass gleichzeitig zwei Polymerisationen ablaufen. Zum einen die des organischen Teils, zum anderen die des anorganischen Teils. Bei der Zwillingscopolymerisation werden dementsprechend zwei Monomere eingesetzt. Dadurch, dass ein organischer Teil und ein anorganischer Teil polymerisiert werden, lassen sich auf diesem Wege Nanodomänen aus anorganischen Polymeren in der Größe von einigen nm Durchmesser in eine organische Matrix einpolymerisieren. Der Vorteil dieser Polymerisation liegt nun darin, dass die anorganischen Partikel so fest in die organische Matrix eingebettet sind, dass sie durch Stöße oder ruckartige Bewegungen nicht aus der Matrix gelöst werden

2.5 Zielsetzung und Motivation

oder von ihr absplittern, wie es häufig bei aufgepfropften oder aufgeklebten Partikeln der Fall ist. Durch die Wahl geeigneter Monomere und der daraus resultierenden Polymere lassen sich verschiedene Eigenschaften des Polymers wie z. B. Flexibilität, Temperaturbeständigkeit etc. beeinflussen. Eine genaue Beschreibung und ein mechanistischer Verlauf der Zwillings- bzw. Zwillingscopolymersiation erfolgt in **Kap. 3.2**.

Das Ziel dieser Arbeit bestand darin, einen Separator aus Zwillingspolymerisat herzustellen. Dabei wies das von S. Spange entwickelte Polymer zunächst einen glasharten Charakter auf. M. Biskupski war es in seiner Diplomarbeit gelungen, freitragende, jedoch mehrere 100 µm dicke Filme herzustellen[36]. Für Separatoren ist es jedoch wichtig, maximale Schichtdicken von ca. 30 µm zu erreichen. Desweiteren müssen diese extrem dünnen Filme defektfrei hergestellt werden. Dabei sollten sie eine hohe Flexibilität, sowie eine ausreichende Stabilität in batterietypischen Lösungsmitteln wie DEC/EC bzw. DOL/DME aufweisen. Ebenfalls von großer Bedeutung war es, eine gewisse Porosität der Membran zu erzeugen.

Um eine ausreichend dünne Schichtdicke zu erreichen, wurden Membranen auf unterschiedliche Arten wie z.B. einfaches Ausgießen, Rakeln oder Quetschen zwischen zwei Platten hergestellt. Da sich die Membranen bei geringen Schichtdicken nicht mehr freitragend herstellen ließen, war es notwendig eine passende Unterstruktur zu finden. Für eine ausreichende chemische Stabilität stellte es sich als notwendig heraus, Vernetzungsagentien zuzugeben oder eine thermische Nachbehandlung durchzuführen. Die Bildung von Poren wurde durch Lösen von Teilen der anorganischen Nanodomänen mittels Laugen oder Flusssäure erreicht. Die Porosität sollte im weiteren Verlauf anhand einer selbst gebauten Gurley Apparatur bestimmt werden. Um Leitfähigkeitsmessungen an den Membranen durchzuführen, und so eine Korrelation zwischen Material, Gurley Zahl und der Leitfähigkeit nachzuweisen, musste eine Leitfähigkeitsmesszelle entwickelt werden. Desweiteren sollten Charakterisierungen der Membranen hinsichtlich der thermischen

2 Einleitung

Beständigkeit sowie der Zusammensetzung des Zwillingspolymeres erfolgen.

3 Theoretische Grundlagen

In diesem Kapitel werden zunächst verschiedene Klassen an Separatoren ausführlich vorgestellt. Dabei werden insbesondere die Herstellung sowie die Vor- und Nachteile der einzelnen Separatorklassen beschrieben und anhand von kommerziell erhältlichen Separatoren veranschaulicht. Der zweite Teil dieses Kapitels befasst sich mit dem grundlegenden Prinzip der Zwillings- bzw. der Zwillingscopolymerisation. Der Focus wird hier besonders auf den Mechanismus und die Wahl der Monomere sowie deren Einfluss auf das Polymer gelegt. Im dritten und vierten Teil des Kapitels werden die Grundlagen und der Aufbau der Gurley Apparatur sowie der selbst entwickelten Leitfähigkeitsmesszelle dargestellt. Beides dient im Besonderen zur Charakterisierung eines Separators.

3.1 Separatorklassen

Separatoren für Li-Ionen Batterien lassen sich prinzipiell in verschiedene Klassen unterteilen. Zu den momentan bedeutendsten Klassen zählen die mikroporösen Polymerseparatoren sowie die anorganischen Kompositseparatoren. Polymere Gelelektrolyte gewinnen jedoch stetig mehr an Bedeutung.

3.1.1 Mikroporöse Polymerseparatoren

Unter den verschiedenen Klassen an Separatoren sind die mikroporösen Polymerseparatoren aufgrund ihrer Kombination aus guten Betriebseigenschaften, Sicherheit und Kosten kommerziell am weitesten verbreitet[6, 17]. Grundstoff zur Herstellung dieser Separatoren sind in nahezu allen Fällen die kostengünstigen Polymere Polyethylen, Polypropylen oder ein Gemisch aus beiden[18]. Die Herstellung eines solchen mikroporösen Polymerseparators kann auf zwei grundlegend verschiedene Arten erfolgen. Zum einen besteht die Möglichkeit des trockenen

3 Theoretische Grundlagen

Herstellungsprozesses, zum anderen kann der Separator auch in einem nassen Verfahren hergestellt werden[6]. Der trockene Prozess lässt sich dabei prinzipiell in drei Schritte unterteilen[37-42]. Im ersten Schritt wird das Polymer geschmolzen und über einen Extruder zu einer monoaxial gestreckten Schlauchfolie geformt. Die Morphologie dieser Schlauchfolie, welche auch als „Precursor Film" bezeichnet wird, ist abhängig von den Prozessbedingungen und den Eigenschaften des verwendeten Polymers[40, 41]. Im zweiten Schritt wird der Precursor Film bis knapp unter die Schmelzgrenze des Polymers erhitzt. Durch Strecken des Films wird dieser geöffnet und es entstehen Mikroporen[37-39, 42]. Im dritten und letzten Schritt erfolgt zunächst ein Strecken des auf 10 - 70 °C abgekühlten Films, dann ein Strecken des auf 110 - 140 °C erneut erhitzen Films sowie eine Relaxation[37-39]. Durch das Strecken im abgekühlten Zustand wird die Porenstruktur bestimmt, während durch das anschließende Strecken des wieder aufgewärmten Polymers die Porengröße festgelegt wird[42].

Während der trockene Prozess vollständig ohne Lösungsmittel oder Zugabe anderer Stoffe abläuft, werden dem Polymer im nassen Prozess verschiedene Additive zugegeben[43-45]. Generell lässt sich aber auch der nasse Prozess in drei Schritte einteilen[45]. Im ersten Schritt wird das Polymer mit Paraffinöl, Antioxidantien und andern Additiven erhitzt und zu einer homogenen Schmelze verarbeitet[44]. Im zweiten Schritt wird die homogene Schmelze dann durch eine Foliendüse zu einem gelartigen Film extrudiert[43]. Im dritten und letzten Schritt werden die Poren durch Herauslösen des Paraffinöls unter Verwendung eines geeigneten Lösungsmittels erzeugt. Häufig wird hier Methylenchlorid als Extraktionsmittel verwendet[17]. Ein Vorteil des nassen Prozesses gegenüber dem trockenen Prozess besteht darin, dass dieser sowohl bei amorphen als auch kristallinen Polymeren eingesetzt werden kann, wohingegen der trockene Prozess nur bei kristallinen bzw. semikristallinen Strukturen anwendbar ist[17]. Bei semikristallinen Polymeren kann auch eine Kombination der beiden Prozesse erfolgen, indem das Polymer vor oder nach der Extraktion des Paraffinöls gestreckt wird[43, 44, 46]. Dabei ist zu beachten, dass die Membranen, welche vor dem Extrahieren gestreckt werden, wesentlich größere Poren und eine wesentlich größere Porengrößenverteilung aufweisen als

3.1 Separatorklassen

solche, welche erst nach dem Extrahieren gestreckt werden[43, 44, 46].

Abb. 3.1 zeigt rasterelektronenmikroskopische Aufnahmen je eines Separators, der nach dem trockenen bzw. nassen Verfahren hergestellt wurde. Auffällig ist dabei, dass der Separator nach dem trockenen Prozess eine eher offene Struktur zeigt, mit Poren, die gradlinig durch die Membran verlaufen. Der Separator nach dem nassen Verfahren zeigt hingegen eine eher gewundene Porenstruktur.

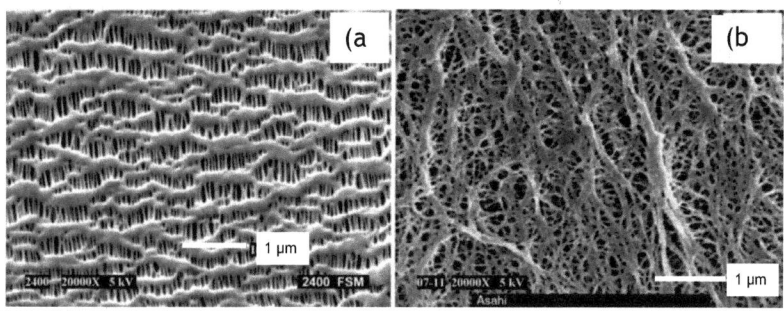

Abb. 3.1: Mikroporöse Struktur eines Polymerseparators, der nach dem (a) trockenen bzw. (b) nassen Prozess hergestellt wurde[18].

Diese unterschiedlichen Strukturen führen zu unterschiedlichen Einsatzgebieten der Separatoren. So werden in Batterien, in denen besonders hohe Stromflüsse erzielt werden sollen, eher Separatoren eingesetzt, welche nach dem trockenen Prozess hergestellt werden. Dies liegt darin begründet, dass die Ionen durch die ungewundenen Poren besonders schnell hindurch diffundieren können. Dahingegen werden Separatoren nach dem nassen Prozess eher in Batterien eingesetzt, welche eine extrem hohe Lebensdauer aufweisen sollen, da hier aufgrund der verzweigten Porenstruktur das Wachstum von dendritischem Lithium besonders gut unterdrückt wird[6]. Die so hergestellten Folien können sowohl als einlagige als auch als mehrlagige Separatoren verwendet werden. Bei mehrlagigen Separatoren wird in der Regel eine Sandwichstruktur aus zwei verschiedenen Polymeren hergestellt, wobei das Polymer in der Mitte des Stapels einen niedrigeren Schmelzpunkt besitzt als das Äußere. Durch diese Art des Stapelns lässt sich die „Shutdown" Funktion des Separators auf einfachem Wege realisieren.

3 Theoretische Grundlagen

Mikroporöse Polymerseparatoren werden von verschiedenen Herstellern produziert und kommerziell angeboten. **Tabelle 3-1** gibt eine Übersicht über verschiedene Hersteller, das Ausgangspolymer des Separators, die Struktur, das Verfahren nach welchem sie hergestellt wurden sowie den Handelsnamen.

3.1 Separatorklassen

Tabelle 3-1: Übersicht über verschiedene Hersteller und Herstellungsprozesse kommerziell erhältlicher Polymerseparatoren[18].

Hersteller	Struktur	Polymer	Herstellungsprozess	Handelsname
Asahi Kasai	einlagig	PE	nass	HiPore
Celgard LCC	einlagig	PE	trocken	Celgard
Celgard LCC	einlagig	PP	trocken	Celgard 2400E
Celgard LCC	mehrlagig	PP/PE/PP	trocken	Celgard 2325
Entek Membranes	einlagig	PE	nass	Teklon
Mitsui Chemical	einlagig	PE	nass	
Nitto Denko	einlagig	PE	nass	
DSM	einlagig	PE	nass	Solupur
Tonen (Exxon Mobil)	einlagig	PE	nass	Setela
Ube Industries	mehrlagig	PP/PE/PP	trocken	U-Pore

Der große Vorteil der mikroporösen Polymerseparatoren gegenüber anderen Separatorklassen ist der sehr geringe Kostenaufwand für das Grundpolymer sowie die einfache Verarbeitungsweise. Auch eine hohe chemische Beständigkeit sowie mechanische Stabilität zeichnen mikroporöse Polymerseparatoren aus. Einen Nachteil stellt die häufig nicht sehr gute Elektrolytaufnahme dar, welche in direktem Zusammenhang mit der Leitfähigkeit eines Separators steht.

3.1.2 Anorganische Kompositseparatoren

Anorganische Kompositseparatoren zeichnen sich durch ein polymeres Grundgerüst, welches mit anorganischen Partikel angereichert ist, aus. Die Herstellung solcher Separatoren kann über verschiedene Verfahren erfolgen. Die wohl einfachste Methode wurde 2002 von Prosini et al vorgestellt. Durch

3 Theoretische Grundlagen

Dispergieren von anorganischen Metalloxiden wie beispielsweise Al_2O_3 oder MgO in einer PVDF-HFP Lösung im Gewichtsverhältnis 1:2, bezogen auf den Feststoffgehalt, und anschließendes Aufstreichen auf eine Glasplatte wurde ein freitragender, poröser Film erzeugt[47]. Kim et al verbesserten die Leitfähigkeit dieses Separators, indem sie durch einen Phaseninversionsprozess eine weitaus porösere Membran erzeugten. Diese zeigte überragende elektrochemische Eigenschaften mit einer Leitfähigkeit von > 10^{-3} S/cm, welche durch eine hohe Elektrolytaufnahme sowie überragende Kontaktflächen zwischen Separator und Elektroden begründet wurde. Eine Abhängigkeit zwischen der Größe der anorganischen Partikel sowie der Elektrolytaufnahme stellte Takemura unter Beweis[48]. So zeigte sich, dass die Porengröße nahezu identisch mit der Partikelgröße war und eine geringere Partikelgröße die Elektrolytaufnahme begünstigt.

Die meisten heute kommerziell erhältlichen anorganischen Kompositseparatoren werden jedoch nach einem anderen Prinzip hergestellt. Dabei wird ein hoch poröses Polymervlies, welches häufig aus PET besteht, mit einer Mischung aus anorganischen Partikeln, einem Binder und Lösungsmitteln überzogen. So wurde beispielsweise von Carlson et al ein Verfahren entwickelt, mit dessen Hilfe über ein Sol-Gel Verfahren anorganische Kompositseparatoren hergestellt werden können[49]. Dabei wird eine wässrige Böhmit Suspension mit Polyvinylalkohol gemischt, auf eine PET Vlies aufgetragen und anschließend getrocknet. Den wohl bekanntesten anorganischen Kompositseparatoren hat die Firma Evonik im Jahre 2002 entwickelt. Der sogenannte Separion® Separator besteht aus einem PET Vlies, anorganischen Nanopartikel wie Al_2O_3, SiO_2 oder ZrO_2 und einem Binder[50, 51]. Der Binder wird durch Hydrolysieren einer Mischung aus Tetraethoxysilan, Methyltriethoxysilan und 3-Glycidyloxypropyltrimethoxysilan in Gegenwart von HCl hergestellt. In diese Bindermischung werden die anorganischen Nanopartikel suspendiert und das ganze Gemisch auf das PET Vlies aufgetragen. Das Vlies mit Binder und anorganischen Partikeln wird abschließend bei 200 °C getrocknet[50-52]. Eine schematische Darstellung des Aufbaus eines Separion® Separators wurde bereits

3.1 Separatorklassen

in **Kap. 2.4 Abb. 2.7** gegeben. **Abb. 3.2** zeigt einen Separion® Separator am Ende des Produktionsschrittes.

Abb. 3.2: Abbildung eines im letzten Produktionsschritt zur Rolle aufgewickelten Separion® Separators[53].

Anorganische Kompositseparatoren zeigen im Vergleich zu Polymerseparatoren eine wesentlich höhere Elektrolytaufnahme, höhere Schmelzbereiche sowie kaum thermischen Schrumpf bei ähnlichen Porositäten[17]. Die hohe Elektrolytaufnahme lässt sich durch die Hydrophilie sowie die große Oberfläche der kleinen Partikel erklären[6]. Ein häufig auftretendes Problem besteht jedoch darin, dass die an das Vlies gebundenen Partikel bei harten Stößen oder anderer Art von mechanischer Belastung auf Dauer vom Vlies abplatzen[17, 54]. Dadurch wird die Elektrolytaufnahme stark gesenkt, was mit einem Verlust an Leitfähigkeit einhergeht.

3.1.3 Polymergelelektrolyte

Im Unterschied zu mikroporösen Polymerseparatoren und anorganischen Kompositseparatoren erfüllen Polymergelelektrolyte nicht nur die Aufgabe eines Separators, sondern wie es der Name schon sagt auch die Aufgabe eines Elektrolyten[29]. Prinzipiell werden Polymergelelektrolyte durch Eintauchen und Quellen einer Polymermatrix in einem geeigneten Elektrolyten oder durch in situ Polymerisation von Polymermatrix, Elektrolyt und in einigen Fällen einem Weichmacher erzeugt [22, 55-58]. Ein Weichmacher ist prinzipiell immer dann nötig, wenn der Elektrolyt allein keine ausreichend hohe Kettenmobilität und somit Leitfähigkeit erzeugen kann. Zum Erhalt einer ausreichenden mechanischen Stabilität, um den Anforderungen an einen Separator gerecht zu werden, werden auch häufig Zusätze wie Vernetzer oder Duroplaste zur Ausgangsmischung zugegeben[22]. Es gibt viele verschiedene Polymere, auf denen ein polymerer Gelelektrolyt basieren kann. Unter ihnen sind die auf PEO, PAN, PMMA oder PVDF basierenden Elektrolyte praktisch von größter Bedeutung[22, 29]. Die ältesten und meist untersuchtesten Systeme unter ihnen sind die PEO basierten. Dabei zeigt reines, lösungsmittelfreis PEO, welches mit Salzen versetzt wurde, zu geringe Leitfähigkeiten (10^{-8} – 10^{-6} S/cm) für praktische Anwendungen. Daher wurde versucht über Blends, Copolymere oder Vernetzungsagentien die Kristallinität bzw. die Glasübergangstemperatur zu senken[22, 59, 60]. Auch durch die Zugabe von Weichmachern wie niedermolekularen Polyethern oder polaren organischen Lösungsmitteln wurde versucht eine Erhöhung der Kettenmobilität zu erreichen[22]. Dabei hat sich gezeigt, dass z. B. Komplexe aus PEO und $LiCF_3SO_3$ oder $LiBF_4$ versetzt mit PEG erheblich höhere Leitfähigkeiten (10^{-4} S/cm) aufweisen[29, 61]. Eine ähnlich hohe Leitfähigkeit kann auch durch das Einpolymerisieren von Kronenethern erhalten werden[61]. Neben PEO gehören PAN basierte Gelelektrolyte zu den meist untersuchten Systemen[29]. So können beispielsweise Filme aus PAN hergestellt werden, in denen das Leitsalz $LiClO_4$ sowie ein Weichmacher bzw. Lösungsmittel wie Ethylencarbonat homogen verteilt sind[62, 63]. Demnach handelt es sich bei PAN-basierten Elektrolyten um Hybridfilme, bei denen das Salz und ein Weichmacher molekular dispergiert vorliegen[62]. Eine weitere Möglichkeit Polymergel-Elektrolyte zu erzeugen ist die Verwendung von PMMA. Hier wird nicht versucht durch Weichmacher oder den flüssigen Elektrolyten die Kettenmobilität zu erhöhen, vielmehr bildet in diesem Fall die Polymermatrix einen Käfig für einen flüssigen Elektrolyten[64, 65]. Ein weiteres häufig untersuchtes Polymer für Polymergelelektrolyte ist PVDF[29]. Die Verwendung als Polymermatrix beruht dabei auf verschiedenen Gründen. Zum einen hat es aufgrund seiner stark elektronenziehenden CF_2 Einheiten eine gute elektrochemische Stabilität. Zum anderen hat es eine für Polymere hohe Dielektrizitätskonstante von $\varepsilon = 8,4$[66]. Dies kann die Dissoziation des Lithium Salzes unterstützen und so die Zahl an möglichen Ladungsträgern erhöhen. Ein Problem stellt jedoch die sehr kostenintensive Herstellung dar. Denn in der Regel

3.1 Separatorklassen

wird eine Polymermatrix zusammen mit einem wasserfreien Li-Salz Elektrolyt in einem niedrig siedenden Lösungsmittel gelöst, sodass unter wasserfreien Bedingungen gearbeitet werden muss[22]. Die zäh fließende Mischung wird als homogene Masse ausgegossen und nach Abdampfen der niedrig siedenden Komponente entsteht so ein klebriger, mechanisch sehr weicher Film[67]. Da diese Filme in der Regel zu weich sind um den Anforderungen an Separatoren zu genügen, werden Copolymere aus PVDF und HFP eingesetzt, die amorphe Bereiche zur Aufnahme des Elektrolyts besitzen, sowie kristalline Bereiche, welche eine ausreichende Stabilität zur Erzeugung selbsttragende Filme liefern sollen[22]. Eine Kostenreduktion in der Herstellung wurde dadurch erreicht, zunächst Lithium freie Lösungsmittel wie beispielsweise Ethylencarbonat einzusetzen und diese in einem späteren Schritt durch den Elektrolyten auszutauschen[67, 68]. Um eine ausreichende mechanische Stabilität zu erlangen, werden auch hier häufig Unterstrukturen aus PE oder PET verwendet. **Abb. 3.3** zeigt eine PE Unterstruktur vor und nach Aufnahme des Polymergelelektrolyten.

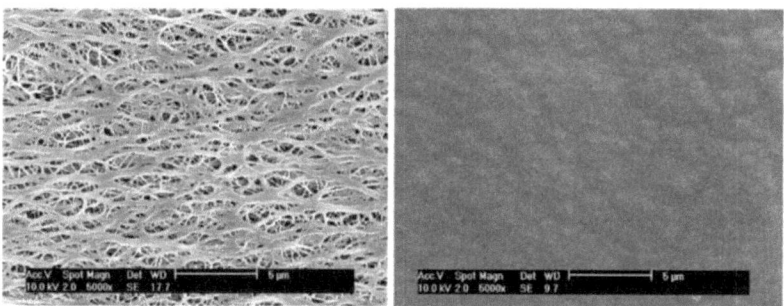

Abb. 3.3: PE-Unterstruktur vor und nach Aufnahme eines Polymergelelektrolyten[17].

Ein Problem von Polymergelelektrolyten besteht jedoch darin, dass sie häufig erst ab Temperaturen von ca. 60 °C ausreichende Leitfähigkeiten aufzeigen[29]. Generell sollten allerdings bereits bei Raumtemperatur hohe Leitfähigkeiten erzielt werden. Dies resultiert darin, dass stetig ein Kompromiss zwischen mechanischer Stabilität und der Leitfähigkeit gefunden werden muss[22]. Ein Lösungsansatz ist hier, anorganische Partikel in die Polymermischung einzuarbeiten[29].

3 Theoretische Grundlagen

Der große Vorteil von Polymergelelektrolyten besteht jedoch darin, dass ein Auslaufen des meist giftigen und leicht entzündlichen Elektrolytgemisches ausgeschlossen werden kann. Hieraus resultiert ein erheblicher Gewinn an Sicherheit für die gesamte Batterie. Daher werden Polymergelelektrolyte, trotz geringer Leitfähigkeiten bereits in vielen Batterien für Handys, Laptops etc. eingesetzt.

3.1.4 Weitere Separatorkonzepte

Neben den drei bereits vorgestellten Separatorkonzepten lassen sich noch einige weitere Separatorklassen benennen. Am bekanntesten von ihnen sind die unverwobenen Vliese. Sie bestehen aus einer Vielzahl an Polymerfäden, welche aus natürlichem Material wie Cellulose oder auch synthesischem Material wie beispielsweise Polyolefinen, Polyamiden, Polyvinylchlorid oder Polyestern bestehen können[17, 69-73]. Die einzelnen Fäden werden chemisch oder physikalisch zu einem dichten Vlies verbunden. Im Falle der chemischen Bindung wird ein Harz auf das lose Gewebe an Fäden gesprüht, getrocknet, thermisch ausgehärtet und in vereinzelnden Fällen gepresst[17]. Unverwobene Vliese zeigen häufig labyrinthartig verlaufende Poren, welche das Wachstum von dendritischem Lithium gut unterdrücken können. Jedoch haben sie Porengrößen von 20-50 µm und erreichen erst ab einer Dicke von 100-200 µm geschlossene Schichten[17]. Im Falle von 20-30 µm Dicke liegen eher offene Vliesstrukturen vor. Daher werden unverwobene Vliese in Lithium-Ionen Batterien häufig nicht direkt als Separator sondern als Unterstruktur für beispielsweise Polymergelelektrolyte verwendet. Erfolgreiche Anwendung haben sie allerdings in Nickel-Cadmium beziehungsweise Nickel-Metall-Hydrid Batterien gefunden[17].

Ein weiteres Separatorkonzept sind sogenannte Feststoffelektrolyte. Diese gleichen sehr stark den Polymergelelektrolyten, werden jedoch nicht durch ein Lösungsmittel gequollen. Sie basieren häufig auf PEO-LiX Systemen, wobei das Anion des Lithium Salzes ein möglichst großes Volumen haben sollte[74, 75]. Dieses Volumen ist von entscheidender Bedeutung, da die Anionen

3.1 Separatorklassen

bei der Einlagerung zwischen den Polymerketten deren Ordnung aufheben, und so eine höhere Kettenmobilität erzeugen. Der Ionentransport erfolgt dabei durch Binden und Lösen des Li-Ions von beweglichen Polymerteilen[24]. Eine schematische Darstellung dieses Prozesses wurde bereits in **Kap. 2.4 Abb. 2.8** anhand der Wanderung von Li an PEO gegeben.

Der große Vorteil solcher Systeme ist es, dass gänzlich auf giftige Lösungsmittel verzichtet werden kann. Die Ionen Leitfähigkeit bei Raumtemperatur liegt indes mit 10^{-8} S/cm weit unterhalb deren von Polymergelelektrolyten. Daher kommen Feststoffelektrolyte kommerziell noch nicht zum Einsatz. Auch Ionentausch-Membranen wurden im Zusammenhang mit Lithium Ionen Batterien diskutiert, jedoch ist die Forschung hier sehr begrenzt, da noch keine vielversprechenden Ansätze gefunden werden konnten[18].

3.2 Die Zwillings- bzw. Zwillingscopolymerisation

Die Zwillingspolymerisation stellt ein neuartiges Verfahren zur Herstellung organisch-anorganischer Nanokomposite dar, welches 2009 von Spange et al an der Technischen Universität in Chemnitz entwickelt wurde[35]. Hybridmaterialien lassen sich nach Sanchez und Ribot prinzipiell in zwei Klassen einteilen[76]. In Klasse Eins Hybridmaterialien besteht nur eine schwache physikalische Bindung, wie beispielsweise durch van der Wahls Kräfte, Wasserstoffbrückenbindungen oder elektrostatische Anziehungskräfte, zwischen den beiden Phasen[76]. Das Bindungsprinzip ist in **Abb. 3.4** dargestellt. Im Prinzip bildet eine Phase für die andere eine Matrix. Dabei kann sowohl die anorganische in die organische, als auch die organische in die anorganische eingebettet sein.

3 Theoretische Grundlagen

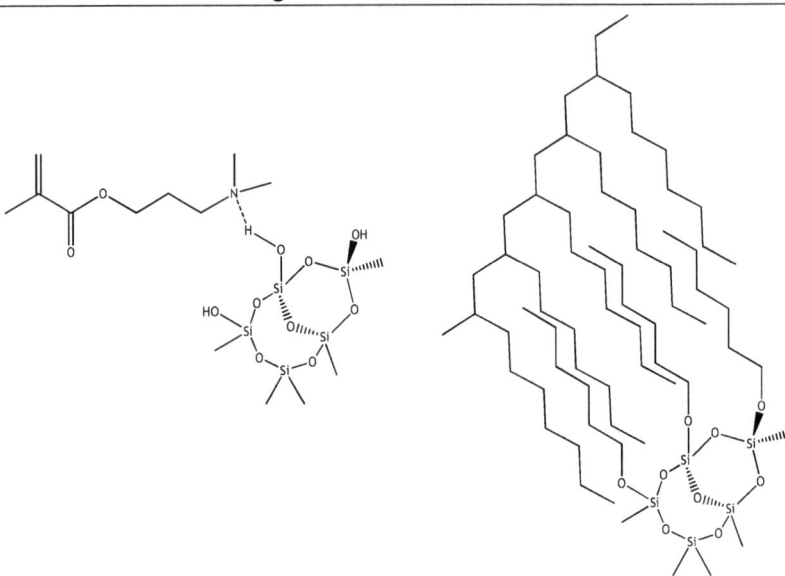

Abb. 3.4: Beispiele für Hybridmaterialien der Klasse Eins, links: Wasserstoffbrückenbindung, rechts: van der Waals Kräfte[77].

Klasse Eins Hybridmaterialien lassen sich leicht durch Sol-Gel Prozesse herstellen. Da nur schwache Wechselwirkungen untereinander bestehen, lassen sich die Systeme leicht durch geeignete Trenntechniken separieren und zählen daher zu den Mehrkomponentensystemen[76]. Im Gegensatz dazu zeichnen sich Hybridmaterialien der Klasse Zwei durch kovalente oder ionische Bindungen zwischen der organischen und der anorganischen Phase aus[76]. Daher zählen sie zu den Einkomponentensystemen. **Abb. 3.5** verdeutlicht das Bindungsprinzip in Hybridmaterialien der Klasse Zwei.

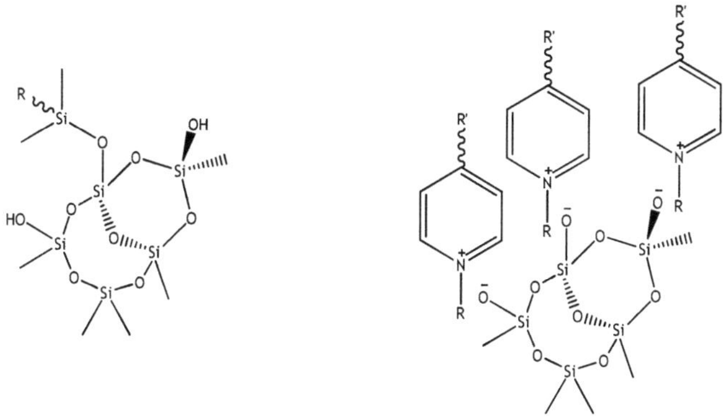

3.2 Die Zwillings- bzw. Zwillingscopolymerisation

Abb. 3.5: Beispiele für Hybridmaterialien der Klasse Zwei, links: kovalente Bindung, rechts: ionische Bindung[77].

Klasse Zwei Hybridmaterialien werden häufig durch organische Polykondensationsreaktionen hergestellt[76]. Bei Zwillingspolymeren handelt es sich um organisch-anorganische Hybridmaterialien der Klasse Eins, welche organisch anorganische Domänen im Bereich < 20 nm aufweisen. Nachfolgend soll nun zunächst der Mechanismus der Zwillingspolymerisation erläutert werden. Im Anschluss daran wird noch einmal intensiv auf das Thema der Monomerwahl eingegangen.

3.2.1 Mechanismus der Zwillings- bzw. Zwillingscopolymerisation

Grundsätzlich entstehen bei der Zwillingspolymerisation aus einem Monomertyp zwei verschiedene Polymere. Dabei wird das Monomer so gewählt, dass durch einen einzigen Polymerisationsmechanismus zwei strukturell unterschiedliche Homopolymere entstehen[78]. Die Anzahl funktioneller Gruppen am Monomer ist für den Verlauf von entscheidender Bedeutung. Auf dieses Phänomen soll in **Kap. 3.2.2** gesondert eingegangen werden. Die Polymerisation kann sowohl in Schmelze, als auch in Lösung durchgeführt werden. Das Polymersiationsprinzip soll nun am Beispiel von Tetrafurfuryloxysilan vorgestellt werden. Dazu wird zunächst in **Abb. 3.6** das Reaktionsschema dargelegt.

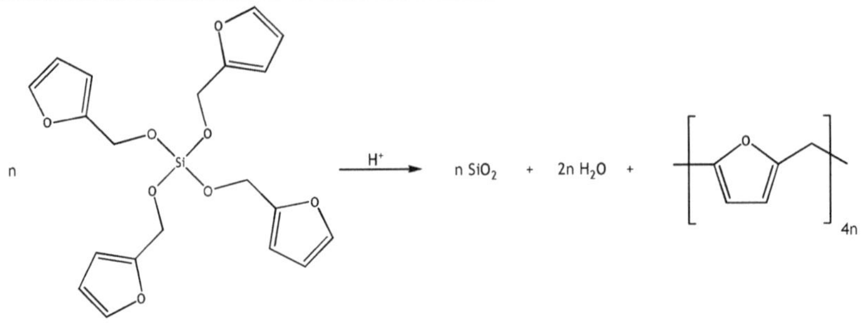

3 Theoretische Grundlagen

Abb. 3.6: Reaktionsschema der Zwillingspolymerisation am Beispiel von Tetrafurfuryloxysilan[78].

Da die Bildung des Siliziumdioxids und des Polyfurfurylalkohols (PFA) mechanistisch aneinander gekoppelt sind, durchdringen sich die Netzwerke, wodurch es zur Bildung von Polymerblends kommt[78]. Die Initiierung der Polymerisation erfolgt durch positiv geladene Ionen. Die Anwesenheit dieser Ionen führt zu einem Si-O-C Bindungsbruch, wodurch eine Stufenpolymersiation gestartet wird. Ob nun der Polyfurfurylalkohol als Kondensationsprodukt der SiO_2 Bildung bezeichnet wird, oder die Bildung des SiO_2 als Kondensationsprodukt der PFA Polymerisation, hängt vom Standpunkt des Betrachters ab. Unabhängig vom Standpunkt ist jedoch festzuhalten, dass die beiden kationischen Wachstumsprozesse stark voneinander abhängig sind. Diese Abhängigkeit lässt sich daran erkennen, dass das SiO_2 nur so schnell gebildet werden kann, wie die Einheiten des Furfurylalkohols vom Si-haltigen Monomer abgespalten werden können[78]. Die treibenden Kräfte bei dieser Reaktion sind die unterschiedlichen Bindungsenergien in den Si-O Bindungen im kristallinen Monomer und dem amorphen SiO_2 sowie die Stärke der H-O Bindung bei der Bildung des Wassers, welches bei der Kondensation der Silanolgruppen entsteht.[78]

Wird bei der Zwillingspolymerisation nicht nur ein Monomer der Zusammensetzung A-B eingesetzt, sondern vor Initiierung der Reaktion ein weiteres Monomer der Zusammensetzung A-C hinzugegeben, wird dies als Zwillingscopolymerisation bezeichnet. In diesem Fall werden nach kationische Initiierung die drei Homopolymere A, B und C erhalten. Die Zwillingscopolymerisation ist Grundlage der in dieser Arbeit hergestellten Separatoren. **Abb.**

3.2 Die Zwillings- bzw. Zwillingscopolymerisation

3.7 gibt das Reaktionsschema für die in dieser Arbeit verwendeten Monomere 2,2'-Spirobi[4H-1,3,2-benzodioxasilin] und 2,2-Dimethyl-4H-1,3,2-benzodioxasilin wieder.

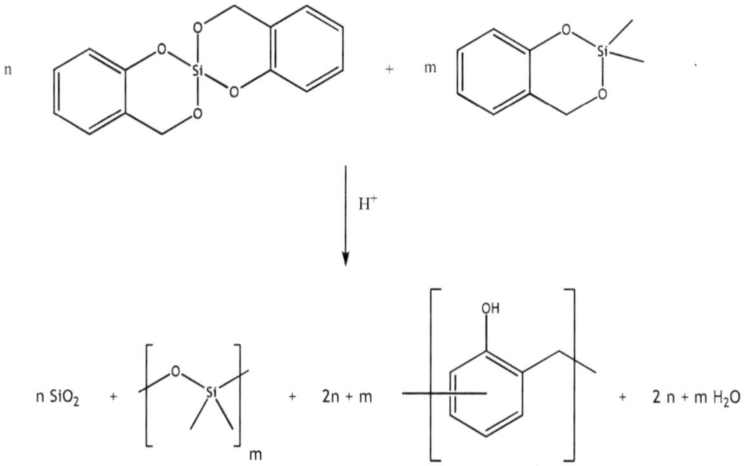

Abb. 3.7: Reaktionsschema der in dieser Arbeit angewendeten Zwillingscopolymerisation.

Die in dieser Arbeit verwendeten Monomere, das 2,2'-Spirobi[4H-1,3,2-benzodioxasilin] (**Abb. 3.7** links) sowie das 2,2-Dimethyl-4H-1,3,2-benzodioxasilin (**Abb. 3.7** rechts) weisen bei der Initiierung der Zwillingspolymersiation eine Besonderheit auf. Im Fall dieser Monomere kommt es zu einer selektiven Ringöffnung, welche durch einen elektrophilen Angriff eines Protons auf die Oxymethylengruppe gestartet wird[79]. **Abb. 3.8** zeigt zur Verdeutlichung den ringöffnenden Schritt noch einmal schematisch am Beispiel des 2,2'-Spirobi[4H-1,3,2-benzodioxasilin].

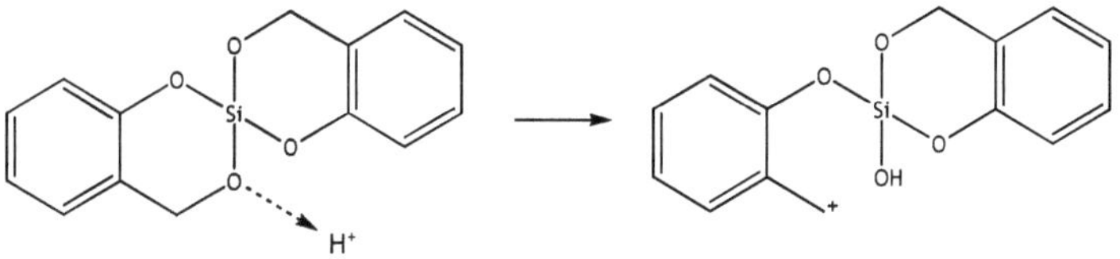

Abb. 3.8: Schema der selektiv ringöffnenden Initiierung.

Analog verläuft die Ringöffnung auch beim 2,2-Dimethyl-4H-1,3,2-benzodioxasilin. Im weiteren Verlauf der Polymerisation erfolgt die Abspaltung der Phenolharzeinheit mit anschließender Polymerisation zum Phenolharz, sowie die gleichzeitige Bildung des

3 Theoretische Grundlagen

SiO$_2$ bzw. PDMS Netzwerkes. Der elektrophile Angriff einer protonierten Spezies auf ein weiteres Monomer ist in **Abb. 3.9** dargestellt.

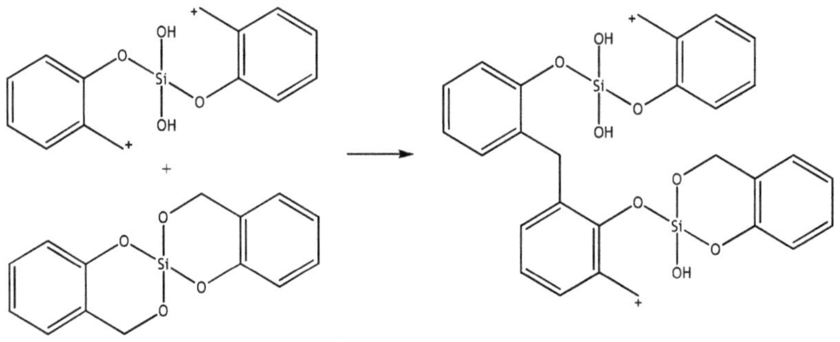

Abb. 3.9: Propagation der Zwillingspolymerisation

Da die Monomere relativ hydrolyseempfindlich sind, müssen sämtliche Reaktionsschritte unter Schutzgas durchgeführt werden. Die Polymerisation erfolgt dabei in einem Ofen bei 85 °C für vier Stunden. Über das Verhältnis der Monomere, lassen sich verschiedene Eigenschaften wie Flexibilität oder Temperaturbeständigkeit einstellen. So wächst beispielsweise die Flexibilität mit wachsendem Anteil an 2,2-Dimethyl-4H-1,3,2-benzodioxasilin, da mehr PDMS und weniger SiO$_2$ gebildet wird. Andererseits wächst mit steigendem Anteil an 2,2'-Spirobi[4H-1,3,2-benzodioxasilin] die Temperaturbeständigkeit, da nun der SiO$_2$ Anteil im Vergleich zum PDMS Anteil steigt.

Neben der kationischen Initiierung besteht auch die Möglichkeit eines thermischen Reaktionsstarts. In diesem Falle wird die Polymerisation bei 200 °C durchgeführt. Es wird vermutet, dass in diesem Fall Spuren von Wasser die Reaktion starten. Eine weitere Möglichkeit der Initiierung bietet die Zugabe von Basen wie 1,8-Diazabicyclo[5.4.0]undec-7-en (DBU) oder 1,4-Diazabicyclo[2.2.2]octan (DABCO). Dies bedeutet, dass ein anionischer Mechanismus zugrunde liegen würde. Sowohl der Reaktionsmechanismus der thermischen als auch der anionischen Initiierung sind bis heute noch nicht aufgeklärt.

3.2 Die Zwillings- bzw. Zwillingscopolymerisation

3.2.2 Monomere

Da bei der Zwillingspolymerisation das Monomer einer Art Abbau unterliegt und so zwei verschiedene Homopolymere entstehen, ist die Wahl des Monomers von großer Bedeutung für einen erfolgreichen Verlauf der Polymerisation. In der Literatur sind bis heute nur wenige Monomere bekannt[78, 80]. Der Einfluss einiger Strukturmerkmale des Monomers auf die daraus entstehenden Polymere konnte jedoch schon analysiert werden.

3.2.2.1 Einfluss des Zentralatoms

Als Zentralatome für Monomere zur Verwendung in der Zwillingspolymerisation sind Silizium, Titan und Bor in der Literatur bekannt[78, 80, 81]. Die Polymerisation mit Silizium als Zentralatom wurde bereits in **Kap. 3.2.1** bei der Erläuterung des Mechanismus vorgestellt. Um nun Unterschiede bei der Polymerisation oder in den Produkten, welche vom Austausch des Siliziums durch Titan und Bor herrühren aufzuzeigen, bleibt die organische Komponente in allen Fällen der Furfurylalkohol. Ein Vergleich der Polymerisation von Tetrafurfuryloxysilan und Tetrafurfuryloxytitan, zeigt zunächst auf, dass das Tetrafurfuryloxytitan sich unter Abspaltung von Furfurylalkohol in einen Komplex umwandelt, in dem das Titan 6-fach koordiniert vorliegt[80]. Wird nun die Zwillingspolymerisation kationisch initiiert, bildet sich zwar der PFA, es lässt sich jedoch kein TiO_2 nachweisen, wie es bei einem analogen Verlauf mit Silizium als Zentralatom zu erwarten wäre. Das Titan liegt im Anschluss an die Polymerisation als gleichmäßig verteilte amorphe Titan Spezies vor. Erst nach starkem Erhitzen und Oxidation lässt sich TiO_2 in Anatas Struktur im Polymer nachweisen[80]. **Abb. 3.10** gibt eine Übersicht über den Verlauf der Zwillingspolymerisation mit Titan als Zentralatom.

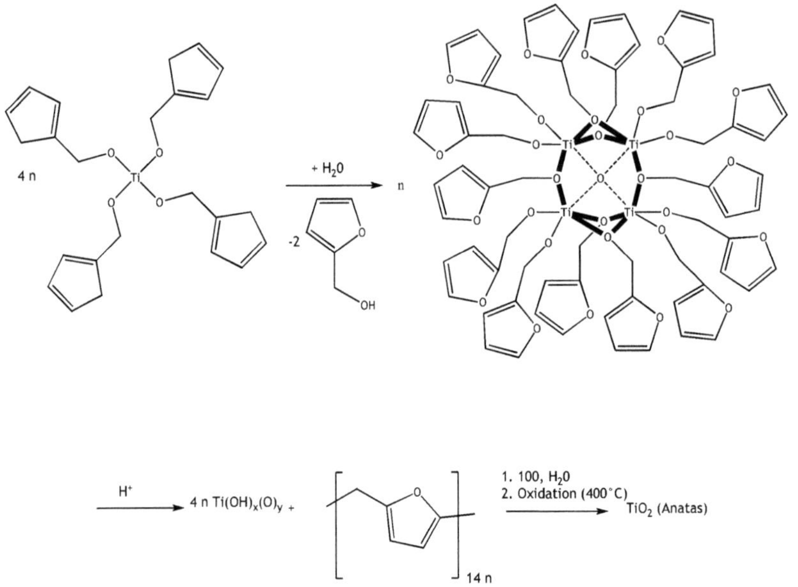

3 Theoretische Grundlagen

Abb. 3.10: Zwillingspolymerisation von titanbasierten Monomeren[80].

Bei einem Vergleich von Bor als Zentralatom mit Silizium und Titan, ist zunächst festzuhalten, dass Bormonomere trifunktional sind. Ausgehend von Trifurfuryloxyboran verläuft die Polymerisation bei kationischer Initiierung analog zu siliziumbasierten Monomeren. Nach Abschluss der Polymerisation liegt ein nanostrukturierter Komposit aus PFA und Boroxid vor[81]. In **Abb. 3.11** ist das Reaktionsschema noch einmal dargestellt.

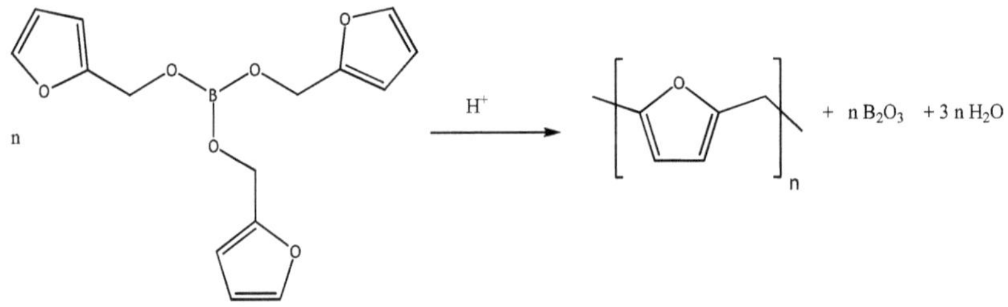

Abb. 3.11: Schema der Zwillingspolymerisation von borhaltigen Monomeren[81]

3.2 Die Zwillings- bzw. Zwillingscopolymerisation

3.2.2.2 Einfluss der organischen Komponente im Monomer

Während das Zentralatom die Beschaffenheit des anorganischen Homopolymers bestimmt, stellt der organische Teil des Monomers Grundstein für das organische Polymer dar. Literaturbekannt als organische Bestandteile sind Furfurylalkohol und benzolbasierte Komponenten, welche auch in dieser Arbeit verwendet wurden. Dabei entstehen bei der Polymerisation PFA beziehungsweise Phenolharze[78, 79]. Der organische Teil kann so maßgeblich Einfluss auf die chemische Stabilität des entstandenen Stoffes nehmen, da beispielsweise über mögliche Vernetzungspunkte im Polymer die Stabilität erhöht werden kann. Auch kann durch eine geschickte Wahl der Seitengruppen der benzolbasierten Komponente Einfluss auf die Flexibilität des entstehenden Polymers genommen werden.

3.2.2.3 Einfluss funktioneller Gruppen

Die Funktionalität (f_M) der Bildungseinheiten, die aus den Monomeren entstehen, f_1 für die Funktionalität des anorganischen Teils, f_2 für die Funktionalität des organischen Teils, ist ebenfalls von großer Bedeutung für die entstehenden Polymere. Beträgt die Funktionalität der beiden Bildungseinheiten f_1 und f_2 jeweils zwei, entstehen lineare Ketten. Beträgt die Funktionalität dagegen drei oder vier, liegen im Produkt vernetzte Strukturen oder Gele vor[81]. Dies ist in **Abb. 3.12** verdeutlicht.

bi-funktional $f_M = 2$ tri-funktional $f_M = 4$ tetra-funktional $f_M = 2$
lineare Ketten   Netzwerke   3D-Netzwerke

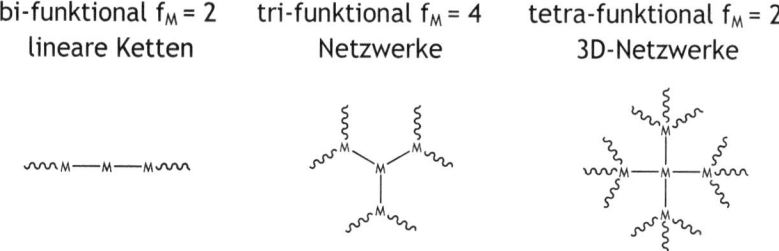

Abb. 3.12: Einfluss von Funktionalitäten der Monomereinheiten auf das Polymer[81].

Dies bedeutet, dass mittels Zwillingspolymerisation zwei vernetzte Netzwerke gleichzeitig in einem Prozess entstehen können. Beispiele aus der Literatur zeigt dazu **Abb. 3.13**.

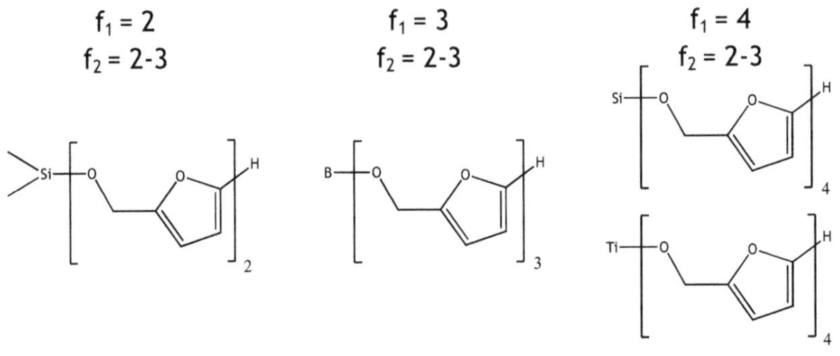

3 Theoretische Grundlagen

$f_1 = 2$
$f_2 = 2\text{-}3$

$f_1 = 3$
$f_2 = 2\text{-}3$

$f_1 = 4$
$f_2 = 2\text{-}3$

Abb. 3.13: Literaturbeispiele für bi-, tri, und tetrafunkitonale Monomere[81].

Über die Wahl der Funktionalitäten lassen sich im entstehenden Polymer viele bedeutende Parameter wie Flexibilität, Glasübergangstemperatur, Temperaturbeständigkeit oder chemische Beständigkeit beeinflussen.

3.3 Prinzip der Gurley Apparatur

Mithilfe einer Gurley Apparatur lässt sich auf einfachem Wege der Widerstand, welcher dem Durchströmen von Luft durch eine Membran entgegengebracht wird, messen. Aus diesem wiederum kann eine Gurley Zahl berechnet werden[82]. Der Widerstand kann auf zwei verschiedene Arten gemessen werden[83]. In der ersten Methode, definiert nach dem japanischen Industriestandard (JIS Gurley), wird die Gurley Zahl mittels eines OHKEN Permeabilitätstester gemessen. In diesem Fall ist die Gurley Zahl definiert als Zeit in Sekunden, welche 100 cm^3 Luft benötigen um durch 6,45 cm^2 einer Membran bei einem konstanten Druck von 12,19 cm Wassersäule zu permeieren[83]. Die zweite Methode ist definiert nach der Norm ASTM-D726. In diesem Fall entspricht die Gurley Zahl der Zeit in Sekunden, welche 10 cm^3 Luft benötigen um durch 6,45 cm^2 einer Membran bei einem konstanten Druck von 12,19 cm Wassersäule zu permeieren. Die Gurley Zahl trägt die Einheit s. Der Widerstand gibt grundsätzlich Aufschluss über die Porosität einer Membran. Je geringer die Gurley Zahl, desto

3.3 Prinzip der Gurley Apparatur

geringer der Widerstand, desto höher die Porosität. Mit Hilfe der Gurley Zahl können indirekt Hinweise auf Variablen wie das Absorptionsverhalten, die spezifische Dichte, die Effizienz bei der Filterung von Flüssigkeiten und Gasen oder auch die Leitfähigkeit erhalten werden[18, 82]. Einfluss auf die Gurley Zahl haben dabei sowohl die innere Struktur der Membran als auch die Oberflächenbeschaffenheit. Die innere Struktur wird dabei hauptsächlich von der Länge der Fasern, dem Grad der Hydratation, der Orientierung von beispielsweise lamellaren Strukturen und der Verdichtung einer Membran bestimmt. Die Oberflächenbeschaffenheit ist vor allem durch den Herstellungsprozess und mechanische Belastungen bei der Herstellung auf die Oberfläche sowie vereinzelt durchgeführte Glättungsprozesse zurückzuführen[82]. Bei der Verwendung von Füllmaterialien in Membranen haben auch diese großen Einfluss auf den Widerstand[82]. In dieser Arbeit wurden die Gurley Zahlen nach der Norm ASTM-D726 bestimmt. Daher soll im Weiteren nur noch auf diese Methode eingegangen werden. Der Aufbau einer Gurley Apparatur soll anhand von **Abb. 3.14** gezeigt und erklärt werden.

3 Theoretische Grundlagen

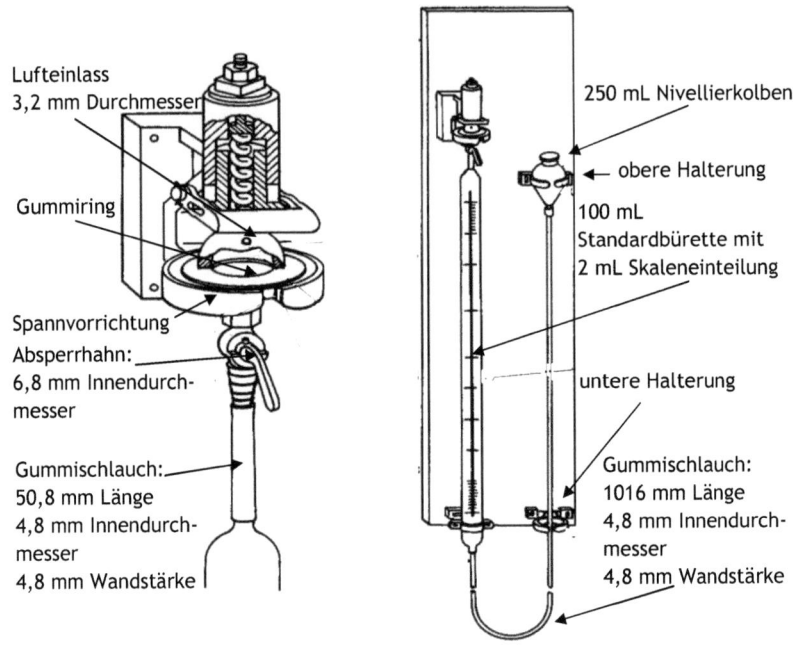

Abb. 3.14: Schematischer Aufbau einer Gurley Apparatur[82].

Um eine Messung durchzuführen muss die Apparatur zunächst kalibriert werden. Dazu wird der Nivellierkolben im ersten Schritt in die untere Position gehängt und bei geöffnetem Absperrhahn und ohne Membran in der Zelle zu ca. 3/4 mit Wasser gefüllt. Als nächstes wird die untere Halterung so eingestellt, dass die Wassersäule in der Bürette an der 100 mL Marke steht. Anschließend wird der Nivellierkolben bei geöffnetem Hahn und ohne Membran in der Zelle in die obere Halterung gehängt. Diese wird zunächst so verschoben, dass die Wassersäule ca. 6,5 mm oberhalb der 0 mL Marke steht. Zur exakten Einstellung der oberen Halterung wird nun eine Metallfolie in die Zelle eingelegt und der Nivellierkolben in die untere Halterung überführt. Die Wassersäule sollte nun an der 0 mL Marke stehen und nicht mehr als 0,1 mL in drei Minuten abfallen. Damit ist die Kalibration abgeschlossen und die Apparatur kann für Messungen verwendet werden. Bei diesen Messungen ist ein entscheidendes Kriterium an die zu untersuchenden Membranen, dass Sie eine Fläche von mindestens

25,4 cm² aufweisen. Bei geöffnetem Absperrhahn wird die Membran nun in die Zelle eingelegt. Es ist darauf zu achten, dass sie glatt und faltenlos in der Zelle liegt, wenn diese verschlossen wird. Ist die Membran eingelegt, wird der Absperrhahn verschlossen und der Nivellierkolben in die untere Halterung gehängt. Der Hahn wird nun für 15 Sekunden geöffnet und der Wasserspiegel auf 0,1 mL genau abgelesen. Um den ASTM Standard zu erfüllen, muss dieser Vorgang für zehn Membranen zehnmal von jeder Seite der Membran durchgeführt werden.

Über die Gurley Zahl lassen sich auch Rückschlüsse auf die Leitfähigkeit einer Membran ziehen. Es muss jedoch zunächst ein Zusammenhang zwischen der Gurley Zahl und der Leitfähigkeit für jedes Material gefunden werden. Dies kann beispielsweise durch die Korrelation verschiedener Messungen zueinander geschehen.

3.4 Prinzip der Leitfähigkeitsmessungen

Als Leitfähigkeit σ wird grundsätzlich das Vermögen Ladungen in einem Stoff oder einer Flüssigkeit gegen einen Potentialgradienten zu bewegen bezeichnet[84]. Dies bedeutet, dass die Leitfähigkeit abhängig vom Widerstand (R) gegen diese Bewegungen ist. Der Widerstand wiederum ist abhängig von der Länge des Weges, welchen die Ladungen wandern müssen sowie vom Querschnitt der Probe. Dabei nimmt der Widerstand mit zunehmender Länge (l in m) zu und mit steigender Querschnittsfläche (A in m²) ab, woraus Gl. 2 resultiert[84].

$$R = \rho \frac{l}{A} \qquad \text{Gl. 2}$$

Die Proportionalitätskonstante ρ repräsentiert den spezifischen Widerstand des Stoffes. Als Leitfähigkeit wird nun der Kehrwert des Widerstandes bezeichnet und in der Einheit S/m angegeben. Häufig wird auch die in vielen Anwendungen praktikablere Einheit S/cm verwendet[84]. Prinzipiell wird die Leitfähigkeit in Festkörpern von der in Flüssigkeiten unterschieden, da sie unterschiedlichen Mechanismen folgt. Da in Li-Ionen Batterien oft

3 Theoretische Grundlagen

Elektrolyt/Separator Systeme vorliegen, sind hier die Leitfähigkeit eines Elektrolyten und die eines Festkörpers eng miteinander verbunden. Daher sollen im Folgenden kurz beide Mechanismen erklärt werden. Die Leitfähigkeit einer Elektrolytlösung hängt in hohem Maße von der Ionenbeweglichkeit ab. Eine wichtige Kenngröße für die Ionenbeweglichkeit in Elektrolytlösungen ist die Driftgeschwindigkeit[84]. Das durch die Potentialdifferenz der beiden Elektroden aufgebaute elektrische Feld lässt auf die Ionen in der Lösung eine Kraft wirken. Diese veranlasst die Li-Ionen in der Elektrolytlösung sich zur negativen Elektrode zu bewegen[84]. Bei der Bewegung durch die Lösung wirkt auf das Li-Ion jedoch auch eine Reibungskraft. Diese ist proportional zur Geschwindigkeit und wirkt der elektrostatischen Kraft des Feldes entgegen[84]. Berechnen lässt sich diese Kraft (f) mittels der Stokeschen Gleichung, in der a (in m) für den Ionenradius und η (in kg · m^{-2} · s^{-1}) für die dynamische Viskosität steht. (Gl.3).

$$f = 6 \cdot \pi \cdot \eta \cdot a \qquad \text{Gl.3}$$

Da beide Kräfte in entgegengesetzte Richtungen wirken, erreicht das Ion eine konstante Endgeschwindigkeit, welche als Driftgeschwindigkeit bezeichnet wird[84]. Aufgrund der Tatsache, dass die Driftgeschwindigkeit letztlich dafür verantwortlich ist, wie schnell Ladungen durch die Lösung transportiert werden, ist zu erwarten, dass die Leitfähigkeit mit steigender Viskosität der Lösung und steigendem Ionenradius abnimmt. Es ist jedoch zu beachten, dass bei kleinen Ionen wie Li$^+$ nicht der Ionenradius, sondern der hydrodynamische Radius des solvatisierten Ions berücksichtigt werden muss[84]. Neben der Ionenbeweglichkeit spielt auch die Konzentration der entstehenden Ionen eine entscheidende Rolle[84]. Eine Verdoppelung der Ionenkonzentration ist jedoch nicht mit einer Verdoppelung der Leitfähigkeit gleichzusetzen, da die Ionen in der Lösung sehr stark miteinander wechselwirken[84, 85]. Denn in einer Elektrolytlösung liegen die Ionen nicht völlig ungeordnet verteilt vor. So halten sich in der Nähe eines positiven Ions immer mehr negative Ionen auf als anderswo[85]. Es ist im Prinzip von einer Wolke aus Gegenionen umgeben. Beginnt dieses Ion nun sich in Richtung der Elektrode zu

3.4 Prinzip der Leitfähigkeitsmessungen

bewegen, verzerrt sich die Hülle der Gegenionen, da sie sich nicht beliebig schnell an die wechselnde Position des positiven Ions anpassen kann. Dieses Ereignis wird auch als Relaxationseffekt bezeichnet[84]. Diese Verzerrung kann so weit gehen, dass die Hülle aus Gegenionen mehr oder weniger hinter dem Ion hergezogen wird. Die Gegenionenwolke erzeugt also ein hemmendes Feld, welches das Ion in die entgegengesetzte Richtung zieht und dadurch die Bewegung verlangsamt[85]. Dieser Effekt verstärkt sich, je dichter die Wolke und je höher der Ordnungszustand, also niedriger die Temperatur ist[85]. Des Weiteren spielt auch die Ladung des Ions eine wichtige Rolle. Die Leitfähigkeit wird im Fall der Li-Ionen zu einem großen Teil von der Ionenzahl bestimmt. Neben dem Elektrolyt hat auch der Separator großen Einfluss auf das System Elektrolyt/Separator. Hier handelt es sich in der Regel um feste Materialien, welche die Ionen an der Ionenbewegung aktiv oder passiv teilnehmen lassen können. Im einfachsten Fall wandern die Ionen im Lösungsmittel durch Poren im Separator. Da diese Poren jedoch häufig kleiner sind als solvatisierte Ionen (⌀ Li-Ion: 15 pm, solvatisiert 15-150 nm), müssen diese ihre Solvathülle teilweise oder ganz abstreifen. Die Poren, der in dieser Arbeit hergestellten Separatoren decken mit 25-125 nm diesen Bereich gut ab. Durch den Separator wird allerdings auch bei hoher Porosität die Querschnittsfläche im Gegsatz zu einem separatorfreiem System verkleinert, da die Ionen nur durch die Poren wandern können. Bei einer Porosität von 45 %, verkleinert sich die Querschnittsfläche durch welche die Ionen Wandern können beispielsweise um mehr als die Hälfte. Diese Querschnittsflächenverkleinerung hat, wie **Gl. 3** zeigt, erhebliche Auswirkungen auf den Widerstand der Ionenbewegung. In einigen Fällen, wie beispielsweise beim Feststoffelektrolyten, wird am Ionentransport auch aktiv teilgenommen. Dies geschieht durch Binden und Lösen der Ionen an hoch flexiblen Teilen wie beispielsweise einzelnen nicht vernetzten Polymerketten des Separators. Das Binden und Lösen sowie die Bewegung der flexiblen Einheiten ist jedoch nicht so schnell, wie eine Bewegung von Li-Ionen im flüssigen Elektrolyt wäre. Somit lässt sich sagen, dass im Elektrolyt/Separator-System ein Großteil des Widerstandes vom Separator bestimmt wird. In der Regel steigt der effektive

3 Theoretische Grundlagen

Widerstand gegen den Ionenfluss durch den Einbau eines Separators um den Faktor sechs bis sieben[18]. Ein Maß für den Anstieg des Widerstandes ist die McMullin Nummer (N_M). Diese ergibt sich aus dem Verhältnis des Widerstands des Separators gefüllt mit Elektrolyt und dem Widerstand des Elektrolyten allein (**Gl.4**). Die Leitfähigkeiten reiner Elektrolyte liegt häufig wie auch im Beispiel von LiTFSi einmolar in DEC/EC bei ~ 9 · 10⁻³ S/cm.

$$N_M = \frac{R_{Separator\,gefüllt\,mit\,Elektrolyt}}{R_{reiner\,Elektrolyt}}$$ Gl.4

Kommerzielle Separatoren haben MacMulluin Nummern zwischen zehn und zwölf[18].
Um die Leitfähigkeit eines Separators nun zu messen muss also der Widerstand, den er der Ionenbewegung entgegensetzt, bestimmt werden. Mit Hilfe der Impedanzspektroskopie lassen sich vergleichsweise einfach Ionentransportvorgänge in Elektroden/Probe-Systemen bestimmen[86]. Moderne Impedanzanalysatoren lassen frequenzabhängige Messungen der Leitfähigkeit σ in Bereichen von einigen mHz bis einem MHz zu[85]. Theoretische Grundlage der Impedanzspektroskopie ist die Störungstheorie. Dabei wird das zu untersuchende System aus Elektroden und Probe durch eine Anregung, welche auch als Störung bezeichnet werden kann, aus dem thermodynamischen Gleichgewichtszustand gebracht[85]. Diese erfolgt dabei in Form von elektrischer Spannung U, beziehungsweise in Form eines elektrischen Feldes E. Auf diese Anregung antwortet das System mit einem um den Winkel ΔΦ zur anregenden Spannung U phasenverschobenen Strom I[85]. Elektrochemische Prozesse weisen im allgemeinen ein nicht lineares Strom-Spannungsverhalten auf, bei hinreichend kleinen Anregungen kann die Antwort jedoch mit einer linearen Differentialgleichung verknüpft werden[86]. Die Messungen können dabei ohne Zerstörung des Systems durchgeführt werden, da es nach einer gewissen Relaxationszeit wieder in seinen Gleichgewichtszustand zurückkehrt. In dieser Arbeit wurden zur Bestimmung der Leitfähigkeit frequenzabhängige Messungen durchgeführt, bei der die Amplitude im Messvorgang konstant geblieben ist. Bei dieser Art der Messung

3.4 Prinzip der Leitfähigkeitsmessungen

wird die zu jeder einzelnen Messfrequenz ν zugehörige Amplitude des resultierenden Stromsignals I_0 und die dazugehörige Phasenverschiebung $\Delta\Phi$ erhalten. Diese frequenzabhängige Systemantwort lässt die Berechnung aller anderen impedanzverwandten Funktionen zu.

Die bei der Anregung des Systems verwendete Wechselspannung U (ω,t) lässt sich durch die Funktion in **Gl. 5** beschreiben[85].

$$U(\omega,t) = U_0 \sin(\omega t + \Phi_U) = U_0 \cdot e^{i(\omega t + \Phi_U)} \qquad \text{Gl. 5}$$

Sie ist durch die Bestimmungsgrößen Amplitude der Spannung (U_0), Kreisfrequenz (ω) und den Phasenwinkel (Φ_U) festgelegt. Aus dieser Spannung entsteht ein elektrisches Feld, das durch die Funktion aus **Gl. 6** beschrieben werden kann.

$$E(\omega,t) = E_0 \sin(\omega t + \Phi_E) = E_0 \cdot e^{i(\omega t + \Phi_E)} \qquad \text{Gl. 6}$$

Dieses elektrische Feld bewirkt durch die Verschiebung von Ladungsträgern im zu untersuchenden System einen ebenfalls sinusförmigen Strom, der sich durch **Gl. 7** darstellen lässt[85].

$$I(\omega,t) = I_0 \sin(\omega t + \Phi_I) = I_0 \cdot e^{i(\omega t + \Phi_0)} \qquad \text{Gl. 7}$$

Hierbei sind die Amplitude des Sroms I_0 und der Phasenwinkel Φ_I vom System abhängig. Die Impedanz Z (ω) stellt dabei eine Größe für die im System transportierte Ladung dar und lässt sich durch **Gl.8** beschreiben[85].

$$Z(\omega) = \frac{U(\omega,t)}{I(\omega,t)} = \frac{U_0}{I_0} \cdot e^{-i(\Phi_I - \Phi_U)} = |Z(\omega)| \cdot e^{-i\Delta\Phi(\omega)} \qquad \text{Gl. 8}$$

Der Kehrwert der Impedanz wird als Admittanz Y(ω) bezeichnet und ist mathematisch durch **Gl. 9** gegeben.

$$Y(\omega) = \frac{1}{Z(\omega)} = \frac{I(\omega,t)}{U(\omega,t)} = \frac{I_0}{U_0} \cdot e^{i(\Phi_I - \Phi_U)} = |Y(\omega)| \cdot e^{i\Delta\Phi(\omega)} \qquad \text{Gl. 9}$$

3 Theoretische Grundlagen

Die Admittanz ist mit der Leitfähigkeit σ (ω) des Systems eng verknüpft. Der Abstand d der Elektroden zueinander, sowie die Fläche A der Elektroden hat jedoch ebenfalls erheblichen Einfluss auf die Messungen. In Gl. 10 ist der Zusammenhang zwischen Admittanz und Leitfähigkeit beschrieben[85].

$$\sigma(\omega) = \frac{d}{A} \cdot |Y(\omega)| = |\sigma(\omega)| \cdot e^{i\Delta\Phi(\omega)} \qquad \text{Gl.10}$$

Durch Anwendung der Kirchhoff'schen Regeln auf die gemessenen Momentanwerte von Spannung und Strom lässt sich der durch die Anregung resultierende Strom berechnen. Dies führt zu einem Satz Differentialgleichungen, welche die Beziehung zwischen Spannung und Strom für einen Ohm'schen Widerstand R (**Gl. 11**), einer Induktivität L (**Gl. 12**) und einer Kapazität C (**Gl. 13**) folgendermaßen wiedergeben.

$$U_R = R \cdot I; \quad I = \frac{U_R}{R} = \frac{1}{R}U_0 \cdot e^{i(\omega t + \Phi_I)} = I_{0,R} \cdot e^{i(\omega t + \Phi_I)}, \quad \Phi_I = 0 \qquad \text{Gl.11}$$

$$U_L = L\frac{dI}{dt}; \quad I = \int \frac{U_L}{L}dt = \frac{1}{\omega L}U_0 \cdot e^{i(\omega t + \Phi_I)} = I_{0,L} \cdot e^{i(\omega t + \Phi_I)}, \quad \Phi_I = -\frac{\pi}{2} \qquad \text{Gl.12}$$

$$U_C = \frac{1}{C}\int I dt; \quad I = C\frac{dU_C}{dt} = i\omega C U_0 \cdot e^{i(\omega t + \Phi_I)} = I_{0,C} \cdot e^{i(\omega t + \Phi_I)}, \quad \Phi_I = +\frac{\pi}{2} \qquad \text{Gl.13}$$

Die Impedanz des Systems lässt sich also in ihre einzelnen Anteile zerlegen. Dabei entspricht die Ohm'sche Impedanz dem Ohm'schen Widerstand (**Gl.14**). Sie ist von der Frequenz unabhängig, da sich Spannung und Strom in Phase befinden.

$$R = Z_R = \frac{U_0}{I_0} = \frac{U_R}{I_0} \qquad \text{Gl.14}$$

Die induktive Impedanz Z_L ist frequenzabhängig, da die Spannung dem Strom um π/2 vorauseilt. Sie lässt sich mathematisch durch **Gl. 15** beschreiben.

$$Z_L = \frac{U_0}{I_0} = \frac{U_L}{I_0} = i\omega L \qquad \text{Gl. 15}$$

3.4 Prinzip der Leitfähigkeitsmessungen

Ebenfalls frequenzabhängig ist die kapazitive Impedanz Z_C, da hier der Strom der Spannung um $\pi/2$ vorauseilt. **Gl. 16** gibt den Zusammenhang für diesen Sachverhalt wieder.

$$Z_C = \frac{U_0}{I_0} = \frac{U_C}{I_0} = \frac{1}{i\omega C} \qquad \textbf{Gl. 16}$$

Graphisch lässt sich die Systemantwort auf verschiedene Arten darstellen. Zum einen gibt es die Möglichkeit anhand des Bode-Diagramms, welches eine doppelt logarithmische Darstellung der Impedanz Z gegen die Frequenz darstellt, den Widerstand des Separators zu ermitteln. Da sowohl der kapazitive als auch der induktive Widerstand frequenzabhängig sind, lässt sich der Ohm'sche Widerstand im Bode-Diagramm leicht durch ein Plateau erkennen. Ein idealisiertes Bode-Diagramm ist in **Abb. 3.15** dargestellt.

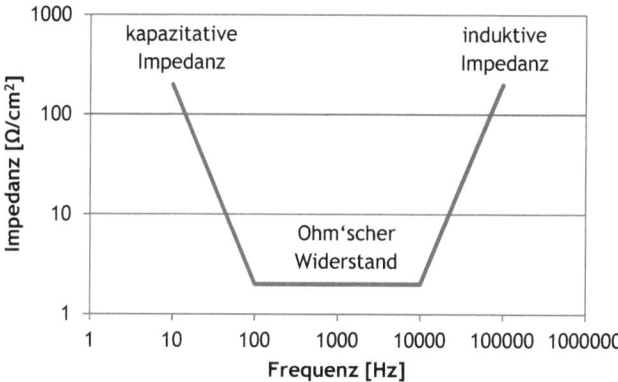

Abb. 3.15: Idealisiertes Bode-Diagramm.

Zum anderen lässt sich diese durch ein Nyquist-Diagramm analysieren. In einem Nyquist-Diagramm erfolgt die Auftragung des negativen Imaginärteils der Impedanz –Z'' gegen den Realteil Z'. Der Imaginärteil sowie der Realteil der Impedanz lassen sich durch das Zeigerdiagramm (**Abb. 3.16**) ermitteln.

3 Theoretische Grundlagen

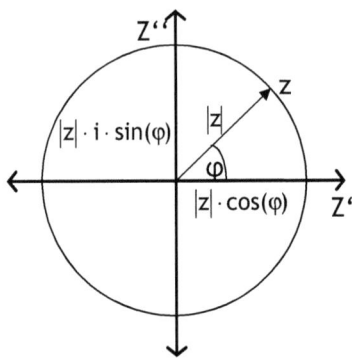

Abb. 3.16: Darstellung eines Zeigerdiagramms mit Z' als Realteil und Z'' als Imaginärteil.

Dieses ermöglicht es, sinusförmige Bewegungen mit konstanter Amplitude und Phase in eine Kreisbewegung zu projizieren. In einem zweidimensionalen Koordinatensystem ist für einen Punkt z die senkrechte Achse der Kosinus und die waagerechte Achse der Sinus des Winkels φ gegenüber der x-Achse jeweils multipliziert mit dem Abstand vom Koordinatenursprung $|z|$. Dies lässt sich durch **Gl. 17** beschreiben, in der i die imaginäre Einheit ist.

$$Z = |z| \cdot (\cos(\varphi) + i \cdot \sin(\varphi)) \qquad \textbf{Gl. 17}$$

Gl. 18 wiederum lässt sich in einen Realteil (**Gl. 18**) und einen Imaginärteil (**Gl. 19**) aufspalten.

$$Z' = |z| \cdot \cos(\varphi) \qquad \textbf{Gl. 18}$$
$$Z'' = |z| \cdot i \cdot \sin(\varphi) \qquad \textbf{Gl. 19}$$

Die Auswertung der in dieser Arbeit gemessenen Leitfähigkeiten bzw. Widerstände erfolgte in der Regel mit Hilfe des Bode-Diagramms. Dabei mussten bei jeder Messung die Schichtdicken (50-120 μm), die Querschnittsfläche (~ 1,3 cm^2), sowie der

3.4 Prinzip der Leitfähigkeitsmessungen

Widerstand bestimmt werden. Bei jeder neuen Elektrolytmischung musste auch hier die Leitfähigkeit überprüft werden.

4 Experimenteller Teil

Im experimentellen Teil dieser Arbeit werden alle durchgeführten synthetischen sowie die analytischen Verfahren und Methoden genau beschrieben. Im Anschluss an die Beschreibung erfolgen direkt die Darstellung sowie eine Interpretation und Diskussion der Ergebnisse. Zunächst werden die Synthese der in dieser Arbeit verwendeten Monomere und deren Charakterisierung dargestellt. Der zweite Teil des Kapitels befasst sich mit der Herstellung von Membranen aus Zwillingscopolymerisaten. Dabei bilden die Initiierungsmöglichkeiten, die Wahl einer Unterstruktur sowie die Reduktion der Schichtdicke den Schwerpunkt. Im Anschluss an diesen Teil des Kapitels wird die chemische Beständigkeit gegen batterietypische Lösungsmittel wie DEC, EC, DOL oder DME bestimmt und durch geeignete Maßnahmen, wie zum Beispiel eine thermische Nachbehandlung verbessert. Der Weg zur Erzeugung poröser Separatormembranen wird in Teil vier des Kapitels dargestellt. Der fünfte und sechste Teil befasst sich mit der Charakterisierung verschiedener Membranen aus Zwillingspolymeren durch Gurley Messungen und Leitfähigkeitsmessungen. Im fünften Teil des Kapitels wird zunächst der Aufbau der Gurley Apparatur beschrieben sowie die anschließend durchgeführten Messungen. Die Entwicklung einer Leitfähigkeitsmesszelle wie auch Leitfähigkeitsmessungen an den hier präparierten Separatormembranen werden im sechsten Teil des Kapitels vorgestellt. Hier wird auch eine Korrelation zwischen den Gurley Zahlen und den Werten der Leitfähigkeitsmessungen gezogen.

4.1 Synthese und Charakterisierung der Monomere

In diesem Teil des Kapitels soll die Synthese des 2,2'-Spirobi[4H-1,3,2-benzodioxasilin]sowie anschließend 2,2-Dimethyl-4H-1,3,2-benzodioxasilin vorgestellt werden. Der Erfolg beziehungsweise die Reinheit der Edukte der Zwillingspolymerisation wurde mittels ^{1}H-NMR und ^{13}C-NMR überprüft. Da beide Monomere

4 Experimenteller Teil

hydrolyseempfindlich sind, wird zum Abschluss des Abschnittes auch auf die Lagerfähigkeit der Monomere eingegangen.

4.1.1 Synthese des 2,2'-Spirobi[4H-1,3,2-benzodioxasilin]

Das 2,2'-Spirobi[4H-1,3,2-benzodioxasilin] ist eine bizyklische Verbindung und wird im weiteren Verlauf der Arbeit als Monomer A bezeichnet. Diese wurde durch Umsetzung eines zweifachen Überschusses von 2-Hydroxybenzylalkohol mit Tetramethylorthosilicat in Toluol hergestellt. Die Zugabe von Tetrabutylammoniumfluorid (TBAF) in katalytischen Mengen war notwendig, um das Silizium des Tetramethylorthosilicats von seinen Schutzgruppen zu befreien und die Reaktion so zu ermöglichen. **Abb. 4.1** zeigt schematisch die Synthese des Monomer A.

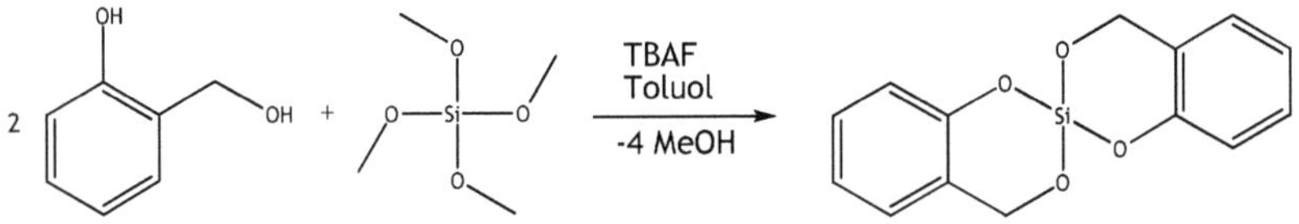

Abb. 4.1: Reaktionsschema der Synthese von 2,2'-Spirobi[4H-1,3,2-benzodioxasilin].

Um das Gleichgewicht der Reaktion auf die Produktseite zu verschieben, wurde das bei der Reaktion entstehende Methanol kontinuierlich abdestilliert. Nach Abschluss der Destillation wurde das Produkt von Verunreinigungen und entstandenen Oligomeren durch Lösen in Hexan und Abdekantieren des Produkt-Hexan-Gemisches abgetrennt. Nach Abziehen des Hexans am Rotationsverdampfer fiel das Produkt als weißes Pulver aus. Die Reaktionsausbeute dieser Synthese lag im Bereich von 80 - 90 % der theoretischen Ausbeute. Die genaue Versuchs-vorschrift der Synthese findet sich in **Kap. 7.3.1**

Die Reinheit des entstandenen Monomer A wurde mittels ^{1}H-NMR- wie auch ^{13}C-NMR Spektroskopie überprüft. Alle in dieser Arbeit verwendeten ^{1}H-NMR Spektren wurden mit einem FT-NMR-Spektrometer vom Typ Bruker DRX500 aufgenommen. Als Lösungsmittel wurde im Fall des Monomer A $CDCl_3$ verwendet.

4.1 Synthese und Charakterisierung der Monomere

Durch Hydrolyse zerfällt das Monomere A wieder in den 2-Hydroxybenzylalkohol. Dieser lässt sich in geringen Mengen in jedem Spektrum wiederfinden. Die Integralauswertung wurde stets auf die CH_2-Brücken normiert. In **Tabelle 4-1** sind die Intensitäten der einzelnen Signale sowie deren Zuordnung für das ^{1}H-NMR Spektrum des Monomer A an einem Beispiel zusammengestellt. Die Spektren und die Analysen der weiteren Synthesen des Monomer A befinden sich im Anhang. Zur besseren Orientierung bei der Zuordnung der Signale sind in **Abb. 4.2** das Monomer A sowie der 2-Hydroxybenzylalkohol dargestellt.

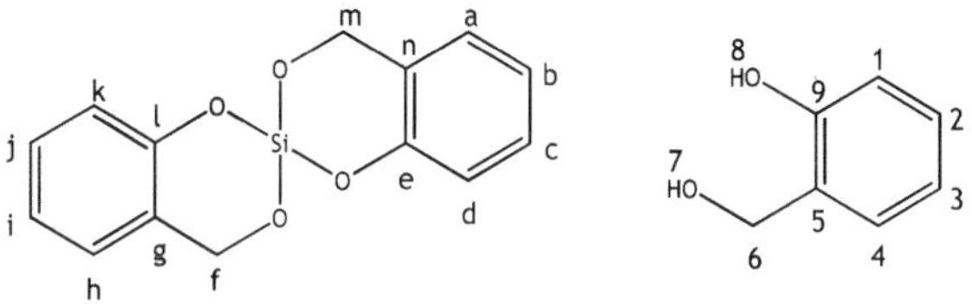

Abb. 4.2: Darstellung des Monomer A (links) und des 2-Hydroxybenzylakohol (rechts) zur Zuordnung der Signale des ^{1}H-NMR Spektrums.

Tabelle 4-1: Auswertung des ^{1}H-NMR Spektrums des Monomer A (500 MHz, $CDCl_3$).

δ ppm	Multiplizität	Anzahl H-Atome	Integration	Zuordnung
5,19	dd	4	4	f/m
6,96-6,99	m	4	4,01	c/d/j/k
7,00-7,03	m	2	1,99	b/i
7,19-7,23	m	2	2,13	a/h
2,15	s	1	0,11	7
4,86	s	2	0,29	6
6,82-6,89	m	4	0,69	1/2/3/4
	s	1		8

Das Signal des Wasserstoffatoms des 2-Hydroxybenzylalkohols an Position 8 lässt sich im Spektrum nicht finden, da es sich vom Molekül abspaltet und in den Wasserpeak des Spektrums mit eingeht.

Die Analyse des ^{13}C-Spektrums zeigt **Tabelle 4-2**.

4 Experimenteller Teil

Tabelle 4-2: Auswertung des ^{13}C-NMR Spektrums des Monomer A (500 MHz, CDCl$_3$).

δ ppm	Anzahl C-Atome	Zuordnung
66,56	2C	f/m
119,57	2C	d/k
122,51	2C	b/i
125,43	2C	g/n
125,99	2C	c/j
129,35	2C	a/h
152,67	2C	e/l
65,00	1C	8
116,81	1C	1
120,25	1C	3
(~126)	1C	5
127,97	1C	2
129,76	1C	4
(~155)	1C	9

Die Signale der C-Atome 5 und 9 im 2-Hydroxybenzylakohol sind aufgrund zu geringer Intensität im Spektrum nicht zu sehen. Die Signale für das Monomer A sind sowohl im ^{1}H-NMR als auch im ^{13}C-NMR Spektrum vollständig vorhanden. Eine Auswertung der Signalintensitäten im ^{13}C-NMR Spektrum ist aufgrund des Kern-Overhauser-Effekts nicht möglich.

Eine Schmelzpunktbestimmung mittels eines Büchi Melting Point B-540 legte diesen auf 82 °C fest.

4.1.2 Synthese des 2,2-Dimethyl-4H-1,3,2-benzodioxasilin

Die Verwandtschaft des 2,2-Dimethyl-4H-1,3,2.benzodioxasilin, welches im weiteren Verlauf als Monomer B bezeichnet wird, mit dem 2,2'-Spirobi[4H-1,3,2-benzodioxasilin] ist unverkennbar. Anstatt eines Bizyklus liegt hier jedoch eine monozyklische Verbindung vor. Wie beim Monomer A wurde zur Synthese 2-Hydroxybenzylalkohol mit einer Siliziumverbindung umgesetzt. Um am Silizium einen Monozyklus sowie zwei Methylgruppen zu erhalten, wurde Dichlordimethylsilan als anorganische Komponente

4.1 Synthese und Charakterisierung der Monomere

des Monomers eingesetzt. Die Reaktion erfolgte ebenfalls in Toluol als Lösungsmittel. Das Reaktionsschema der Synthese ist in **Abb. 4.3** dargestellt.

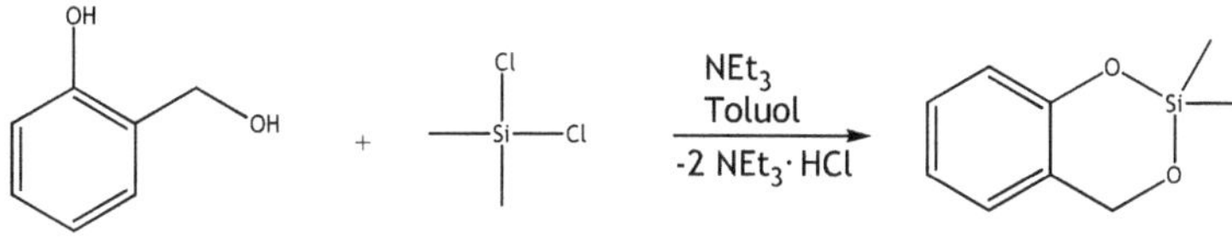

Abb. 4.3: Reaktionsschema der Synthese des 2,2-Dimethyl-4H-1,3,2.benzodioxasilin.

Die Zugabe des Triethylamins (Net$_3$) war erforderlich, um die bei der Reaktion frei werdende Salzsäure zu binden. Sie wird als Triethylammoniumchlorid gebunden, welches hier als weißer Feststoff ausgefallen ist, wodurch das Gleichgewicht der Reaktion in Richtung des Produktes verschoben wurde. Das Triethylammoniumchlorid wurde nach Ende der Reaktion durch Filtrieren vom Produkt getrennt. Nachdem das Toluol abrotiert worden war, wurde das Produkt durch Destillation von letzten Verunreinigungen befreit und lag anschließend als farblose, transparente Flüssigkeit vor. Die Ausbeute der Reaktion lag im Bereich von 70-80 %. Eine exakte Versuchsbeschreibung der Synthese findet sich in **Kap.7.3.2**.

Die Reinheit des Produktes wurde, wie auch schon bei Monomer A, durch ^{1}H-NMR sowie ^{13}C-NMR Spektroskopie analysiert. Die Normierung der Intensität erfolgte in diesem Fall am charakteristischen Signal der CH$_2$-Brücke im Molekül. **Tabelle 4-3** und **Tabelle 4-4** geben eine Übersicht über die Intensitäten der einzelnen Signale sowie deren Zuordnung. Zur besseren Anschaulichkeit der Zuordnung sind das Monomer B und der 2-Hydroxybenzylalkohol in **Abb. 4.4** noch einmal dargestellt.

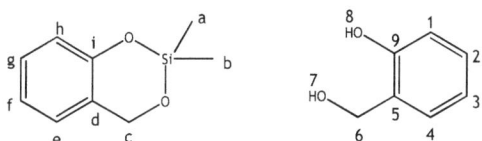

Abb. 4.4: Darstellung des Monomer B (links) und des 2-Hydroxybenzylakohol (rechts) zur Zuordnung der Signale des 1H-NMR Spektrums.

4 Experimenteller Teil

Tabelle 4-3: Auswertung des ^{1}H-NMR Spektrums des Monomer B (500 MHz, CDCl$_3$).

δ ppm	Multiplizität	Anzahl H-Atome	Integration	Zuordnung
0,35	s	6	6,04	a/b
4,95	s	2	2	c
6,91-6,94	m	2	1,97	g/h
6,98-7,00	d	1	0,99	f
7,19-7,22	m	1	0,96	e

Auch das Monomer B zeigt Hydrolyseempfindlichkeit und kann zurück in den 2-Hydroxybenzylaklohol zerfallen. Im vorliegenden Spektrum waren Ansätze des Hydrolyseproduktes erkennbar, jedoch war eine Integration aufgrund zu geringer Stärke der Signale nicht möglich.

Tabelle 4-4: Auswertung des ^{13}C-NMR Spektrums des Monomer B (500 MHz, CDCl$_3$).

δ ppm	Anzahl C-Atome	Zuordnung
-1,34	2	a/b
63,87	1	c
119,37	1	h
121,09	1	f
126,24	1	d
127,14	1	g
129,01	1	e
153,20	1	i

Auch im ^{13}C-Spektrum können keine eindeutigen Spuren des Hydrolyseproduktes gefunden werden. Die Spektren zur Auswertung des ^{1}H-NMR und des ^{13}C-NMR Spektrums wie auch die Auswertungen weiterer Synthesen des Monomer B befinden sich im Anhang dieser Arbeit.

Der Siedepunkt des Monomers B wurde auf den Bereich von 220-230 °C festgelegt, jedoch war ein starkes Verdampfen des Monomers schon bei Temperaturen ab 150 °C festzustellen.

4.1 Synthese und Charakterisierung der Monomere

4.1.3 Lagerfähigkeit der Monomere

Wie bei der Beschreibung der Monomersynthese bereits erwähnt, sind die Monomere A und B hydrolyseempfindlich. Bereits durch geringe Mengen an Wasser kommt es zur Ringöffnung der Monomere und zum daraus resultierenden Zerfall in 2-Hydroxybenzylalkohol sowie zur Bildung von Kieselsäure beziehungsweise Kieselsäurederivate. Daher ist es notwendig, sowohl Monomer A als auch Monomer B unter Argon bei 4 °C zu lagern. Die Lagerfähigkeit ist besonders für industrielle Anwendungen von großer Bedeutung, da hier häufig große Mengen produziert und bis zur Weiterverarbeitung zwischengelagert oder zu verschiedenen Anwendern transportiert werden müssen.

In diesem Fall konnte die Lagerfähigkeit der Monomere durch ^{1}H-NMR Analyse unterschiedlich lang gelagerter Monomere bestimmt werden. Dazu wurden die Intensitäten der Signale für das Monomer A bzw. B mit denen des 2-Hydroxybenzylalkohol in Korrelation gebracht. Zur Untersuchung wurden unterschiedlich lang gelagerte Monomere herangezogen. Im weiteren Verlauf soll nun zunächst auf Monomer A näher eingegangen werden.

4.1.3.1 Lagerfähigkeit des Monomer A

Insgesamt wurden sechs Proben des Monomer A untersucht. Diese unterschieden sich in der Größe des Bulks (**Abb. 4.5**) in dem sie vorlagen, dem Gefäß in dem sie gelagert wurden sowie der Zeit der Lagerung. **Tabelle 4-5** gibt einen Überblick über die verschieden Proben.

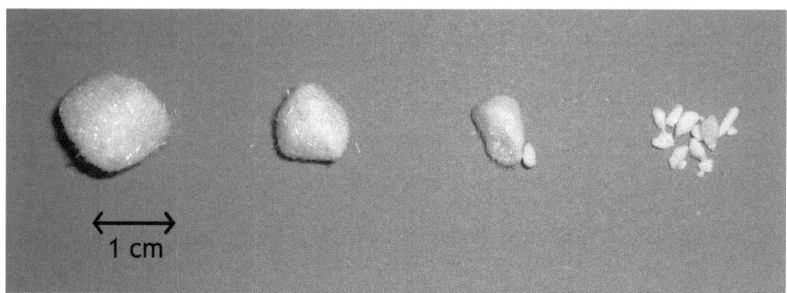

Abb. 4.5: Exemplarische Darstellung der unterschiedliche Bulkgrößen, welche zur NMR-Analyse herangezogen wurden.

4 Experimenteller Teil

Tabelle 4-5: Übersicht über die Proben zur Untersuchung der Lagerfähigkeit des Monomer A.

Bezeichnung	Lagergefäß	Lagerzeit	Lagerzustand
Probe 1	PET-Dose	6 Monate	Pulver
Probe 2	PET-Dose	> 1 Jahr	Bulk
Probe 3	PET-Dose	> 2 Jahr	Bulk
Probe 4	Glaskolben	6 Monate	Pulver
Probe 5	Glaskolben	> 1 Jahr	Bulk
Probe 6	Glaskolben	> 2 Jahr	Bulk

Generell lässt sich sagen, dass kein Unterschied in der Lagerung zwischen Glaskolben und PET-Dose gefunden werden konnte. Die Spektren eines Monomer A, welches als feines Pulver sechs Monate bei 4 °C unter Argon in einem PET Dose (**Abb. 7.25**) beziehungsweise einem Glaskolben (**Abb. 7.28**) gelagert wurden, weisen lediglich Signale für das Hydrolyseprodukt auf. Dies bedeutet, dass bereits winzige Spuren an Wasser ausreichen um das Produkt zerfallen zu lassen. Wird das Monomer A dagegen nicht als feines Pulver, sondern als größerer Bulk (> 1 cm^3), ebenfalls unter Argon bei 4 °C gelagert, liegt auch nach mehr als einem Jahr noch überwiegend Produkt vor. **Tabelle 4-6** gibt eine Übersicht über die verschiedenen Intensitäten des Monomer A und des Hydrolyseproduktes bei Lagerung in einer PET-Dose beziehungsweise Glaskolben.

4.1 Synthese und Charakterisierung der Monomere

Tabelle 4-6: Übersicht über die Integralverhältnisse eines > 1 Jahr als Bulk (> 1 cm³) bei 4 °C unter Argon gelagerten Monomer A.

δ ppm	Multiplizität	Anzahl H-Atome	Integration PET-Dose	Integration Glas-Kolben	Zuordnung
5,13-5,19	dd	4	4,00	4,00	f/m
6,89-6,98	m	4	3,73	3,99	c/d/j/k
6,94-7,00	m	2	2,15	2,14	b/i
7,14-7,23	m	2	2,06	2,02	a/h
2,10	s	1	0,10	0,11	7
4,86	s	2	0,35	0,31	6
6,80-6,88	m	4	0,84	0,67	1/2/3/4
7.30	s	1	0,12		8

Bei einem Vergleich der Spektren der unterschiedlich gelagerten Monomere mit frisch synthetisiertem Monomer A, lassen sich im Rahmen der Messgenauigkeit keine Unterschiede feststellen. Eine geringe Hydrolyse des Monomers lässt sich durch Reste von Wasser im $CDCl_3$ nicht verhindern. Dieses Ergebnis zeigt zunächst, dass das Monomer A bei Lagerung als Bulk (> 1 cm³) bei 4 °C und unter Argon für mehr als ein Jahr stabil ist.

Das Signal der CH_2-Brücke ist im Spektrum sowohl für das Monomer A (Signal f und m), als auch für den 2-Hydroxybenzylalkohol (Signal 6) charakteristisch. Daher lässt sich über einen Vergleich der Intensitäten der jeweiligen Signale der Anteil an Hydrolyseprodukt berechnen. Dabei ist zu beachten, dass die CH_2-Brücke im Monomer A zweimal vorhanden ist und das Signal daher von vier H-Atomen und nicht wie im 2-Hydroxybenzylaklhol von zwei H-Atomen erzeugt wird. Im Fall des Monomer A, welches als Bulk länger als zwei Jahre unter Argon bei 4 °C gelagert wurde, lässt

4 Experimenteller Teil

sich sagen, dass für einen Bulk (> 1 cm^3) auch hier noch 54 % Produkt zu finden ist (**Abb. 7.27**). Damit kann festgestellt werden, dass bei Lagerung unter Argon bei 4 °C an der Oberfläche eines Bulks eine Passivierungsschicht aus 2-Hydroxybenzylalkohol gebildet wird, welche die Hydrolyse nicht gänzlich stoppt, jedoch stark verlangsamt.

Die Abhängigkeit des Hydrolysegrades vom Verhältnis der Oberfläche zur Masse des Monomers ließ sich am Beispiel der Lagerung für > 1 Jahr nachweisen, in dem ein Monomerbulk mit einer Größe von ~ 0,5 cm^3 gewählt wurde. Hier zeigt sich, dass nach mehr als einem Jahr Lagerung bei 4 °C unter Argon nur noch 49,5 % (**Abb. 7.30**), bei einem noch kleineren Bulk (~ 0,3 cm^3) nur noch 25,8 % (**Abb. 7.31**) Produkt vorhanden sind. Dies bestätigt die Vermutung, dass es an der Oberfläche des Monomerbulks zum Ausbau einer Passivierungsschicht aus 2-Hydroybenzylalkohol kommt.

4.1.3.2 Lagerfähigkeit des Monomer B

Um unnötigen Kontakt mit der Luft zu vermeiden, wurde das Monomer B direkt in dem Glaskolben gelagert, in den es abdestilliert wurde. Wie im Fall des Monomer A wurden auch hier ^{1}H-NMR Spektren nach sechs Monaten (**Abb. 7.32**), > 1 Jahr (**Abb. 7.33**) und > 2 Jahren (**Abb. 7.34**) aufgenommen. Die Spektren zeigen, dass nach sechs Monaten noch kein Hydrolyseprodukt vorliegt. Nach > 1 Jahr sind allerdings bereits erste Anzeichen für eine Hydrolyse zu erkennen. Eine Integration der Signale ist jedoch nicht in ausreichender Genauigkeit möglich, da die Signale zu schwach sind oder überlagert werden. Im Spektrum des > 2 Jahr gelagerten Monomers sind ebenfalls Peaks für das Hydrolyseprodukt zu erkennen, jedoch ist auch hier keine Integration möglich, da die Signale immer noch zu schwach sind. **Tabelle 4-7** gibt die Ergebnisse der ^{1}H-NMR Analyse wieder.

4.1 Synthese und Charakterisierung der Monomere

Tabelle 4-7: Ergebnisse der ¹H-NMR Spektren von unterschiedlich lang gelagertem Monomer B.

δ ppm	Multiplizität	Anzahl H-Atome	Integration 6 Monate	Integration > 1 Jahr	Integration > 2 Jahre	Zuordnung
0,31	s	6	6,02	5,97	5,98	a/b
4,91	s	2	2	2	2	c
6,87-6,91	m	2	2,00	2,03	1,84	g/h
6,96-6,97	d	1	0,97	1,09	0,94	f
7,17-7,24	m	1	0,99	1,12	0,91	e
2,15	s	1				7
4,86	s	2		0,22	0,05	6
6,82-6,89	m	4		0,33		1/2/3/4
	s	1				8

Zusammenfassend lässt sich sagen, dass das Monomer B eine deutlich geringere Empfindlichkeit gegen Hydrolyse zeigt, eine Lagerung unter Argon bei 4 °C aber dennoch erforderlich ist. Die höhere Hydrolyseempfindlichkeit des Monomer A lässt sich dadurch erklären, dass hier eine Spiroverbindung vorliegt, welche eher zu einer Ringöffnung tendiert. Im Fall des Monomer B existiert zudem für das Wasser nur einen Angriffspunkt pro Monomer, während im Fall des Monomer A zwei Angriffspunkte pro Monomer für das Wasser vorliegen.

4.2 Membranherstellung

Nach Polymerisation der Monomere A und B erhielten Spange et al einen Polymerbulk, welcher als unbiegsam und glashart beschrieben wurde[81]. Ein grundlegendes Ziel dieser Arbeit bestand darin, anstatt des glasharten Polymerbulks eine flexible, dünne Membran zu erhalten. Um dieses Ziel zu erreichen, wurden verschiedene Parameter wie Initiierung, Polymerisationsdauer, Mischungsverhältnis der Monomere, Unterstruktur der Membranen,

4 Experimenteller Teil

Ausgießverfahren oder Vor- und Nachbehandlungen von Vlies und Polymer bei der Herstellung der Membran aus Zwillingscopolymer variiert. Dabei traten durch Variation einiger dieser Parameter neue Herausforderungen wie unvollständige Polymerisation oder Defektstellen in den Membranen auf, die es zu berücksichtigen und zu lösen galt.

Erste Versuche zur Herstellung von Membranen aus Zwillingscopolymeren erfolgten von M. Biskupski[36]. Dabei wurde ein Monomerverhältnis von Monomer A:B 50:50 Gew. % bzw. 60:40 Gew. % gewählt. Die Initiatorbeladung entsprach dabei einem Verhältnis von Monomer A und Monomer B zum Initiator (A+B):I von 20:1. Im ersten Schritt der Herstellung wurde die Monomermischung bei 85 °C Ölbadtemperatur in einem Glaskolben unter Argonatmosphäre geschmolzen. Nachdem eine vollständig klare Schmelze vorlag, wurde das Ölbad entfernt und die Mischung für fünf Minuten bei Raumtemperatur abgekühlt. Daraufhin erfolgte die Zugabe des kationischen Initiators, der aus Trifluoressigsäure > 99 % (TFA) oder 90 % DL-Milchsäure bestand. Für das weitere Vorgehen gibt es nach Biskupski zwei verschiedene Möglichkeiten. Im ersten Fall wurde die Mischung direkt in eine Metallschale aus Edelstahl ausgegossen und für vier Stunden bei 85 °C polymerisiert. Ein Nachteil dieser Methode bestand darin, dass die Schmelze aufgrund der beginnenden Polymerisation stetig viskoser wurde. Dies hatte zur Folge, dass die Schmelze sich nicht mehr gleichmäßig in der Metallschale verteilte und dadurch nicht beliebig dünne Membranen hergestellt werden konnten. Daher ist diese Methode für die Herstellung von Separatoren aus Zwillingscopolymeren nicht geeignet. Im zweiten Fall erfolgte zunächst eine Präpolymerisation im Glasgefäß. Dabei wurde die Mischung unter ständigem Rühren für 30 Minuten auf 85 °C erhitzt. Um eine gleichmäßige Verteilung der nun zähflüssigen Masse zu gewährleisten, wurde ein 6-7-facher Gewichtsüberschuss eines niedrig siedenden Lösungsmittels wie Aceton oder THF zugegeben. Im Anschluss daran erfolgte auch in diesem Fall eine vier-stündige Polymerisation unter Argon bei 85 °C. Ein Problem, welches hier jedoch auftrat bestand in der Blasenbildung an der Oberfläche der Membran. Diese entstanden aufgrund des schnellen Verdampfens des Lösungsmittels. Ein Wechsel zu hochsiedenden Lösungsmitteln

4.2 Membranherstellung

wie Toluol brachte hier jedoch keinen Erfolg, da diese die anpolymerisierte Schmelze nicht ausreichend lösen konnten, sodass keine gleichmäßige Verteilung möglich war. Membranen, die nach einer der beiden Methoden hergestellt wurden, zeigten Schichtdicken zwischen 120 und 350 µm, was für Separatoren in Li-Ionen Batterien eine wesentlich zu dicke Schicht darstellt.

Weiterhin konnte Biskupski feststellen, dass ein Ablösen der Membran von einer unbehandelten Metallschale nicht möglich war. Daher musste diese zunächst mit einem Antihaftmittel beschichtet werden. Hier wurde das von der BASF SE hergestellte Kerocom-PIBA® erfolgreich getestet. Bei Kerocom-PIBA® handelt es sich um ein Polyisobutenamin basiertes Antihaftmittel, welches auch Treibstoffen als Additiv zugesetzt wird[87]. Die Beschichtung von Metallschalen erfolgte dabei nach folgendem Prinzip: Zunächst wurde eine 50 Vol. % Lösung aus Kerocom-PIBA® und Heptan hergestellt. Mit dieser Lösung wurde die zu beschichtende Metallschale gefüllt und für zehn Minuten bei 45 °C in den Trockenschrank gestellt. Anschließend wurde das noch in der Schale befindliche Gemisch ausgegossen, die Schale mit Heptan ausgespült und zum Abschluss für eine Stunde bei 65 °C getrocknet.

4.2.1 Herstellung freitragender Filme

Erste Ergebnisse zur Herstellung freitragender Filme, d. h. ohne vliesartige Unterstruktur, aus Zwillingscopolymeren wurden in **Kap. 4.2** bereits beschrieben. Auf diese Ergebnisse aufbauend wurden auch in dieser Arbeit zunächst Membranen über die kationische Initiierung hergestellt. Aufgrund der langen Polymerisationszeit war es notwendig, die gesamte Polymerisation unter Argon durchzuführen, um eine Hydrolyse der Monomere zu vermeiden. Um dies zu gewährleisten, wurde zunächst ein von M. Biskupski entwickeltes Ofensystem aufgebaut, welches in **Abb. 4.6** dargestellt ist. Dabei erfolgt die Polymerisation in einem im Ofen befindlichen Exsikkator. Durch eine Öffnung in der Rückwand des Ofens wurde eine Argon Zu- beziehungsweise Ableitung zum Exsikkator gelegt. Um sicherzustellen, dass im Exsikkator eine

4 Experimenteller Teil

waagerechte Fläche vorliegt, wurde der Ofen auf einen Nivelliertisch gestellt. Mit Hilfe einer Wasserwage im Exsikkator wurde der Tisch vor der Polymerisation ausnivelliert.

Im Rahmen dieser Arbeit wurde festgestellt, dass die Temperatur des Ofens 5 °C höher sein muss, als die im Exsikkator gewünschte Temperatur. Dies gilt sowohl bei relativ niedrigen Temperaturen von 85 °C, welche für eine Säure initiierte Polymerisation benötigt werden, als auch für hohe Temperaturen von 200 °C, welche bei der thermisch initiierten Polymerisation notwendig sind.

Abb. 4.6: Ofensystem, welches eine Polymerisation unter Argon ermöglicht.

Zur Entwicklung neuer Verfahren sowie zur Weiterentwicklung bekannter Verfahren, welche zur Herstellung von freitragenden Membranen dienen, wurden auch in dieser Arbeit Kerocom-PIBA® beschichtete Metallschalen verwendet. Ein Unterschied zu der in **Kap. 4.2** vorgestellten Beschichtung besteht darin, dass hier keine 50:50 Vol. % Mischung verwendet wurde. Ein zum Ablösen der Membranen ausreichender Beschichtungseffekt wurde auch mit einer 30:70 Vol. % Mischung aus Kerocom-PIBA® und n-Heptan erhalten, wodurch der Verbrauch an Kerocom-PIBA® nahezu um 40 % reduziert werden konnte.

Um den begrenzten Platz im Exsikkator besser auszunutzen und so Reihenuntersuchungen schneller durchführen zu können, wurde der Außendurchmesser der verwendeten Metallschalen von 8 cm auf 4 cm halbiert. Die Wandstärke der Schalen wurde dabei von 0,75 cm auf 0,25 cm reduziert, sodass der Innendurchmesser nur von 6,5 auf 3,5 abgenommen hat. Dies bedeutet eine Reduktion

4.2 Membranherstellung

des Platzbedarfes um ~ 75 %, beziehungsweise die Menge an Proben, welche gleichzeitig polymerisiert werden können, hat sich vervierfacht. Somit konnten anstatt drei nun 12 Membranen gleichzeitig hergestellt werden. In **Abb. 4.7** sind beide Metallschalen abgebildet.

Abb. 4.7: Ausgießschalen für Polymerschmelzen oder Lösungen aus Edelstahl zur Herstellung von Membranen.

Durch den Henkel an den kleinen Schalen lassen sich diese sehr gezielt und einfach auch mit sperrigen Thermohandschuhen aus dem heißen Exsikkator herausnehmen. Ein weiterer Vorteil dieser kleinen Schalen besteht darin, dass sowohl weniger Antihaftmittel als auch Monomer zur Membranherstellung benötigt wird.

Um Membranen in ausreichend dünnen Schichten herzustellen, ist es wichtig, dass sich die Schmelze gut in der Ausgießschale verteilt. Dies kann durch Zugabe von Lösungsmittel gewährleistet werden. Da niedrigsiedende Lösungsmittel wie THF und Aceton jedoch zu Blasenbildung führten und hochsiedende Lösungsmittel wie Toluol eine anpolymerisierte Schmelze nicht ausreichend lösen konnten, wurde eine neue Methode entwickelt. Bei dieser Methode wurden zunächst wieder die Monomere A und B bei 85 °C unter Argon in einer Polypropylen (PP)-Hülse (H: 3,5 cm, ∅: 1,4 cm) geschmolzen. Nach einer kurzen Abkühlphase von fünf Minuten bei Raumtemperatur wurde ein hochsiedendes Lösungsmittel zugegeben. Anschließend erfolgte die Zugabe des Initiators im Verhältnis Monomer (A+B):I 17,5:1. Nach kräftigem Rühren wurde die Schmelze nun direkt auf die beschichtete Metallschale gegossen und bei 85 °C unter Argon im Ofen polymerisiert. Die Dauer der Polymerisation war dabei anhängig vom Siedepunkt und der Menge des Lösungsmittels. In **Tabelle 4-8** ist eine Übersicht der

4 Experimenteller Teil

mit hochsiedenden Lösungsmitteln durchgeführten Versuche. Die Menge des Lösungsmittelüberschusses wird in Relation zum Gesamtgewicht der Monomere A und B angegeben.

Tabelle 4-8: Übersicht über Art und Menge des zur Polymerisation zugegebenen hochsiedenden Lösungsmittels.

Lösungsmittel	Siedepunkt [°C]	Gew. im Vgl. zum Polymeransatz	Polymerisationszeit [h]
Toluol	111	~ 4-fach	8
Toluol	111	~ 8-fach	10
DEC	126	~ 4-fach	24
DEC:EC 1:1 Gew. %	126/248	~ 4-fach	80 (keine Membran)

Anhand der Polymerisationszeit lässt sich erkennen, dass der Siedepunkt des Lösungsmittels einen weit größeren Einfluss auf die Polymerisation hat als die Menge. So entsteht bei Zugabe eines vierfachen Überschusses einer 1:1 Gew. % Mischung aus DEC:EC auch nach 80 Stunden Polymerisation bei 85 °C keine feste Membran. Ein Vergleich der Polymerisationszeit nach Zugabe eines vierfachen Überschusses an Toluol, beziehungsweise reinem DEC zeigt dieses relativ deutlich. So beträgt die Polymerisationszeit bei Zugabe des im Vergleich zum Toluol um 25 °C höher siedenden DEC das Dreifache. Eine Verdopplung der Toluolmenge verlängert die Polymerisationszeit hingegen nur um ein Viertel. Dies zeigt, dass die Zeit der Evaporation des Lösungsmittels den entscheidenden Parameter für die Polymerisationszeit darstellt. Die so hergestellten Membranen wiesen im Gegensatz zu Membranen nach Zugabe eines niedrig siedenden Lösungsmittels bzw. nach Polymerisation ohne Lösungsmittel Phasenseparation auf. In **Abb. 4.8** sind einige Beispiele von Membranen abgebildet.

4.2 Membranherstellung

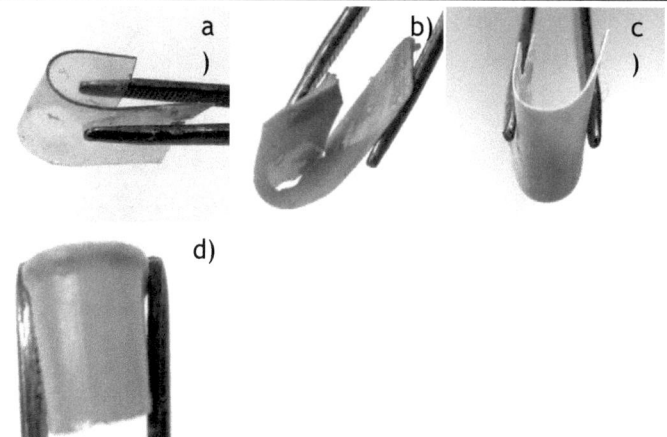

Abb. 4.8: Membranen aus Zwillingscopolymeren nach Zugabe von a) keinem Lösungsmittel, b) vierfachem Überschuss Toluol, c) achtfachem Überschuss Toluol, d) vierfachem Überschuss DEC vor Polymerisationsbeginn.

Transmissionselektronenmikroskopische (TEM) Aufnahmen zeigen neben der Transparenz einen weiteren Unterschied zwischen lösungsmittelfreien und mit Lösungsmittel hergestellten Membranen. So sind die Membranen ohne Lösungsmittelzusatz völlig porenfrei, während in Membranen mit vierfachem Toluolüberschuss Poren in der Größe von 1-5 µm vorliegen. Dies ist in
Abb. 4.9 deutlich zu erkennen.

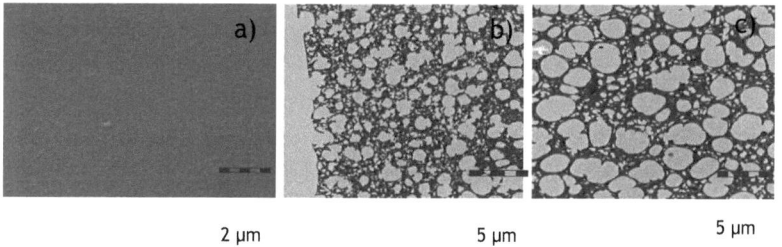

2 µm   5 µm   5 µm

Abb. 4.9: TEM Aufnahmen einer Membran a) ohne Lösungsmittel, b) mit vierfachem Toluolüberschuss (Oberfläche), c) mit vierfachem Toluolüberschuss (Membraninneres/längs aufgeschnittene Membran)

Desweiteren lässt sich erkennen, dass die Poren an der Oberfläche der Membran (
Abb. 4.9 **b)** kleiner sind als die Poren im Inneren der Membran (

4 Experimenteller Teil

Abb. 4.9 **c)**. Erklären lässt sich dies dadurch, dass das Toluol nur über die Oberfläche aus der Membran evaporieren kann. Dies bedeutet, dass das Polymer an der Oberfläche länger in Kontakt mit Toluol steht und die Polymerketten so beweglicher sind und ein bedeutend größeres Zeitfenster besitzen um sich auszurichten. Durch Weitwinkel-Dunkelfelddetektoren-Rastertransmissionselektronenspektroskopie (eng. High Angle Annular Dark Field – Scanning Transmission Electron Microscopy, HAADF-STEM) konnte in allen Fällen die für Zwillingspolymere typische Hybridstruktur nachgewiesen werden. Das Prinzip des HAADF-STEM Verfahren soll nachfolgend kurz erklärt werden. Mit Hilfe der Rastertransmissionselektronenspektroskopie lassen sich Werkstoffe hinsichtlich ihrer Morphologie, Kristallstruktur und chemischen Zusammensetzung analysieren. Dies wird dadurch erreicht, dass ein Elektronenstrahl auf eine dünne Probe fokussiert wird und diese abrastert. Die Probe muss dabei so dünn sein, dass der Elektronenstrahl sie durchstrahlen kann. Treffen die Elektronen nun auf die Probe, werden sie abhängig von der Ordnungszahl mehr oder weniger stark gestreut. Je höher die Ordnungszahl, desto höher die Streuung. Die gestreuten Elektronen werden im Fall der HAADF-STEM Messungen durch ringförmig um die Probe angeordnete Dunkelfelddetektoren registriert. Dies bedeutet, dass nur stark gestreute Elektronen aufgenommen werden. So kontrastieren sich schwerere Atome wie Silizium im Vergleich zu leichteren Atomen wie Kohlenstoff heller. In **Abb. 4.10** ist die Silizium Kohlenstoffverteilung mittels HAADF-STEM Aufnahmen einer Membran, welche ohne Lösungsmittelzugabe polymerisiert wurde (a) beziehungsweise einer Membran, welcher vor Polymerisation ein vierfacher Überschuss Toluol zugegeben wurde (b), dargestellt.

4.2 Membranherstellung

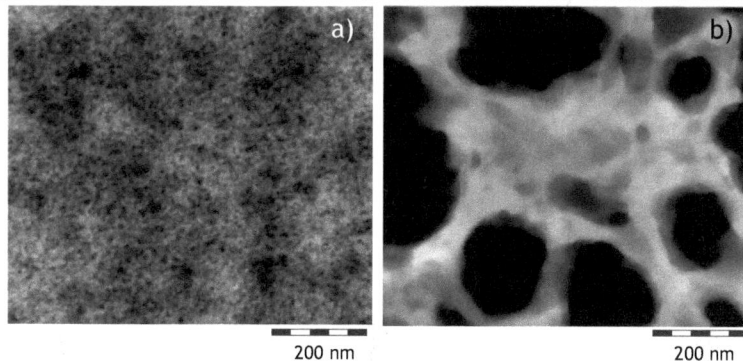

Abb. 4.10: Silizium - Kohlenstoff Verteilung in Zwillingscopolymeren a) ohne Lösungsmittelzugabe bei Polymerisation, b) mit Zugabe von vierfachem Überschuss Toluol.

Die Aufnahmen zeigen deutlich, dass in beiden Fällen kohlenstoffreiche und -arme Domänen vorliegen. Ein bedeutender Unterschied liegt allerdings in der Größe dieser Domänen. Wird der Polymerisation kein Lösungsmittel zugegeben, zeigen die Bereiche Größenordnungen von 2-5 nm auf. Wird vor Beginn der Polymerisation Toluol zugegeben, vergrößern sich diese Domänen auf 200-600 nm. Um in einem Separator durch anorganische Nanodomänen die Elektrolytaufnahme zu erhöhen und dadurch die Leitfähigkeit eines Separators zu steigern, ist es jedoch wünschenswert Nanodomänen in der Größenordnung weniger nm zu erhalten[18].

Die Schichtdicken freitragender Membranen, welche auf einem dieser Wege hergestellt wurden, lagen stets über 100 µm. Dünnere Schichten waren auf diesem Wege nicht defektfrei herstellbar, da sich die Schmelze bei Zugabe geringer Mengen in die Metallschale zu einzelnen Tropfen zusammen zog. Vereinzelnd erhaltene dünne Schichtbereiche zeigten zudem, dass die Membranen keine hohe mechanische Stabilität aufwiesen und schnell zerbrachen.

4.2.2 Initiatorvariation

Die bisher verwendeten Initiatoren Trifluoressigsäure > 99 % (TFA) und DL- Milchsäure 90 % führen zu einem Start der Zwillingscopolymerisation, weisen jedoch in diesem Fall jeweils spezielle Probleme bei der Anwendung als Initiatoren auf. So hat

4 Experimenteller Teil

TFA einen Siedepunkt von 72 °C, welcher damit unter der Polymerisationstemperatur von 85 °C liegt. Da auch das Schmelzen der Monomere bei 85 °C erfolgt, hat die entstehende Schmelze je nach Abkühlzeit und Menge der Schmelze ebenfalls Temperaturen oberhalb des Siedepunktes. Dies bedeutet, dass schon bei Zugabe der TFA ein Teil des Initiators verdampft. Da nur sehr geringe Mengen des Initiators zugegeben werden, kann schon das Verdampfen kleiner Mengen einen großen Einfluss auf die Reaktion haben. Mit einem Siedepunkt > 100 °C entsteht das Problem des Initiators der 90 %igen DL-Milchsäure nicht durch Verdampfen, sondern liegt in der Hydrolyseempfindlichkeit der Monomere begründet. Denn mit Zugabe der 90 %igen DL-Milchsäure wird Wasser in das System gebracht. Da nun beide Initiatoren Schwachpunkte aufweisen, wurden verschiedene Initiatoren für die kationische Initiierung der Polymerisation getestet. **Tabelle 4-9** gibt einen Überblick der untersuchten Systeme.

4.2 Membranherstellung

Tabelle 4-9: Übersicht über die in dieser Arbeit untersuchten Initiatoren zur kationischen Initiierung der Zwillingscopolymerisation.

Initiator	Struktur	Schmelz-punkt [°C]	Siede-punkt [°C]	pK_s
TFA		-15	72	0,23
DL-Milchsäure 98 %		53	122	3,90
Maleinsäure-anhydrid		53	202	1,9
Bortrifluorid-dietylether		-60	125,5	~ 3
Bernsteinsäure-diethylester		-20	218	3,9
Methansulfon-säure		19	167	-2
Trifluormethan-sulfonsäure			162	-13
Acrylsäure:tert-Butylacrylat 1:1 Vol. %		13:-69	141:61-63	4,26
Zinn(IV)chlorid		-33	114	

Der Initiator wurde in allen Fällen im Mischungsverhältnis Monomer (A+B):Initiator = 17,5:1 eingesetzt. Anhand der Schmelzpunkte der einzelnen Initiatoren lässt sich erkennen, dass es sich teilweise um flüssige, teilweise um feste Verbindungen handelt. Alle flüssigen Initiatoren wurden, wie in **Kap. 4.2** beschrieben, in die geschmolzene Mischung aus Monomer A und B gegeben. Im Falle eines festen Initiators erfolgte eine andere Vorgehensweise. Hier

4 Experimenteller Teil

wurde zunächst Monomer A bei 85 °C in einer PP-Hülse (H: 3,5 cm, ⌀: 1,4 cm) geschmolzen. In einem gesonderten Gefäß wurde der feste Initiator abgewogen und mit Monomer B vermischt. Löste sich der Initiator bei Raumtemperatur nicht vollständig im Monomer B, wurde dieses leicht erhitzt. Nachdem der Initiator vollständig gelöst war, wurde die Mischung mit der Schmelze des Monomers A vereinigt, kurz vermischt und ausgegossen. Anschließend erfolgte die Polymerisation für vier Stunden bei 85 °C unter Argon.

Mit Ausnahme der Methansulfonsäure sowie Trifluormethansulfonsäure führten alle Initiatoren zu verarbeitbaren Initiator/Schmelze Mischungen wie auch erfolgreich verlaufenden Zwillingscopolymerisationen. Im Fall der Zugabe von Methansulfonsäure[35] und Trifluormethansulfonsäure kam es zu einer explosionsartigen Polymerisation und starker Hitzeentwicklung. Auch eine Reduktion der Initiatormenge führte zu keiner Verbesserung. Beide Säuren sind aufgrund ihrer niedrigen pK_S-Werte und ihrer hohen Reaktivität nicht zur Initiierung der Zwillingscopolymerisation geeignet. Das Verhalten der Methansulfonsäure in dieser Arbeit bestätigt die von S. Spange et al gefundenen Ergebnisse[35].

Bei der Initiierung mit Zinn(IV)chlorid 1M in Dichlormethan kam es ebenfalls zu einer explosionsartigen Polymerisation. Durch Reduktion der Initiatorkonzentration war es in diesem Fall jedoch möglich, die Reaktion zu kontrollieren. So lies sich die Initiatorkonzentration drastisch vom Verhältnis Monomer (A+B):Initiator = 17,5:1 auf 350:1 senken. Dies entspricht einer Reduktion um 95 %. Neben der Initiatorkonzentration konnte auch die Polymerisationszeit bei gleichbleibender Polymerisationstemperatur von 85 °C verringert werden. So wurde die Zeit der Polymerisation bis zum Erhalt einer trockenen Membran von vier Stunden um nahezu 94 % auf 15 Minuten verringert. Eine Erklärung für die Reduzierung der Initiatorkonzentration sowie die Verkürzung der Polymerisationszeit ergibt sich aus der Tatsache, dass Zinn(IV)chlorid eine kationische Reaktion nur in Gegenwart von Cokatalysatoren wie beispielsweise Wasser startet[88]. So hydrolysiert Zinn(IV)chlorid bereits durch Spuren von Wasser zu Zinndioxid und Salzsäure. Das bedeutet, dass aus einem Mol Zinn(IV)chlorid vier Mol Salzsäure werden. Dies entspricht einer

Vervierfachung der Initiatorkonzentration, was einem Monomerverhältnis von Monomer (A+B):I von (87,5):1 gleichkommen würde. Dies käme einer Reduktion der Initiatorkonzentration auf ein Fünftel gleich. Der eigentliche Initiator ist demnach die Salzsäure, welche mit einem pK_S-Wert von -7 zu den starken Säuren und damit sehr reaktiven Initiatoren zählt. Ein Vergleich der pK_S-Werte von Salzsäure (-7) und Methansulfonsäure (-2) zeigt die hohe Reaktivität der Salzsäure. Im Vergleich zur Methansulfonsäure kommt es hier jedoch nicht zu einem explosionsartigen Durchgehen der Reaktion mit dem direkten Ausfall eines Feststoffes. Dies kann dadurch begründet werden, dass im Fall der Methansulfonsäure die Reaktion direkt bei Zugabe initiiert wird und eine Vermischung des Initiators nicht erfolgen kann. Im Fall des Zinn(IV)chlorids besteht ausreichend Zeit dieses zunächst in der Schmelze zu verteilen. Daher wird die Reaktion nicht nur am Punkt der Initiatorzugabe, sondern überall in der Schmelze gestartet. Da sowohl Monomer A als auch B nur Spuren von Wasser enthalten, lässt sich eine gute Verteilung des Zinn(IV)chlorids realisieren, da auch die geringen Mengen an Wasser gleichmäßig in der Schmelze verteilt sind. So ist für eine Hydrolyse aller Zinn(IV)chloridmoleküle am gleichen Punkt nicht genügend Wasser vorhanden. Daher muss es über große Bereiche der Mischung verteilt werden um ausreichend Wasser für eine vollständige Hydrolyse zu finden. Im Fall der Zinn(IV)chlorid Initiierung wurden einige Ergebnisse gemeinschaftlich im Rahmen einer Bachelorarbeit erarbeitet[89].

Um einen möglichst großen Überblick über das Verhalten des Zwillingscopolymers zu erhalten, wurden im weiteren Verlauf der Arbeit Untersuchungen an Membranen aus verschieden initiierten Polymeren durchgeführt.

4.2.3 Thermische Initiierung

Ein großer Nachteil der Initiierung durch Zugabe von Säuren besteht darin, dass im Anschluss nur eine begrenzte Bearbeitungszeit der Mischung zur Verfügung steht. So ist es zum Beispiel nicht möglich, durch einfaches Ausgießen der initiierten

4 Experimenteller Teil

Schmelze eine beliebig dünne Membran herzustellen, da die Viskosität stark ansteigt. Auch das Aufbringen und Einarbeiten (z. B. Einwalken) in Unterstrukturen ist aufgrund beginnender Polymerisation der Schmelze nicht problemlos möglich. Längere Bearbeitungszeiten ließen sich nur realisieren, wenn die Initiierung erst dann erfolgen würde, wenn die Schmelze in ihre endgültige Form gebracht und in den Ofen überführt wurde. Dies lässt sich im Fall der Zwillingscopolymerisation durch eine thermische Initiierung realisieren. Der Mechanismus der thermischen Initiierung, welche ab Temperaturen von ca. 200 °C erfolgt, ist bis zum jetzigen Zeitpunkt noch nicht geklärt. Es wird jedoch vermutet, dass Spuren von Wasser die Ringöffnung der Monomere einleiten. Wie sich in **Kap. 4.2.1** bereits gezeigt hat, können freitragende Filme nicht in ausreichender Kombination von geringer Schichtdicke und hoher mechanischer Stabilität erzeugt werden. Daher war es notwendig, das Zwillingspolymer auf eine Unterstruktur aufzubringen. Die thermische Initiierung ermöglicht es, die hierfür notwendige Zeit zu nutzen. Eine genaue Beschreibung der Unterstruktur sowie des Auftragens auf diese erfolgt in **Kap. 4.2.4**. Hier soll nun zunächst das Verfahren der thermischen Initiierung beschrieben werden.

Hierzu werden zunächst die Monomere A und B bei 85 °C im gewünschten Verhältnis in einer PP-Hülse (H: 3,5 cm, ⌀: 1,4 cm) unter Argon geschmolzen. Liegt eine klare Schmelze vor, wird diese ausgegossen und in einen auf 200 °C vorgeheizten Ofen gestellt. Um die optimale Polymerisationsdauer zu ermitteln, wurden Proben der molaren Monomerzusammensetzung A:B = 1:1 für verschiedene Zeiten polymerisiert. Einen Überblick gibt **Tabelle 4-10**.

4.2 Membranherstellung

Tabelle 4-10: Variation der Polymerisationszeit thermisch (200 °C) initiierter Proben der molaren Monomerzusammensetzung A:B = 1:1.

Polymerisationszeit [min]	Farbe	Flexibilität	Beispielbild
10	leicht gelblich	hoch	
20	leicht gelblich	hoch	
30	gelblich	hoch	
40	gelblich	hoch	
50	gelblich	hoch	
60	gelb	hoch	
70	hell braun	hoch	
80	braun	hoch	
90	braun	hoch	
100	braun	hoch	
110	dunkel braun	mittelmäßig	
120	dunkel braun	keine	

Bereits nach zehn Minuten Polymerisation bei 200 °C lässt sich eine trockene, sehr flexible Membran dem Ofen entnehmen. Nach einigen Tagen Lagerung der Membran in normaler Atmosphäre, bilden sich an ihrer Oberfläche glänzende Kristalle. Dies zeigt, dass die Polymerisation noch nicht vollständig abgeschlossen ist. Eine für 30 Minuten polymerisierte Membran zeigt diesen Effekt nicht mehr. Daher lässt sich sagen, dass bereits nach 30 Minuten eine vollständige Polymerisation erfolgt ist. Je länger die Schmelze polymerisiert wird, desto dunkler wird die Membran. Sie wechselt ihre Farbe von einem leicht gelblichen Ton bis hin zu einem dunkelbraunen Farbton. Eine Erklärung hierfür kann die im Laufe der Polymerisation auftretende Vernetzung des Phenolharzes sein. Die Flexibilität der Membran, welche sich über die Rollfähigkeit charakterisieren ließ, blieb für unerwartet lange Zeit hoch. Selbst nach 100 Minuten bei 200 °C ließ sich die Membran noch aufrollen. Nach weiteren zehn Minuten ließ sich allerdings schon eine erhebliche Abnahme der Flexibilität feststellen. Weitere zehn Minuten Polymerisation führten dazu, dass ein Aufrollen der Membran unmöglich war. Hier brach die Membran schon bei geringen Dimensionsänderungen. Ebenso wie für die Farbänderung ist auch hier die Vernetzung des Phenolharzes ursächlich. Diese verläuft aufgrund der hohen Temperatur im Falle der thermischen Initiierung parallel mit der Polymerisation ab. Die Vernetzung macht die Membran jedoch nicht nur unflexibler, sondern wie in **Kap. 4.3** näher beschrieben wird, auch beständiger gegen die Auflösung durch Lösungsmittel. Nach 80 Minuten bei 200 °C wurde hier eine ausreichende Beständigkeit erreicht. Ein Unterschied in Farbe, Flexibilität oder Stabilität, ob die Polymerisation nun unter Argon oder an Luft durchgeführt wurde, konnte bei dieser Polymerisationsvariante nicht festgestellt werden. Dies kann dadurch begründet werden, dass die Polymerisation im Vergleich zur kationisch initiierten Polymerisation wesentlich schneller abläuft. Denn bereits nach zehn Minuten ist eine trockene Oberfläche zu beobachten, sodass der Einfluss der Luftfeuchtigkeit begrenzt bleibt.

Eine Überprüfung der Umsetzung dur GPC konnte in diesem Fall leider nicht erfolgen, da sich das Polymer in keinem für GPC geeigneten Lösungsmittel lösen ließ. Auch eine MALDI-TOF Analyse brachte hier keine auswertbaren Ergebnisse.

Einen Einfluss auf die Flexibilität der Membran hat jedoch nicht nur die Polymersiationszeit, sondern auch die Polymerzusammensetzung wie in **Kap. 3.2.2** näher beschrieben wurde. Daher wurde untersucht, bei welcher Zusammensetzung nach 80 Minuten Polymerisation bei 200 °C eine für Separatoren ausreichende Flexibilität erhalten wird. **Tabelle 4-11** zeigt das Verhalten der unterschiedlichen Monomerzusammensetzungen.

4.2 Membranherstellung

Tabelle 4-11: Variation des Monomerverhältnis in der Schmelze und dessen Einfluss auf die Flexibilität der Membran nach 80 Minuten Polymerisation bei 200 °C.

Monomerverhältnis A:B [mol]	Flexibilität
1:1	
1:1,5	Zunahme
1:2,3	
1:4	
1:9	unvollständige Polymerisation

Die Untersuchungen haben gezeigt, dass eine Polymerisation einer Schmelze der molaren Zusammensetzung A:B = 1:9 nicht möglich ist. Im Bereich von äquimolaren Mischungen bis molaren Verhältnissen von 1:4 entstanden nach 80 minütiger Polymerisation flexible Membranen. Dabei waren die 1:1 und 2:3 Mischungen zwar flexibel, die 1:2,3 bzw. 1:4 Gemische jedoch besaßen eine deutlich höhere Flexibilität. So ließen sich die Membranen ab einem molaren Mischungsverhältnis A:B = 1:2,3 aufrollen, während sie vorher nur gebogen werden konnten. Die steigende Flexibilität mit steigendem Gehalt an Monomer B war zu erwarten, da aus diesem das flexible PDMS entsteht. Gleichzeitig sinkt der Anteil an unflexiblem Siliziumdioxid aus dem Monomer A. Dieses ist jedoch später wichtig für eine gute Elektrolytaufnahme der Membran. Daher ist eine Ausgangsmischung im molaren Verhältnis von A:B = 1:2,3 der beste Kompromiss zwischen Flexibilität und Anteil an SiO_2 Domänen. Ein weiterer Grund den Anteil an Monomer B so gering wie möglich zu halten liegt darin, dass unterhalb der Polymerisationstemperatur ein starkes Verdampfen beobachtet werden kann. Dies bedeutet, dass ein Teil des Monomer B aus der Schmelze entweicht. Daraus resultieren erhebliche Gewichtsverluste während der Polymerisation. In

4 Experimenteller Teil

Abb. 4.11 ist der Masseverlust, welche bei verschiedenen Polymerisationsarten auftritt dargestellt.

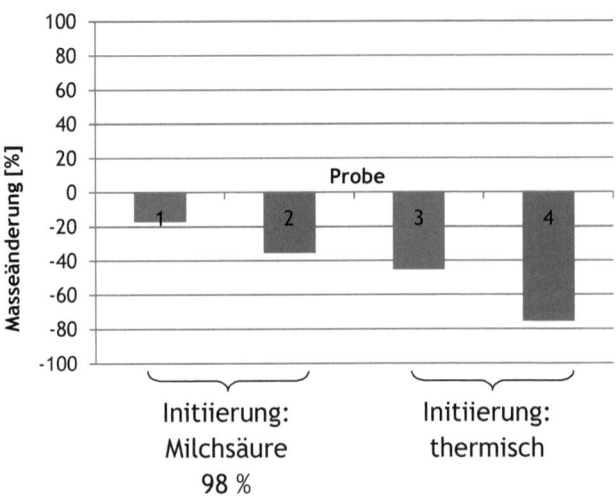

Abb. 4.11: Masseverlust während der Polymerisation für unterschiedlich initiierte Zwillingscopolymerisate der molare Monomerzusammensetzungen A:B = 1:1(■) bzw. A:B = 1:2,3 (■). Probe 1: A:B = 1:1, DL-Milchsäure 98 % initiiert, vier Stunden Polymerisation bei 85°C; Probe 2: A:B = 1:2,3, DL-Milchsäure 98 % initiiert, vier Stunden Polymerisation bei 85°C; Probe 3: A:B = 1:1, thermisch initiiert, 80 Minuten Polymerisation bei 200°C; Probe 4: A:B = 1:2,3, thermisch initiiert, 80 Minuten Polymerisation bei 200°C.

In **Abb.** 4.11 ist deutlich zu erkennen, dass es bei allen Polymerisationsarten zu erheblichen Gewichtsverlusten kommt. Ein Vergleich der unterschiedlichen Initiierung zeigt eindeutig, dass im Fall der thermischen Initiierung, welche zwar eine kürzere Polymerisationszeit aufweist, allerdings bei höheren Temperaturen verläuft, ein deutlich höherer Masseverlust beobachtet wird. So kommt es bei gleichbleibender Monomerzusammensetzung zu einer Verdoppelung des Masseverlustes. Dies kann durch zwei unterschiedliche Ursachen erklärt werden. Zum einen verdampft bei der thermischen Initiierung das Monomer B, da die Polymerisation nur knapp unter dem Siedepunkt des Monomer B (220 °C) liegt. Zum anderen kommt es aufgrund der hohen Temperaturen zur Vernetzungsreaktionen des Phenolharzes, bei denen Wasser abgespalten wird[90]. Ein Grund, warum auch bei DL-Milchsäure (98 %) Initiierung ein Masseverlust auftritt, liegt darin,

4.2 Membranherstellung

dass auch bei der Zwillingspolymerisation ~ 12 Gew. % Wasser abgespalten wird, welches im Laufe der vierstündigen Reaktion verdunstet.

Der Vergleich des Masseverlustes bei gleicher Initiierungsart aber unterschiedlicher Monomerzusammensetzung liefert ebenfalls interessante Ergebnisse. So kommt es in beiden Fällen zu erheblich höheren Gewichtsverlusten bei der 1:2,3 Mischung. Diese Beobachtung lässt sich für den Fall der thermischen Initiierung relativ einfach erklären. Hier kommt es aufgrund der größeren Menge an Monomer B in der Schmelze auch zu einer stärkeren Verdampfung desgleichen. Im Fall der milchsäureinitiierten Polymerisation liegt die Polymerisationstemperatur deutlich unterhalb des Siedepunktes des Monomers. Da jedoch bereits ab 150 °C ein starkes Verdampfen des Monomer B beobachtet wurde, ist davon auszugehen, dass auch hier eine Verdunstung des Monomer B erfolgt, welche sich aufgrund der langen Polymerisationszeit erheblich bemerkbar macht.

Durch das Verdampfen eines Monomers ist die Zusammensetzung des Polymers nicht gleich der theoretisch zu erwartenden. Da das Monomer B stärker verdampft als das Monomer A, ist der Anteil an PDMS im Vergleich zu Siliziumdioxid im Polymer geringer als es durch die Ausgangsmischung theoretisch vorgegeben ist. Die Zusammensetzung des Polymers wurde beispielhaft im Falle eines thermisch initiierten Polymers der molaren Monomerzusammensetzung 1:2,3 analysiert, da dieses die besten Eigenschaften in Bezug auf Verarbeitbarkeit und chemischer Beständigkeit aufweist. Auch ist in diesem Fall der größte Masseverlust festzustellen, sodass sich die Polymerzusammensetzung am deutlichsten von der Monomerzusammensetzung unterscheiden sollte.

Da sich das Polymer in keinem NMR-typischen Lösungsmittel gelöst hat, wurde ein ^{13}C-Festköper NMR zur Aufklärung der Zusammensetzung herangezogen. Durch NMR Spektroskopie lässt sich das magnetische Dipolmoment eines Atoms bestimmen. Dieses entsteht durch die kreisförmige Bewegung einer Ladung. Damit ein Atom einen Drehimpuls, der sogenannte Spin, besitzen kann, muss dieses eine ungerade Zahl Nukleonenspins aufweisen. Im Gegensatz zu einem NMR eines gelösten Stoffes, indem sich durch die

4 Experimenteller Teil

schnelle Rotation der Moleküle in alle Raumrichtungen alle orientierungsabhängigen Spinwechselwirkungen ausmitteln, liegen die Moleküle im Festkörper NMR unterschiedlich im Raum und bestimmen so ihre Resonanzfrequenz. Im Festkörper ist die chemische Verschiebung demnach anisotrop und dominiert die Resonanzfrequenz. In einem Festkörper besteht das Spektrum eines bestimmten Kerns aus der Summe aller orientierungsabhängigen Resonanzfrequenzen, die nach ihrer jeweiligen Häufigkeit gewichtet sind. Zur Messung eines Spektrums lassen sich nun verschiedene Methoden heranziehen. Dabei ist eine Methode das „Magic-Angle-Spinning" (MAS). Dabei werden die anisotropen Spinwechselwirkungen durch eine schnelle mechanische Rotation der Probe ausgemittelt und so ein statisches Magnetfeld erzeugt. Die Rotationsachse ist dabei der „Magische Winkel" und beträgt 54,7° bezüglich des äußeren Magnetfeldes. Eine weitere Methode besteht in der heteronuklearen Entkopplung. Sie wird durch das permanente Einstrahlen einer starken Radiofrequenz realisiert. Sie hat die Resonanzfrequenz des zu untersuchenden Kerns und muss für eine effektive Entkopplung im kHz Bereich liegen, weshalb auch von Hochleistungsentkopplung gesprochen wird. Eine dritte Methode stellt die Kreuzkupplung dar. Dabei findet ein Magnetisierungstransfer (Polarisierungstransfer) von einem häufig auftretenden Spinsystem und hoher Polarisierung zu einem selten vorkommenden Spinsystem statt. Dabei kommt es zu einer gleichzeitigen Änderung der Spinzustände in einem gekoppelten Spinsystem. Die Probe dieser Arbeit wurde mit Einpuls-Anregung nach der MAS-Methode statt mit Kreuzpolarisation aufgenommen, damit die Zahl der gebundenen Protonen sich nicht auf die Intensität der Signale auswirkt. Um einen Einfluss durch unterschiedliche T1-Relaxationszeiten, die Zeit die das System benötigt um nach einer Anregung wieder in den Ausgangszustand zu gelangen, auszuschließen, wurde zwischen zwei Scans eine Wartezeit von je 120 Sekunden eingelegt. Damit eine ausreichende Genauigkeit erhalten wurde, erfolgten ca. 500 Scans.

Die Zusammensetzung der Probe lässt sich dadurch bestimmen, dass das charakteristische Signal der CH_2-Brücke des Phenolharzes in Relation zum Signal der Methylgruppen des PDMS gesetzt wird. In **Abb. 4.12** ist das Spektrum der Analyse dargestellt.

4.2 Membranherstellung

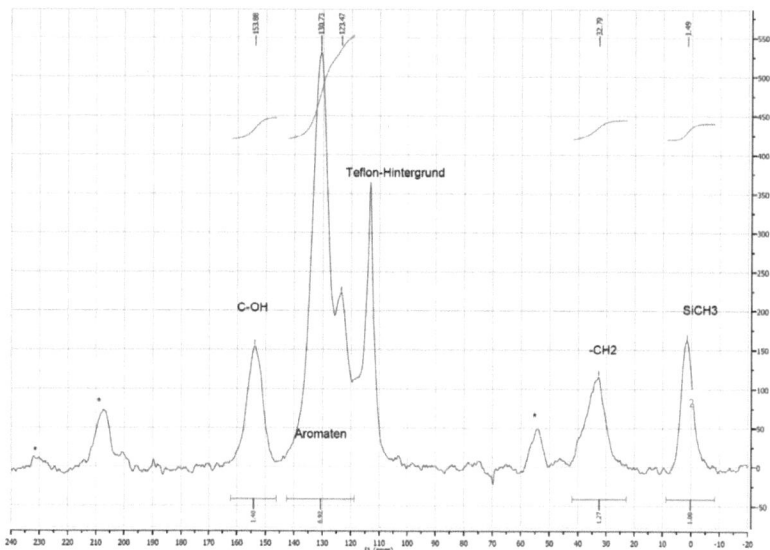

Abb. 4.12: ^{13}C-Festkörper NMR eines Zwillingscopolymers (molares Monomerverhältnis A:B = 1:2,3, thermisch initiiert, 80 Minuten 200 °C)

Im Spektrum lassen sich alle Signale, die für das Zwillingscopolymer erwartet wurden, zuordnen. So erscheint bei 153 ppm das aromatische C-Atom mit der Hydroxylgruppe, bei 130 und 123 ppm die Signale der anderen fünf aromatischen C-Atome. Die zur Berechnung der Zusammensetzung notwenigen Signale der CH$_2$-Brücke des Phenolharzes und der Silizium gebundenen Methylgruppen erscheinen bei 32 ppm, beziehungsweise 1 ppm. Bei einer Rotationsgeschwindigkeit von 11,5 kHz ergeben die aromatischen Signale außerdem Rotationsseitenbanden im Abstand von ± 77 ppm, welche im Spektrum mit Sternen gekennzeichnet sind. Dass die Signale so breit sind, kann durch die ungeordnete Natur des Polymers erklärt werden, da jedes Monomer und jede Gruppe eine leicht unterschiedliche Umgebung und somit auch chemische Verschiebung hat. Das Intensitätsverhältnis zwischen den Integralen des OH-tragenden C-Atoms und der Signale der restlichen aromatischen C-Atome beträgt genau 1:5. Die Intensität der CH$_2$-Brücke ist mit 1,27 etwas niedriger als die des OH-tragenden aromatischen C Atoms, welche 1,4 beträgt. Im Rahmen

4 Experimenteller Teil

der Messgenauigkeit ist dies jedoch zufriedenstellend. Die Berechnung der Zusammensetzung ist nachfolgend kurz erläutert. Anhand der Intensitäten der CH_2-Brücke und der Methylgruppen des PDMS lässt sich sagen, dass das Phenolharz mit dem PDMS im Verhältnis 2,54:1 vorliegt. Die Intensität der Phenolharzbrücke war zu verdoppeln, da im PDMS zwei identische Methylgruppen vorliegen. Über dieses Verhältnis lässt sich nun durch **Gl. 20**, beziehungsweise **Gl. 21** berechnen, zu wieviel Prozent der Phenolharz aus Monomer A, beziehungsweise Monomer B besteht.

$$A = \frac{100}{I_{CH_2} \cdot (2 \cdot I_{CH_2} - I_{PDMS})} \qquad \text{Gl. 20}$$

Dabei stellt A den prozentualen Anteil des Monomer A am Phenolharz, I_{CH_2} die Intensität der Phenolharzbrücke und I_{PDMS} die Intensität der Methylgruppen im Spektrum dar. Der prozentuale Anteil des Monomer B (B) am Phenolharz ergibt sich aus **Gl. 21**.

$$B = \frac{100}{I_{CH_2} \cdot I_{PDMS}} \qquad \text{Gl. 21}$$

Mit Hilfe der **Gl. 22** kann nun aus der prozentualen Zusammensetzung des Phenolharzes der molare Prozentsatz an Monomer A (M_A), welcher bei einer 100 %igen Umsetzung beider Monomere in der Schmelze vorliegen müsste, berechnet werden.

$$M_A = \frac{100}{\left(\frac{A}{2} + B\right) \cdot \frac{A}{2}} \qquad \text{Gl. 22}$$

Für die hier untersuchte Probe ergibt sich aus einem Intensitätsverhältnis von A = 1,27 und B = 1 eine Ausgangsmischung mit dem molaren Monomerverhältnis A:B = 1:1,3. Das vor der Polymerisation eingewogene molare Verhältnis der Monomere in der Schmelze lag jedoch bei A:B = 1:2,3. Das heißt, dass während der Polymerisation 43 % der Stoffmenge des Monomer B verdampft sind. Trotz dieses hohen Verlustes an Monomer B ist die thermische Initiierung einer Schmelze der molaren Zusammensetzung Monomer A:B = 1:2,3 mit Polymerisation für 80 Minuten bei 200 °C

4.2 Membranherstellung

der beste Kompromiss zwischen Verarbeitbarkeit der Schmelze, Dauer der Polymerisation und Flexibilität der Membran.

4.2.4 Auftragen des Zwillingscopolymers auf verschiedene Vliese

Wie in **Kap. 4.2.1** bereits erwähnt, weisen Membranen aus Zwillingscopolymeren als freitragende Filme keine ausreichende mechanische Stabilität auf. Eine Möglichkeit diese zu verstärken, besteht in der Verwendung von Vliesen als Unterstruktur auf die das Polymer aufgetragen werden kann. In dieser Arbeit wurden unterschiedliche Vliese verwendet, um neuen Anforderungen, welche im Laufe der Arbeit auftraten, gerecht zu werden.

Tabelle 4-12: Übersicht der in dieser Arbeit verwendeten Vliese.

Bezeichnung	GF/A	FS 2190	WE 1111/1 SH	FS 2200/047	N.N. Im weiteren Ver-lauf als „17 µm Vlies" bezeichnet
Hersteller	Whatman	Freudenberg	Freudenberg	Freudenberg	Freudenberg
Material	Glasfaser	PP	Kohlefaser, geglättet, Teflon beschichtet	PET	PET
Schmelz-bereich [°C]	> 500	160-165	Beständig bis > 2500	> 250	> 250
Dicke [µm]	260	200	200	20-24	17

Erste Beschichtungsversuche wurden mit den Vliesen Whatman GF/A und dem von der Firma Freudenberg hergestellten Vlies FS 2190 durchgeführt. Im einfachsten Fall wurden die Vliese in eine beschichtete Metallschale gelegt, mit einer Mischung aus Schmelze, Lösungsmittel und Initiator übergossen und bei 85 °C unter Argon polymerisiert. Die dabei entstandenen Membranen zeigten sehr unterschiedliche Schichtdicken, da sich die initiierte und immer viskoser werdende Schmelze trotz Zugabe von Lösungsmitteln nicht gleichmäßig auf dem Vlies verteilte. Durch

4 Experimenteller Teil

die lange Polymerisationszeit, aufgrund der Lösungsmittelzugabe, waren die Membranen gelb gefärbt.

Um eine gleichmäßigere Verteilung zu erreichen, wurde versucht, das Vlies in die Mischung aus Schmelze und Initiator einzutauchen, es abtropfen zu lassen und erst dann in die Metallschale zu legen. Auch dies führte jedoch zu ungleichmäßig benetzten Vliesen und somit zu unterschiedlich dicken Membranen.

Eine gleichmäßige Benetzung und Schichtdicke einer Membran wurde durch das folgende Verfahren erreicht: Die Vliese wurden in einer Petrischale ausgelegt, mit einer Mischung aus Schmelze und Initiator übergossen und die Schmelze leicht mit der Hand eingewalkt. Um die Membran nun von überschüssiger Schmelze zu befreien, wurde sie im Anschluss an das Einwalken aus der Glasschale genommen und in eine beschichtete Metallschale gelegt. **Abb. 4.13** zeigt beispielhaft eine Membran nach diesem Verfahren.

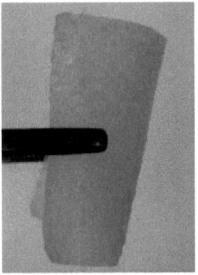

Abb. 4.13: Zwillingscopolymer der molaren Monomerzusammensetzung A:B = 1:1, DL-Milchsäure 98 % initiiert nach vier Stunden Polymerisation unter Argon bei 85 °C auf einem FS 2190 Vlies.

Bei den nun mit gleichmäßigen Schichtdicken (~ 300 µm) erzeugten Membranen ließen sich erste Unterschiede bei der Wahl des Vlieses feststellen. So waren die Membranen mit dem PP-Vlies FS 2190 wesentlich flexibler als diejenigen, welche auf dem Whatman GF/A polymerisiert wurden. Da die entstehenden Membranen jedoch als Separator eine hohe Flexibilität aufweisen müssen, erwies sich das Glasfaservlies in diesem Fall also als ungeeignet. Neben den molaren A:B = 1:2,3 Mischungen wurden auch die molaren A:B = 1:1 Mischungen weiter verfolgt, da diese aufgrund

4.2 Membranherstellung

des höheren SiO_2 Anteils höhere Leitfähigkeit des Separators aufweisen müssten.
Um den Arbeitsschritt der Beschichtung der Metallschale einzusparen, und eine bessere Bearbeitungsmöglichkeit des mit Schmelze übergossenen Vlieses zu erreichen, wurden einige Versuche unternommen, das Vlies, in das die Schmelze eingewalkt wurde auf einer Folie zu polymerisieren. Eine Übersicht, über die verschiedenen Materialien gibt **Tabelle 4-13**.

Tabelle 4-13: Variation der Unterlagen für die Herstellung von Membranen aus Zwillingcopolymerisaten.

Material	Haftung des Zwillingspolymers
Aluminium Folie	hoch
PET-Folie	schwach
Polyvinylalkohol Folie	hoch
Silikon Folie	hoch
Si-Wafer	hoch
Spiegel	hoch
Teflon	keine

Tabelle 4-13 zeigt, dass lediglich an Teflon keine Haftung des Zwillingspolymers erfolgt. In allen anderen Fällen lassen sich die Membranen nicht rückstandsfrei oder gar nicht mehr vom Untergrund lösen. Da im Gegensatz zu Metallschalen im Fall von Teflonfolie keine Beschichtung notwendig ist, und durch das Vlieses ein unkontrolliertes Auseinanderlaufen der Schmelze verhindert wird, weshalb es nicht notwendig ist eine Schale zu nutzen, stellt diese den besten Untergrund zur Polymerisation dar. Ein weiterer Vorteil von Teflonfolie besteht darin, dass es hier leicht möglich ist weitere Bearbeitungsschritte wie Pressen oder Abrollen der Membran durchzuführen. Um solche Prozesse jedoch durchführen zu können, war es nötig die Bearbeitungszeit der Schmelze auf dem Vlies zu verlängern. Da im Fall der thermischen Initiierung eine nahezu unbegrenzte Bearbeitungszeit gegeben ist, sollten auch auf diesem Verfahren basierend Membranen mit Unterstruktur hergestellt werden. Die Polymerisation bei thermischer Initiierung erfolgt allerdings bei 200 °C, weshalb ein

4 Experimenteller Teil

Vlieswechsel notwendig war. Das von Freudenberg hergestellte WE 1111/1 SH zeichnet sich durch einen Beständigkeitsbereich von > 2500 °C aus und übertrifft die Anforderungen daher erheblich. Als problematisch hat sich jedoch die Teflonbeschichtung herausgestellt. Denn diese führte dazu, dass eine vollständige Benetzung der Membran mit Schmelze nicht erfolgte, wodurch die auspolymerisierte Membran viele Makrodefekte enthielt. Um sicherzustellen, dass diese Defekte nicht durch die Polymerisation bei hohen Temperaturen entstanden, wurden einige Polymerisationsversuche auf diesem Vlies bei 85 °C mit Milchsäureinitiierung durchgeführt. Dabei hat sich gezeigt, dass auch hier viele Makrodefekte auftraten. Weiterhin konnte allerdings festgestellt werden, dass durch den Einsatz des Vlieses eine Verkürzung der Polymerisationszeit erfolgen konnte. Die Ergebnisse für verschiedene Polymerisationszeiten sind in **Tabelle 4-14** zusammengefasst.

Tabelle 4-14: Variation der Polymerisationszeiten für ein Zwillingscopolymer des molaren Monomerverhältnisses A:B = 1:1, DL-Milchsäure 98 % initiiert auf einem Kohlefaservlies WE111/1 SH der Firma Freudenberg.

Polymerisationszeit [min]	Flexibilität	Foto maximaler Biegung
180	kaum vorhanden	
120	kaum vorhanden	
60	mittelmäßig	
45	hoch	
30	sehr hoch	
15	sehr hoch	
10	sehr hoch	

4.2 Membranherstellung

Bereits nach zehn Minuten Polymerisation bei 85 °C unter Argon konnte eine trockene Membran aus dem Ofen entnommen werden. Wurde diese jedoch einige Tage an der Luft liegen gelassen, bildeten sich durchsichtige SiO_2 Kristalle an der Oberfläche. Diese lassen auf eine nicht vollständige Polymerisation schließen. Nach 15 Minuten Polymerisation bildeten sich auch einige Tage nach der Polymerisation keine Kristalle mehr. Dies kann als Zeichen für eine abgeschlossene Polymerisation gewertet werden. Ab einer Polymerisationszeit von 45 Minuten begann sich die Flexibilität zu verringern, bis ab 120 Minuten nahezu keine Flexibilität mehr vorhanden war. Ein Einrollen der Membran war hier nicht mehr möglich. Der beste Kompromiss zwischen Flexibilität und vollständiger Polymerisation wurde also nach 30 Minuten Polymerisation gefunden. Da eine Bildung von Kristallen bereits nach 15 Minuten Polymerisation nicht mehr auftritt, kann davon ausgegangen werden, dass die Polymerisation nach 30 Minuten auch im Inneren der Membran abgeschlossen ist. Da diese Membran allerdings aufgrund der Teflonbeschichtung mit beiden Initiierungsarten viele Makrodefekte aufwies, musste ein erneuter Vlieswechsel vorgenommen werden. Dieses sollte zudem direkt die für Separatoren passende Schichtdicke aufweisen. Hierfür schien das FS 2200/047 von Freudenberg am besten geeignet zu sein. Dieses Vlies basiert auf PET und weist somit einen Schmelzbereich > 250 °C, also oberhalb der Polymerisationstemperatur bei thermischer Initiierung auf. Desweiteren hat es eine Stärke von 24 µm und ist damit extrem dünn und für die Verwendung als Separator Stützstruktur geeignet. Wurde auf diesem Vlies eine Polymerisation nach dem Verfahren: Ausgießen der Schmelze auf das Vlies, leichtes Einwalken, Umlagern auf Teflonfolie und anschließende Polymerisation bei 200 °C für 80 Minuten durchgeführt, entstanden gleichmäßige, defektfreie Membranen mit Schichtdicken von 150-200 µm. Um eine ausreichende Flexibilität zu erlangen, sollte die Schmelze einer molaren Monomerzusammensetzung von A:B = 1:2,3 entsprechen. Einen Unterschied zwischen dem 24 µm dicken und 17 µm dicken Vlies konnte beim Aufbringen der Schmelze nicht festgestellt werden. Da die Schichtdicken noch weit oberhalb 50 µm lagen, ist der

4 Experimenteller Teil

Einfluss des dünneren Vlieses noch nicht gravierend. Daher war es besonders wichtig, einige Methoden zur Reduktion der Schichtdicke zu erarbeiten.

4.2.5 Reduktion der Schichtdicke

Separatoren sollten Schichtdicken von maximal 20-30 µm aufweisen. Dies liegt darin begründet, dass sich durch eine dickere Membran der Weg, welchen die Li-Ionen beim Fluss zwischen den Elektroden zurücklegen müssen, erhöhen würde. Dabei beeinflusst die Länge des Weges, welchen die Ionen wandern, erheblich den Widerstand. Auch würden dickere Separatoren zusätzliches Volumen beanspruchen und Gewicht liefern. Daher wurden verschiedene Methoden untersucht, die Schichtdicke der hier entwickelten Membranen von > 150 µm auf < 30 µm zu reduzieren.

Eine der einfachsten und effektivsten Schichtdickenreduktionen bei der Verarbeitung von Schmelzen lässt sich häufig durch eine Reduktion der Menge an Schmelze erzielen. Dies führte jedoch in diesem Fall dazu, dass eine unvollständige Benetzung des Vlieses beobachtet wurde. Je geringer die Polymermenge wurde, desto höher wurde die Anzahl der Defektstellen. Diese traten im Fall von einfachem Aufgießen und Einwalken mit den Fingern ab Schichtdicken von 130 µm auf. Um eine gleichmäßigere Verteilung zu erreichen und die Schmelze noch besser in das Vlies einzuwalken, wurden einige Versuche mittels einer Kunststoffwalze durchgeführt. Dabei wurde das Vlies zunächst auf die Teflonfolie gelegt und mit der Schmelze aus den Monomeren A und B übergossen. Anschließend wurde die Schmelze mit der Kunststoffwalze in das Vlies eingewalkt und überschüssige Schmelze abgetragen. Zwar reduzierte sich die Schichtdicke durch diese Art der Behandlung auf < 50 µm, doch enthielten diese Membranen viele Makrodefekte. Erst ab Schichtdicken von ~ 150 µm waren die Membranen nach diesem Verfahren wieder defektfrei.

Um eine gleichmäßigere Verteilung der Schmelze zu erhalten, wurde die Kunststoffwalze durch ein Rakel ersetzt. In diesem Fall wurden zunächst die Enden des Vlieses auf der Teflonfolie

4.2 Membranherstellung

festgeklebt um ein Verrutschen des Vlieses beim Ausrakeln der Schmelze zu verhindern. Um eine möglichst tiefe Rakeleinstellung wählen zu können, wurde für diese Versuche das 17 µm dicke PET Vlies der Firma Freudenberg eingesetzt. Mit Einstellungen des Rakels zwischen 20 und 30 µm Schichtdicke wurden nun mehrere Versuche durchgeführt. Es hat sich jedoch gezeigt, dass die Schichtdicken der entstandenen Membran mindestens doppelt so dick wie die Einstellung des Rakels waren. Desweiteren enthielten auch hier alle Membranen Makrodefekte, jedoch deutlich weniger als im Fall des Abrollens. Ursache sowohl für die Defekte als auch die deutlich größeren Schichtdicken ist die abweisende Oberfläche des Teflons. Durch diese zieht sich die Schmelze nach Abrakeln zu einzelnen Tropfen zusammen, wodurch so an einigen Stellen Schmelze fehlt, was zu den Defekten führt. An anderen Stellen hingegen sammelt sich die Schmelze, weshalb die Schichtdicke deutlich ansteigt. Auch im Fall einer Kerocom PIBA® beschichteten Edelstahlplatte ist nach Abrakeln das Phänomen der Tröpfchenbildung zu beobachten.

Eine weitere Möglichkeit der Schichtdickenreduktion besteht im kontinuierlichen zusammenpressen von zwei Teflonfolien. Dabei wird das Vlies mit der Polymerschmelze zwischen den beiden Teflonfolien so zusammengepresst, dass überschüssige Schmelze zu den Seiten weggedrückt wird. Durch das kontinuierliche Pressen während des gesamten Polymerisationsvorgangs, wurde die Bildung von Tröpfchen unterdrückt. Eine Methode die Teflonfolien zusammenzupressen bestand darin, diese mit Gewichten zu beschweren. Dabei musste jedoch darauf geachtet werden, dass sowohl unter der unteren Teflonfolie eine ebene, stabile Platte lag, als auch das Gewicht, mit dem die obere Folie beschwert wurde, einen ebenen Untergrund hatte. In dieser Arbeit wurde die untere Folie daher auf eine Metallplatte gelegt. Um den Anpressdruck auf die obere Folie leicht variieren zu können, wurde der Druck durch ein Becherglas, gefüllt mit unterschiedlichen Mengen an Sand, erzeugt. Da dieses jedoch keine ebene untere Fläche besitzt, wurde zwischen Becherglas und Teflonfolie ebenfalls eine Metallplatte gelegt. Der Aufbau ist zur Verdeutlichung in **Abb. 4.14** dargestellt.

4 Experimenteller Teil

Becherglas mit Sand als variables Pressgewicht

Metallplatte oben

Teflonfolie

Metallplatte

Abb. 4.14: Aufbau zum Zusammenpressen von Teflonfolien zur Schichtdickenreduktion.

Um nun das optimale Anpressgewicht für die Polymerisation zu ermitteln, wurde die Polymerisation mit verschiedenen Gewichten durchgeführt. Dabei hat sich herausgestellt, dass bis zu einem Gesamtgewicht (Platte + Becherglas + Sand) von 800 g eine glatte Membran erhalten wurde. War das Gewicht größer, erhöhte sich der Anpressdruck so sehr, dass das Polymer ungleichmäßig vom Vlies verdrängt wurde und es zu ungleichmäßigen Oberflächenstrukturen gekommen ist. Dies ist in **Abb. 4.15** verdeutlicht.

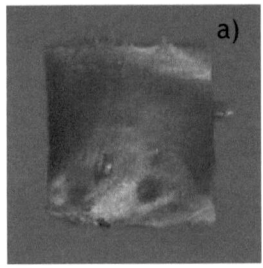
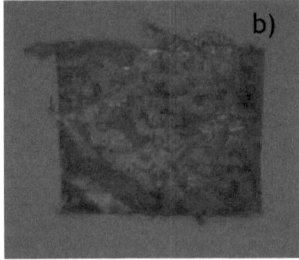

Abb. 4.15: Zwillingscopolymer A:B 1:2,3, thermisch initiiert, 80 Minuten bei 200 °C polymerisiert gepresst mit a) 800 g, b) 950 g.

Um die Polymerisationszeit nicht zu verlängern und eine optimal ebene Oberfläche der Teflonfolie zu gewährleisten, wurden sowohl die untere als auch die obere Metallplatte auf 200 °C vorgeheizt. Beim Kontakt von Metallplatte und Teflonfolie erhöhte sich deren Beweglichkeit durch die Hitze sehr stark, wodurch eine optimale Formanpassung möglich wurde. Die Schichtdicke einer Membran, welche unter einem Pressgewicht von 800 g polymerisiert wurde, lag bei 30-40 µm. Trotz gleichmäßiger Oberfläche waren in der Membran allerdings einige Makrodefekte festzustellen. Große

4.2 Membranherstellung

Bereiche der Membran waren jedoch defektfrei. Dass das Vlies gute Benetzungseigenschaften aufweist, zeigt **Abb. 4.18**, in der zu erkennen ist, dass die PET-Fäden vollständig von Schmelze bzw. Polymer umgeben werden.

20 µm

Abb. 4.16: Unbehandelte PET-Fasern in Zwillingscopolymer A:B 1:2,3, thermisch initiiert, Polymerisation für 80 Minuten bei 200 °C.

Damit defektfreie Membranen hergestellt werden können, muss die Benetzbarkeit zwischen den Polymerfasern des Vlieses und der Schmelze jedoch noch weiter verbessert werden, so dass diese der Tröpfchenbildung auf dem Teflonuntergrund entgegenwirkt. Um dies zu erreichen, wurde eine Reihenuntersuchung mit verschiedenen Lösungsmitteln durchgeführt, bei der das Vlies mit diesen vorbehandelt wurde. Eine Übersicht, welche Lösungsmittel dabei zum Einsatz gekommen sind und deren Einfluss auf die Anzahl an Defekten in der Membran gibt **Tabelle 4-15**.

4 Experimenteller Teil

Tabelle 4-15: Übersicht über die Verbesserung der Vliesbenetzung nach Vorbehandlung mit verschiedenen Lösungsmitteln.

Vorbehandlung	Benetzung nach Behandlung des Vlieses (RT, 3 Tage) im Vergleich zu nicht behandeltem	Benetzung nach Behandlung des Vlieses (60 °C, 3 Tage) im Vergleich zu nicht behandeltem
Monomer B	gleichbleibend	---
Toluol	leichte Verbesserung	leichte Verbesserung
DOL:DME 1:1	leichte Verbesserung	leichte Verbesserung
DOL	Verschlechterung	gleichbleibend
DME	gleichbleibend	gleichbleibend
DEC	gleichbleibend	gleichbleibend
EC	---	Vlies löst sich
THF	gleichbleibend	---
H_2SO_4 konz.	Vlies löst sich auf	---
HCl konz.	starke Verbesserung	---
DMSO	leichte Verbesserung	---
HNO_3	starke Verbesserung	---
DL-Milchsäure 90 %	gleichbleibend	---

Die Schichtdicke aller Membranen lag zwischen 60 und 110 µm. Die wenigsten Defektstellen wurden dabei bei der Behandlung mit konzentrierter Salzsäure sowie Salpetersäure erzielt. In diesen Membranen wurden nur noch sehr wenig Defektstellen beobachtet. Die Kontrolle auf Defektstellen erfolgte dabei durch Screening mittels eines Lichtmikroskops. Hier ließen sich die Defekte schnell als helle Lichtspots erkennen wie in **Abb. 4.17** deutlich wird.

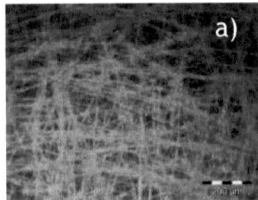 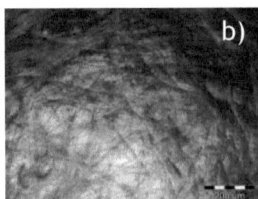 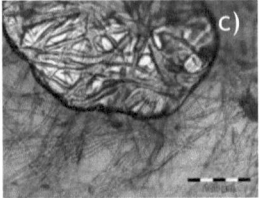

Abb. 4.17: Lichtmikroskopische Aufnahmen eines Zwillingscopolymer A:B 1:2,7, thermisch initiiert, 80 Minuten bei 200 °C polymerisiert auf einem bei RT mit konz. HCl drei Tage vorbehandelten Vlies a) Bereich ohne Defekstelle, b) Bereich mit Defektstelle und c) Defektstelle vergrößert.

In **Abb. 4.17 c** ist deutlich zu erkennen, dass die Defekte im Bereich einer Luftblase aufgetreten sind.

Da es sich bei HCl um eine starke Säure handelt, welche die Zwillingscopolymerisation starten kann, ist es nicht möglich die Schmelze auf das feuchte, mit HCl getränkte Vlies zu geben. Daher ist es notwendig, die Membran zunächst anzutrocknen. Hierbei ist aufgefallen, dass zu langes Trocknen zu einer erhöhten Zahl an Defektstellen führt. Die optimalen Bedingungen, um eine möglichst gleichmäßige, defektstellenfreie Membran auf einem HCl vorbehandelten Vlies zu erhalten, wurden in mehreren Versuchsreihen getestet. Dabei hat sich gezeigt, dass eine Behandlung des Vlieses für drei Tage mit konz. HCl, eine anschließende Trocknung für 6,75 Minuten bei 90 °C die besten Ergebnisse lieferte. Hier wurden defektstellenfreie Bereiche von 3 x 3 cm bei Schichtdicken zwischen 60 und 100 µm erhalten, jedoch waren bei größeren Flächen immer noch einzelne Defekte zu erkennen. Diese waren, wie **Abb. 4.18** deutlich zeigt, in Bereichen von unregelmäßigen Oberflächen zu finden, welche durch Blasenbildung erzeugt wurden.

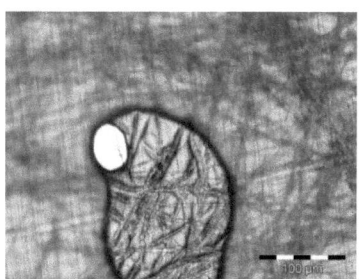

Abb. 4.18: Darstellung eines Defektes an einer Zwillingscopolymermembran A:B 1:2,7, thermisch initiiert mit Polymerisation für 80 Minuten bei 200 °C auf einem HCl vorbehandelten Vlies (3 Tage, anschließend Trocknung bei 90 °C für 6,75 Minuten).

Zur Blasenbildung kann es im Fall der mit Teflonfolie abgedeckten Polymerisation kommen, da durch die Polymerisation bei 200 °C eine Verdampfung des Monomers B erfolgt, welches zwar durch das Abdecken stark reduziert, jedoch nicht gänzlich unterbunden wird. Dies zeigt sich darin, dass der Masseverlust nur noch 17 Gew. % anstatt 75 Gew. % beträgt. Das bei der Polymerisation verdampfende Monomer B sowie das bei der Reaktion freiwerdende Wasser, welches ebenfalls verdampft, kann durch die Teflonfolie nicht entweichen und sammelt sich so in Blasen an der Oberfläche der Membran. Ein weiterer Nachteil dieser Methode besteht darin, dass die Membranen immer noch sehr starke Schichtdickenunterschiede von 40 µm aufweisen und mit einer Minimalschichtdicke von 60 µm noch doppelt so dick sind, wie es

4 Experimenteller Teil

gewünscht ist. Demnach führt auch die Vorbehandlung mit verschiedenen Lösungsmitteln zwar zu einer Verbesserung der Benetzung, jedoch noch nicht zum gewünschten Ergebnis in Bezug auf die gewünschte Schichtdickenreduzierung.

Eine weitere Möglichkeit den Kontakt zwischen Vlies und Schmelze bzw. Polymer zu verbessern, besteht darin, die Vliese einer Plasmabehandlung zu unterziehen. Als Plasma werden Gase in einem Aggregatzustand, in dem sie zum größten Teil in Ionen und Elektronen getrennt vorliegen, bezeichnet. Durch Plasmabehandlung können Radikale in der Oberflächenregion von Polymeren wie PET, PE, PP usw. erzeugt werden. Da im Plasma verschiedene Spezies wie beispielsweise UV-Photonen, energiereiche Ionen, oder Elektronen vorliegen, können vor allem bei Anwesenheit von Sauerstoff in Polymeren die C-H und C-C Bindungen durch CO-, OH- und OOH- Gruppen ersetzt werden. Für Beschichtungsverfahren bietet sich die Anwendung eines Radiofrequenzplasma an. Dafür eignet sich ein sogenanntes induktiv gekoppeltes Plasma (ICP) oder ein kapazitiv gekoppeltes Plasma (CCP). Die Energie zur Erzeugung des Plasmas wird beim ICP durch frequenzabhängig variierende Magnetfelder erzeugt. Diese bewirken eine elektromagnetische Induktion auf das Gas. Dadurch kann beim ICP die Ionenenergie mit einer zusätzlichen Biasspannung, einer Energie welche die zur Ionisierung nötige Energie überlagert, variiert werden. Im Fall des CCP wird die Energie durch einen Kondensator bereitgestellt. In beiden Fällen wird ein Vakuum benötigt, in das verschiedene Gase wie Sauerstoff oder Argon eingeleitet werden können. Neben dem radiofrequenzabhängigen Verfahren eignet sich ein Mikrowellenplasma mit Atomsphärendruck ebenfalls sehr gut für eine Oberflächenmodifikation. Hierfür wird entweder ein Sauerstoffplasma eingesetzt oder Sauerstoff zu einem Argonplasma hinzugefügt. Auch mit Stickstoffplasmen kann die Oberfläche aktiviert werden, dabei entstehen allerdings Bindungen mit Stickstoff und weniger die in dieser Arbeit gewünschten OH-Bindungen. OH-Gruppen bzw. COOH-Gruppen an der Oberfläche des Vlieses sind gewünscht, da diese eine Bindung mit der Schmelze bzw. dem Phenolharz eingehen können und das Polymer so gleichmäßig an das Vlies gebunden wird.

4.2 Membranherstellung

Zur Plasmamodifikation wurden kreisrunde Proben des 17 µm dicken Freudenbergvlieses mit einem Durchmesser von 5 cm an die Universität Duisburg-Essen versandt. Hier wurden verschiedene Plasmabehandlungen an den Vliesstücken durchgeführt. Zum einen erfolgte die Behandlung mit Mikrowellenplasma, zum anderen mit induktiv gekoppeltem Plasma. In **Tabelle 4-16** sind zunächst die Behandlungsparameter sowie die Ergebnisse nach Aufpolymerisation des Zwillingscopolymers auf Vliese, welche mit induktiv gekoppeltem Plasma behandelt wurden, dargelegt.

Tabelle 4-16: Behandlungsparameter der ICP Behandlung verschiedener 17 µm dicker PET Vliese sowie das Ergebnis der anschließenden Aufpolymerisation eines Zwillingscopolymers des molaren Monomerverhältnisses A:B = 1:2,3, thermische Initiierung mit 80 minütiger Polymerisation bei 200 °C.

Gasfluss	Druck [mbar]	Biasspannung	Leistung	Verteilung der Schmelze	Schichtdicke	Defekte
100 sccm N_2	$8,5 * 10^{-3}$	160 V	3 W	Einwalken, Abstreichen	50 µm	kaum
100 sccm N_2	$7,7 * 10^{-3}$	287 V	15 W	Aufträufeln von 134 mg	30-50 µm	netzartig
65 sccm Ar + 35 sccm O_2	$4,6 * 10^{-2}$	287 V	15 W	Aufträufeln von 353 mg	45-75 µm	kaum
65 sccm Ar + 35 sccm O_2	$4,6 * 10^{-2}$	150 V	6 W	Aufträufeln von 317 mg	40-70 µm	keine

Durch induktive Plasmabehandlung konnten Membranen hergestellt werden, welche durch einfaches Aufträufeln der Polymerschmelze mit einem Monomerverhältnis A:B = 1:2,3 und anschließendes Polymerisieren für 80 Minuten bei 200 °C, frei von Defekten waren. Zwar wurden auch hier noch Unterschiede in den Schichtdicken festgestellt, mit 40 µm Schichtdicke war die gewünschte Schichtdicke jedoch schon fast erreicht. Dabei wurde das beste Ergebnis bei geringer Biasspannung und relativ geringer Leistung erzielt. Ein Plasma aus Argon, dem Sauerstoff zugegeben wurde, lieferte im Vergleich zu einem Stickstoffplasma wie zu erwarten einen deutlich höheren Benetzungsgrad, da hier mehr OH bzw. COOH Gruppen an der Oberfläche gebildet wurden.

4 Experimenteller Teil

Eine Behandlung mit Mikrowellenplasma führte ebenfalls zu defektfreien Membranen. Bei dieser Methode wurde das 17 µm dicke PET Vlies in einem Plasma behandelt, welches mittels Mikrowelle aus einem 200 sccm Argonstrom, gemischt mit einem 200 sccm Sauerstoffstrom, in einem Vakuum von 0,2 – 2 mbar gewonnen wurde. Das Vakuum steigt in diesem Fall mit der Behandlungszeit an. Die Leistung der Mikrowelle betrug 1,6 kW. Die Vliesproben wurden nun für 15, 30, 45 und 60 Sekunden mit dem Plasma behandelt. Die so behandelten Vliese wurde mit einer Schmelze der molaren Monomerzusammensetzung A:B = 1:2,3 übergossen. Diese wurde in die Membranen eingerieben und die überschüssige Schmelze abgestreift. Anschließend erfolgte die Polymerisation bei 200 °C für 80 Minuten. In allen Fällen entstanden Membranen mit gleichmäßigen Oberflächen und Schichtdicken. Die Membranen auf Vliesen welche 15, 30 und 60 Sekunden behandelt wurden, zeigten Schichtdicken von 35-40 µm, die auf dem Vlies, welches 45 Sekunden behandelt wurde, eine Schichtdicke zwischen 25 und 30 µm. Die Anzahl der Defektstellen war auf dem Vlies, welches nur 15 Sekunden der Plasmabehandlung unterlag, noch sehr hoch. Bereits nach 30 Sekunden sank die Zahl der Defekte auf ca. einen pro cm^2. Nach 60 Sekunden Plasmabehandlung waren keine Defekte mehr in der Membran (ca. 20 cm^2) zu erkennen. Dies kann dadurch erklärt werden, dass die Zahl der OH- bzw. COOH Gruppen an der Oberfläche der PET Fäden des Vlieses mit längerer Behandlungszeit steigt. Eine höhere Zahl OH Gruppen sorgt auch für eine bessere Haftung zwischen dem Monomer bzw. dem Zwillingscopolymer und dem Vlies.

Durch Plasmabehandlung eines 17 µm dicken PET Vlieses ist es also gelungen, defektfreie Membranen in der Größenordnung von knapp 20 cm^2 mit einer Schichtdicke von 35-40 µm herzustellen. Um Test in Batteriesystemen mit dem Separator durchführen zu können, ist es jedoch notwendig, größere Flächen von > 50 cm^2 herzustellen.

4.3 Verbesserung der Beständigkeit gegen typische Lösungsmittel für Batterieelektrolyte

4.3 Verbesserung der Beständigkeit gegen typische Lösungsmittel für Batterieelektrolyte

Separatoren sind in vielen Batterien flüssigen Elektrolyten ausgesetzt. In diesen sollen sie zwar den Elektrolyten aufnehmen, sich jedoch nicht auflösen. In Li-Ionen Batterien werden derzeit hautsächlich Elektrolyte basierend auf DEC/EC Mischungen eingesetzt. Im Fall der Lithium Schwefel Batterie wird es Elektrolyte basierend auf einer Mischung aus DOL und DME bestehend geben. Daher soll in diesem Kapitel sowohl die Beständigkeit gegen DEC/EC als auch DOL/DME Mischungen untersucht und gegebenenfalls verbessert werden.

Eine Betrachtung des Verhaltens einer Membran aus Zwillingscopolymeren der molaren Monomerzusammensetzung A:B = 1:1, welche DL-Milchsäure 98 % oder TFA initiiert und für vier Stunden bei 85 °C polymerisiert wurde, zeigt, dass diese weder in DEC noch in DME stabil ist. So treten im Fall der Behandlung mit DEC nach 30 Minuten Gewichtsverluste von 28 % (± 8 %) bei DL-Milchsäure 98 % Initiierung und 30 % (± 8 %) bei TFA Initiierung auf. Bei Behandlung mit DME zeigen sich Gewichtsverluste von 37 % (± 7 %) wenn die Polymerisation DL-Milchsäure 98 % initiiert war und 25 % (± 10 %) im Fall der TFA Initiierung. Dabei werden die Membranen für 30 Minuten in das Lösungsmittel eingelegt und anschließend im Vakuum (10^{-3} mbar) bis zur Gewichtskonstanz getrocknet. Die Behandlung mit dem Lösungsmittel sowie die Bestimmung der Gewichtskonstanz wurde an jeweils drei Proben durchgeführt und hieraus ein Mittelwert gebildet. Die prozentuale Abweichung wird hier in Klammern angegeben. Sowohl die Durchführung der Lösungsmittelbehandlung als auch die Durchführung der Bestimmung der Gewichtskonstanz gilt für alle in diesem Kapitel vorgestellten Ergebnisse. Auch alle in **Kap. 4.3.1** und **Kap. 4.3.2** ermittelten Daten wurden nach dem gleichen Prinzip ermittelt. Die Zusammensetzung des Zwillingscopolymers und die des Lösungsmittels kann hier jedoch variieren.

Da bereits nach 30 Minuten in den Lösungsmitteln 25-37 % der Polymermasse gelöst wurden, ist keine ausreichende Resistenz gegen diese gegeben. Dies ist unabhängig davon, ob DL-Milchsäure

4 Experimenteller Teil

98 % oder TFA als Initiator verwendet wurde. Daher ist es notwendig, durch Zugabe von Vernetzungsagentien oder Nachbehandlungen die chemische Resistenz zu erhöhen. In den nachfolgenden Kapiteln sollen nun die in dieser Arbeit angewandten Verfahren sowie die Ergebnisse vorgestellt werden.

4.3.1 Vernetzungsagentien

Eine Möglichkeit die Stabilität der Membranen gegenüber batterietypischen Lösungsmitteln zu verbessern besteht in der Zugabe von Vernetzungsagentien. In dieser Arbeit wurde Trioxan > 99 % als Vernetzungsagentie verwendet. Mechanistisch kann dabei davon ausgegangen werden, dass das Trioxan zunächst kationisch zu Polyoxymehtylen (POM) polymerisiert[88, 91]. Dieses zerfällt ab 125 °C zu Formaldehyd. Bevorzugt läuft dieser Zerfall zwischen 140 °C und 300 °C ab. In einer Kondensationsreaktion mit den OH-Gruppen des Phenolharzes reagiert der so gebildete Formaldehyd weiter, wodurch es zu einer Vernetzung kommt. **Abb. 4.19** verdeutlicht diesen Vorgang.

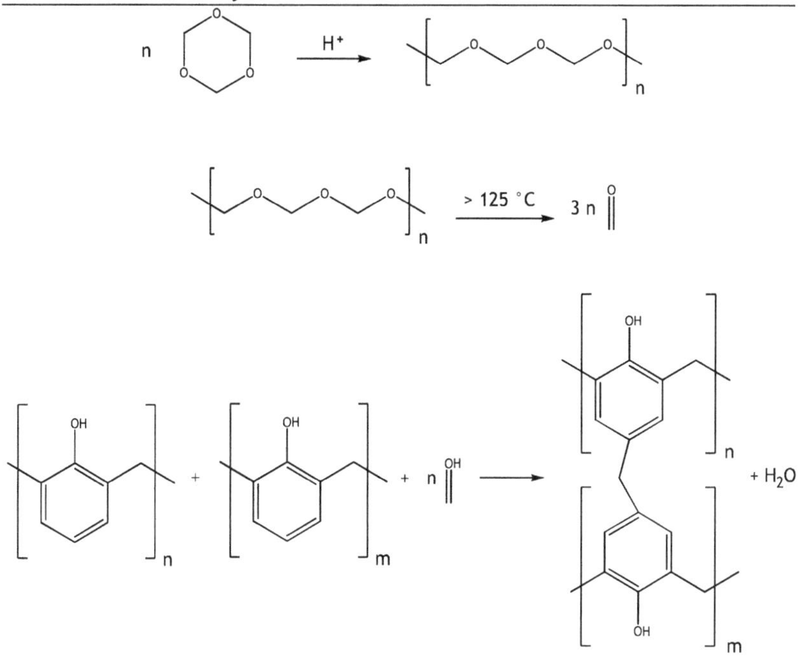

4.3 Verbesserung der Beständigkeit gegen typische Lösungsmittel für Batterieelektrolyte

Abb. 4.19: Schematische Darstellung der Phenolharzvernetzung mit Trioxan (n < m).

Um das Trioxan gleichmäßig in der Schmelze zu verteilen, wurde die nachfolgende Methode entwickelt. Die gewünschte Menge Monomer A wurde unter Argon bei 85 °C Ölbadtemperatur in einer PP-Hülse (H: 3,5 cm, ⌀: 1,4 cm) geschmolzen. In einem separaten Kolben wurde zur äquimolaren Menge Monomer B DL-Milchsäure 98 % im Verhältnis Monomer (A+B):I 10:1 sowie Trioxan im molaren Verhältnis Monomer A : Monomer B : Trioxan 1:1:0,5 zugegeben und gelöst. Durch leichtes Erwärmen des Kolbens konnte ein vollständiges Lösen der Milchsäure und des Trioxans gewährleistet werden. Anschließend wurde die Mischung zum Monomer A gegeben, mit diesem verrührt und auf ein Vlies ausgegossen. Die so präparierte Schmelze wurde für vier Stunden bei 85 °C unter Argon polymerisiert. Im Fall eines flüssigen Initiators wie TFA wurde das Monomer A zusammen mit Monomer B und dem Trioxan geschmolzen. In diese Schmelze wurde dann der Initiator gegeben, kurz verrührt und ebenfalls auf ein Vlies ausgegossen. Auch hier

4 Experimenteller Teil

erfolgte dann die Polymerisation bei 85 °C für vier Stunden unter Argon.

Zur Zersetzung des in der Polymerisation, unabhängig ob durch flüssigen oder festen Initiator gestartet, entstandenen POMs und die dadurch eingeleitete Phenolharzvernetzung erfolgte eine 30-minütige thermische Behandlung bei 150 °C. Um nun die Resistenz gegenüber typischen Elektrolytlösungsmitteln zu testen, wurden Membranen sowohl vor als auch nach der Temperung bei 150 °C, wie in **Kap. 4.3** beschrieben, in DEC und DME eingelegt. Eine Übersicht über die Massedifferenzen gibt **Tabelle 4-17.** Die Masseänderung wurde auch hier als Mittelwert aus drei Proben bestimmt.

4.3 Verbesserung der Beständigkeit gegen typische Lösungsmittel für Batterieelektrolyte

Tabelle 4-17: Übersicht über den Massverlust nach Behandlung mit elektrolyttypischen Lösungsmittel von Trioxan vernetzten Membranen.

Initiator	Temperung bei 150 °C [min]	Lösungsmittel	Behandlungsdauer	Masseänderung [%]	Abweichung [%]
DL-Milchsäure 98 %	---	DEC	30 min	-29	±5
DL-Milchsäure 98 %	---	DME	30 min	-24	±9
TFA	---	DEC	30 min	-12	±1
TFA	---	DME	30 min	-20	±6
DL-Milchsäure 98 %	30	DEC	30 min	0	±1
DL-Milchsäure 98 %	30	DME	30 min	-1	±1
TFA	30	DEC	30 min	-1	±1
TFA	30	DME	30 min	-1	±1
DL-Milchsäure 98 %	30	DEC	3 Stunden	-2	±1
DL-Milchsäure 98 %	30	DME	3 Stunden	-3	±1
TFA	30	DEC	3 Stunden	-2	±1
TFA	30	DME	3 Stunden	-3	±1
DL-Milchsäure 98 %	30	DEC	3 Tage	-63	±12
DL-Milchsäure 98 %	30	DME	3 Tage	-59	±6
TFA	30	DEC	3 Tage	-65	±3
TFA	30	DME	3 Tage	-68	±2

Ein Vergleich der Masseverluste von Membranen ohne Trioxan Zugabe mit denen, in denen Trioxan mit polymerisiert wurde, jedoch keine Temperung erfolgte, zeigt, dass lediglich im Fall der TFA initiierten Membran, welche mit DEC behandelt wurde, eine Verbesserung der Lösungsmittelresistenz erreicht wurde. Hier sank der Masseverlust nach 30 Minuten DEC Behandlung von 30 % auf 12 %. Eine Ursache hierfür kann der leicht höhere pK_s der TFA im Gegensatz zur Milchsäure sein. Bei DL-Milchsäure 98 % Initiierung oder DME Behandlung sind keine signifikant geringeren Masseverluste feststellbar. Nach Temperung für 30 Minuten bei 150

4 Experimenteller Teil

°C, welche den Zerfall des POM sowie die Vernetzung initiieren sollte, sind deutlich geringe Masseverluste zu verzeichnen. Hier sind unabhängig von Lösungsmittel und Initiator nach 30-minütiger Behandlung im Lösungsmittel keine Verluste festzustellen. Bereits nach drei Stunden Lösungsmittelbehandlung lassen sich jedoch Gewichtsverluste im Bereich 2-3 % erkennen, welche eine beginnende Zersetzung anzeigen. Wird die Behandlung auf drei Tage ausgedehnt, lässt sich ein Masseverlust von 50-70 % erkennen. Dies bedeutet, dass die Vernetzung des Phenolharzes auf diesem Wege zu keiner ausreichenden Stabilität der Membran geführt hat. Es zeigt sich jedoch, dass durch Vernetzung eine erhöhte Resistenz auftritt. Eine Erhöhung des Vernetzungsgrades könnte die Stabilität daher verbessern. Eine Analyse der Rückstände, welche im DEC bzw. DME gefunden wurde, zeigt, dass sowohl der Phenolharz als auch das PDMS aus der Membran gelöst wurden. Dabei erfolgte die Analyse per ^{1}H-NMR und MALDI-TOF. Das Ergebnis des ^{1}H-NMR für eine DEC-behandelte Probe zeigt **Abb. 4.20**.

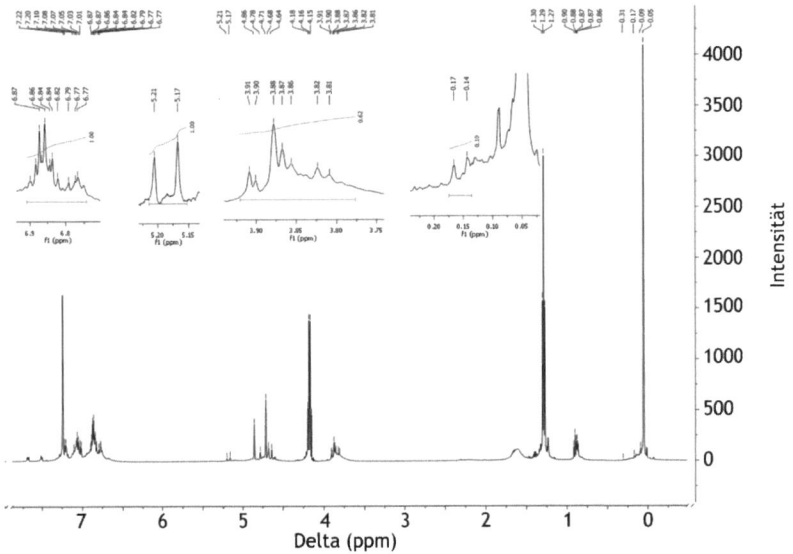

Abb. 4.20: ^{1}H-NMR in CDCl$_3$ der durch DEC aus einer mit Trioxan vernetzten Membran mit dem Monomerverhältnis A:B = 1:1, DL-Milchsäure 98 % initiiert, 30 Minuten bei 150 °C getempert.

Im Spektrum sind die charakteristischen Signale für PDMS (δ=0,13, CH$_3$), Phenolharz (δ=3,81-3,9, CH$_2$; δ=5,21, OH; δ=6,77-6,87, H am

4.3 Verbesserung der Beständigkeit gegen typische Lösungsmittel für Batterieelektrolyte

aromatischen Ring), das DEC (δ=1,29, CH_3; δ=4,21, CH_2) und das Chloroform (δ=7,24, $CHCl_3$) zu finden. Anzeichen dafür, dass sich nicht umgesetztes Monomer oder Milchsäure aus der Membran gelöst hat, lassen sich nicht finden. Das Spektrum für eine DME behandelte Probe ist nahezu identisch und befindet sich im Anhang (**Abb. 7.35**). Eine Analyse mittels MALDI-TOF unterstützt die im ^{1}H-NMR gefundenen Ergebnisse und ist in **Abb. 4.21** dargestellt.

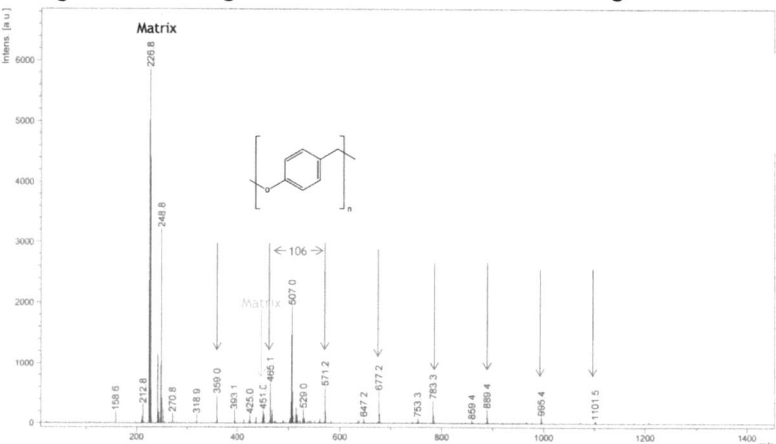

Abb. 4.21: MALDI-TOF, der durch DEC aus einer mit Trioxan vernetzten Membran mit dem Monomerverhältnis A:B = 1:1, DL-Milchsäure 98 % initiiert, 30 Minuten bei 150 °C getempert wurde.

Auch im MALDI-TOF lassen sich keine Hinweise auf DEC oder Trioxan finden. Auffällig ist hier ein Massesprung von 106 m/z, der durch den Abbau des Phenolharzes um eine Einheit erklärt werden kann. Bemerkenswert ist weiter, dass nur Oligomere und keine einzelnen PDMS oder Phenolharzeinheiten aus der Membran herausgelöst wurden. Dies zeigt, dass noch keine ausreichende Vernetzung stattgefunden hat. Eine Erhöhung des Vernetzungsgrades kann beispielsweise durch eine höhere Temperatur im Temperungsvorgang erreicht werden. Dazu wurde die Temperatur von 150 °C auf 200 °C erhöht. Die Zeit der Temperung betrug weiter 30 Minuten. Nach dieser Behandlung war weder nach drei Tagen noch nach einer Woche ein Masseverlust erkennbar. Dies zeigt, dass eine ausreichende Stabilität des Zwillingscopolymers durch Vernetzung des Phenolharzes unter geeigneten Bedingungen erreicht werden kann.

4 Experimenteller Teil

4.3.2 Thermische Nachbehandlung

Um eine Vernetzung des Phenolharzes zu erreichen, ist es nicht zwingend notwendig ein Vernetzungsagens hinzuzugeben. Auch durch einfaches Tempern im Anschluss an eine Reaktion kann häufig schon eine Vernetzung des Phenolharzes erreicht werden[90]. Um zu untersuchen, ob diese Vernetzung ausreichend ist, um hohe chemischen Beständigkeiten zu erhalten, wurden Membranen aus Zwillingscopolymeren der molaren Zusammensetzung Monomer A:B = 1:1, welche mit DL-Milchsäure 98 % oder TFA initiiert wurden im Anschluss an die vierstündige Polymerisation 30 Minuten bei 150 °C getempert. Anschließend wurde der Masseverlust nach Behandlung mit DEC bzw. DME untersucht. Einen Überblick über die Ergebnisse gibt **Tabelle 4-18**.

Tabelle 4-18: Masseverluste von Zwillingscopolymermembranen (molares Monomerverhältnis A:B = 1:1, kein Vernetzungsagens, 30 Minuten Temperung bei 150 °C) nach Behandlung mit DEC oder DME für 30 Minuten.

Initiator	Lösungsmittel	Masseänderung [%]	Abweichung [%]
DL-Milchsäure 98 %	DEC	- 13	± 3
DL-Milchsäure 98 %	DME	- 14	± 3
TFA	DEC	- 14	± 1
TFA	DME	- 14	± 1

Eine Zwillingscopolymermembran der molaren Zusammensetzung Monomer A:B = 1:1, welche DL-Milchsäure 98 % bzw. TFA initiiert ist, lässt sich durch Temperung bei 150 °C für 30 Minuten auch ohne Zugabe von Vernetzungsagentien wie Trioxan eine Erhöhung der chemischen Beständigkeit erzielen. Die Masseverluste sind mit 13-14 % nach 30 Minuten Behandlung mit Lösungsmittel zwar immer noch sehr hoch, fallen jedoch zwischen 44 % und 66 % geringer aus als ohne thermische Nachbehandlung. Dies zeigt, dass eine Vernetzung stattgefunden hat, diese allerdings noch nicht ausreichend fortgeschritten ist.

Um den Vernetzungsgrad zu erhöhen, wurde die Temperatur der thermischen Nachbehandlung von 150 °C auf 200 °C erhöht. Die

4.3 Verbesserung der Beständigkeit gegen typische Lösungsmittel für Batterieelektrolyte

Temperungszeit blieb mit 30 Minuten konstant. In **Tabelle 4-19** sind die Gewichtsverluste verschieden initiierter Zwillingscopolymermembranen, welche im Anschluss an die Polymerisation für 30 Minuten bei 200 °C getempert wurden, nach DEC Behandlung für drei Tage bei Raumtemperatur dargestellt. Dabei ist zu beachten, dass im Fall der $SnCl_4$ Initiierung die Polymerisationszeit, wie in **Kap. 4.2.2** beschrieben, nur 15 Minuten bei einer Initiatorkonzentration von Monomer (A+B):I 350:1 betrug. In allen anderen Fällen betrug die Polymerisationszeit vier Stunden mit einer Initiatorkonzentration von Monomer (A+B):I 17,5:1.

Tabelle 4-19: Masseverluste von Zwillingscopolymermembranen (molares Monomerverhältnis A:B = 1:1, kein Vernetzungsagens, 30 Minuten Temperung bei 200 °C) nach Behandlung mit DEC für drei Tage.

Initiator	Masseänderung [%]
DL-Milchsäure 98 %	< -0,1 %
Trifluoressigsäure > 99 %	-0-0,5 %
Maleinsäureanhydrid	< -0,1 %
Bortrifluoriddiethylether	< -0,1 %
Bernsteinsäurediethylether	< -0,1 %
Acrylsäure : tert-Butylacrylat	< -0,1 %
$SnCl_4$	< -0,1 %

Die Ergebnisse zeigen deutlich, dass eine 30-minütige Temperung bei 200 °C im Anschluss an die Polymerisation ausreicht, um eine hohe chemische Stabilität gegen typische in Elektrolyten verwendete Lösungsmittel zu erhalten. Im Zuge der thermischen Nachbehandlung wurde eine Verfärbung der Membran von farblos/transparent zu braun/transparent beobachtet. Dass dieses durch eventuelle Luftfeuchtigkeit während der Temperung erfolgt, konnte durch einen Vergleich der Temperung unter Argon und Luft ausgeschlossen werden. Sowohl die Farbe als auch die chemische Beständigkeit waren nach Temperung bei 200 °C für 30 Minuten an Luft und unter Argon identisch. Die Farbveränderungen wird durch **Abb. 4.22** noch einmal verdeutlicht.

4 Experimenteller Teil

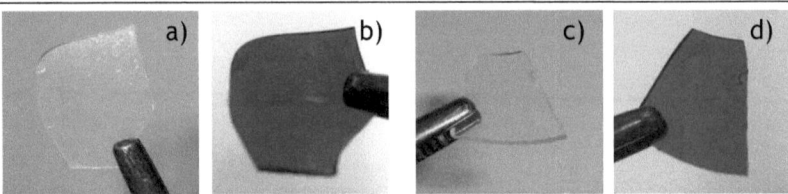

Abb. 4.22: Vergleich der Farbänderungen eines Zwillingscopolymers der molaren Zusammensetzung Monomer A:B = 1:1, DL-Milchsäure 98 % initiiert vor (a), c)) und nach Temperung bei 200 °C für 30 Minuten unter Argon b) und an Luft d).

Im Fall der thermischen Initiierung erfolgt die Polymerisation bei 200 °C und entspricht somit der Temperatur der thermischen Nachbehandlung kationisch initiierter Membranen. Um nun eine Polymerisationszeit zu finden, welche eine ausreichende chemische Stabilität liefert, wurden Membranen aus Zwillingscopolymeren der molaren Zusammensetzung Monomer A:B = 1:2,3 für unterschiedliche Zeiten polymerisiert und für drei Tage mit DEC bzw. DME behandelt. Die Ergebnisse der Masseänderungsbestimmung dieser Untersuchung sind in **Tabelle 4-20** zusammengefasst.

Tabelle 4-20: Masseänderung unterschiedlich lang polymerisierter Zwillingscopolymere (molares Monomerverhältnis A:B = 1:2,3) bei thermischer Initiierung (200 °C) und anschließender Behandlung mit DEC oder DME für drei Tage.

Polymerisations-zeit [min]	Masseänderung nach Behandlung in DEC [%]	Abweichung [%]	Masseänderung nach Behandlung in DME [%]	Abweichung [%]
10	- 48	± 11	- 24	± 17
20	- 35	± 13	- 31	± 12
30	- 3	± 5	- 24	± 8
40	2	± 3	- 1	± 10
50	3	± 2	- 9	± 7
60	5	± 3	2	± 4
70	1	± 2	5	± 2
80	2	± 1	1	± 1
90	2	± 1	7	± 4
100	2	± 1	2	± 1
110	2	± 1	1	± 1
120	3	± 1	3	± 1

4.3 Verbesserung der Beständigkeit gegen typische Lösungsmittel für Batterieelektrolyte

Die Ergebnisse zeigen deutlich, dass mit steigender Polymerisationszeit die Beständigkeit gegen die Lösungsmittel steigt. Bereits nach 60 Minuten liegt ein positiver Mittelwert vor, jedoch werden in einzelnen Fällen noch Massenverluste festgestellt. Dies zeigt, dass es während der Polymerisation bereits zu Vernetzungsreaktonen kommt. Nach 80 Minuten Polymerisation ist auch bei den Einzelmessungen kein Masseverlust mehr feststellbar. Das heißt, dass nach 80 Minuten Polymerisation bei 200 °C eine für typische, als Elektrolyten verwendete, Lösungsmittel ausreichende chemische Stabilität vorliegt. Somit lassen sich sowohl bei kationisch initiierten als auch bei thermisch initiierten Membranen durch ausreichend lange Behandlung bei 200 °C chemische Stabilitäten erzeugen, welche für den Einsatz in Li-Ionen Batterien ausreichen.

4.3.3 Analyse der Vernetzung

Dass es sowohl im Fall der Zugabe von Vernetzungsagentien und thermischer Nachbehandlung als auch der einfachen thermischen Nachbehandlung zu einer Vernetzung des Phenolharzes kommt, lässt sich über verschiedene Methoden nachweisen. Zum einen kann eine Vernetzung mittels der Glasübergangstemperatur T_g festgestellt werden. Diese verschiebt sich mit steigendem Vernetzungsgrad zu höheren Temperaturen. Die Glasübergangstemperatur ist die Temperatur, bei der ein Polymer vom glasartigen in den viskoelastischen Zustand übergeht. Unterhalb der Glasübergangstemperatur finden kaum Bewegungen der einzelnen Ketten statt und das Polymer verhält sich wie eingefroren. Im Bereich der Glasübergangstemperatur nimmt die Kettenbeweglichkeit stark zu bis oberhalb der T_g genügend thermische Energie für die Überwindung der Rotationsbarrieren vorhanden ist. Hier setzt die sogenannte Makrobrown'sche Bewegung ein. Durch Vernetzung des Phenolharzes wird die Kettenbeweglichkeit erheblich eingeschränkt, wodurch der Bedarf an thermischer Energie zur Überwindung der Rotationsbarriere steigt. Daher nimmt mit dem Vernetzungsgrad auch die Glasübergangstemperatur zu. So lässt sich für unterschiedlich lang

4 Experimenteller Teil

nachbehandelte Zwillingscopolymere auch ein unterschiedlicher T_g feststellen. Mit steigender Temperungsdauer ist demnach auch eine steigende T_g zu messen. Auch die unterschiedlichen Temperungstemperaturen machen sich in der T_g bemerkbar. So liegen T_g von Zwillingscopolymeren, welche bei 200 °C getempert wurden über denen von Zwillingscopolymeren, welche bei 150 °C getempert wurden. **Abb. 4.23** fasst die Ergebnisse dieser Untersuchung graphisch zusammen. Die Glasübergangstemperaturen wurden zunächst mittels dynamischer Differenzkalorimetrie (eng. Differential Scanning Calorimetry, DSC) bestimmt. Dabei werden ein Behälter mit einer Probe und ein baugleicher leerer Behälter, der als Referenz dient, dem gleichen Temperaturprogramm in getrennten Öfen ausgesetzt. Die Öfen werden nun so geregelt, dass die Temperatur beider Behälter gleich ist. Durch die Wärmekapazität der Probe und exotherme oder endotherme Prozesse wie Phasenumwandlungen, Schmelzen, etc. kommt es zu einer Temperaturdifferenz der beiden Behälter, welche durch eine höhere Heizleistung des Ofens mit der Probe ausgeglichen werden muss. Das heißt, dass durch diese Leistungsdifferenz Glasübergangstemperaturen, Schmelzpunkte oder auch Zersetzungspunkte bestimmt werden können.

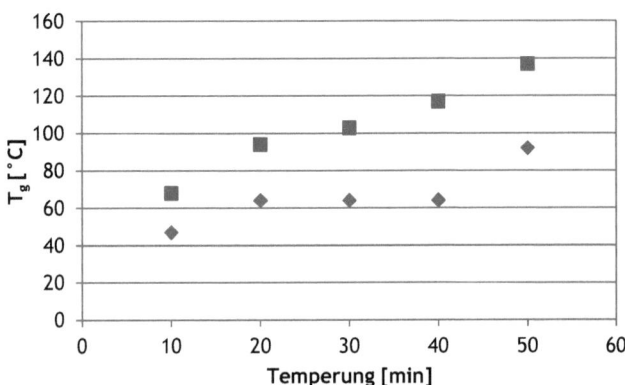

Abb. 4.23: Glasübergangstemperaturen unterschiedlich lang bei 150°C (♦) bzw. 200°C (■)getemperter Zwillingscopolymere der molaren Zusammensetzung Monomer A:B = 1:1, DL-Milchsäure 98 % initiiert, 5 % Trioxan Zugabe und vier Stunden bei 85 °C unter Argon polymerisiert.

4.3 Verbesserung der Beständigkeit gegen typische Lösungsmittel für Batterieelektrolyte

In **Abb. 4.23** ist deutlich zu sehen, dass die Differenz der Glasübergangstemperaturen zwischen den Proben, welche einer Temperung bei 200 °C und denen, welche einer Temperung bei 150 °C unterzogen waren mit der Zeit ansteigt. Dies zeigt, dass die Vernetzung bei 200 °C eindeutig schneller verläuft als bei 150 °C. Da die Beständigkeit bereits nach 30 Minuten Temperung getestet wurde, hier beträgt die Differenz der Glasüberganstemperaturen bereits ~ 40 °C, erklärt sich, warum Unterschiede in den Beständigkeiten gefunden wurden. Ein Unterschied in der Glasübergangstemperatur von 40 °C entspricht 60 % der T_g der bei 150 °C getemperten Probe und zeigt so deutlich, dass bereits hier erhebliche Unterschiede im Vernetzungsgrad vorliegen. Ein steigender T_g bedeutet in diesem Fall jedoch auch immer eine Reduktion der Flexibilität. Daher sollte die Temperungsdauer so kurz wie möglich gehalten werden.

Auch eine Betrachtung unterschiedlich behandelter Zwillingscopolymere mit und ohne Trioxanzusatz zeigt unterschiedliche Glasübergangstemperaturen, welche jedoch auch hier auf die thermische Nachbehandlung zurückzuführen sind. Dies ist deutlich in **Abb. 4.24** zu sehen.

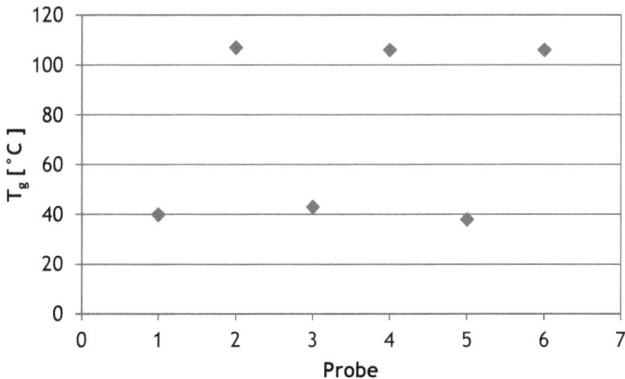

Abb. 4.24: Glasübergangstemperaturen von Zwillingscopolymeren der molaren Zusammensetzung Monomer A:B = 1:1, DL-Milchsäure 98 % initiiert und Probe 1: ohne Nachbehandlung, Probe 2: 30 Minuten bei 200 °C getempert, Probe 3: 5 % Trioxanzugabe, Probe 4: 5 % Trioxanzugabe und 30 Minuten bei 200 °C getempert, Probe 5: 50 % Trioxanzugabe, Probe 6: 50 % Trioxanzugabe und 30 Minuten bei 200 °C getempert.

4 Experimenteller Teil

Das Diagramm zeigt im Rahmen der Messgenauigkeit, dass die Glasübergangstemperatur lediglich von der thermischen Nachbehandlung abhängig ist und der Trioxanzusatz ohne Einfluss bleibt. So liegen die T_g der Membranen ohne thermische Nachbehandlung bei ~ 40 °C. Nach 30 Minuten Temperung bei 200 °C steigen die T_g auf ~105 °C an. Dies zeigt, dass die Vernetzung auch ohne Zugabe von Trioxan im Laufe der Temperung bei 200 °C nach 30 Minuten gleich weit fortgeschritten ist.

Um den Verlauf der Vernetzung noch deutlicher verstehen zu können wurden exemplarisch am Beispiel eines Zwillingscopolymer der molaren Zusammensetzung Monomer A:B = 1:1, DL-Milchsäure 98 % initiiert und vier Stunden bei 85 °C polymerisiert und eines Zwillingscopolymers mit Zugabe von 5 mol % Trioxan gleicher Herstellung eine „Simultane Thermo-Analyse" (STA) durchgeführt. Dieses Verfahren stellt eine Kombination aus „Differentieller Thermo-Analyse" (DTA) und Thermogravimetrie (TG) dar. Mittels dieses Verfahrens lassen sich, wie auch um Fall der DSC Analyse, Glasübergangstemperaturen bestimmen und zusätzlich die thermischen Zersetzungsprozesse untersuchen. Anders als im Fall der DSC lässt sich die Glasübergangstemperatur hier durch einen Vergleich des Temperaturverlaufs der Probe und einer Referenzprobe ablesen. Die Referenzprobe besitzt im gewählten Temperaturbereich, hier 30-650 °C, keinen Phasenübergang. Daher wird häufig ein hochschmelzendes Metall wie beispielsweise Molybdän als Referenzprobe eingesetzt. Neben der Bestimmung der Glasübergangstemperaturen war die Untersuchung der Zersetzungsprodukte bei thermischer Behandlung von großem Interesse, da auf diesem Wege Hinweise auf eine Vernetzung gefunden werden können. Der untersuchte Temperaturbereich reichte dabei von 30-650 °C. Mittels massenspektrometrischer Bestimmung der Zersetzungs- bzw. Abspaltprodukte kann ein Zusammenhang zwischen Strukturänderung und Temperatur hergestellt werden.

Bei der Untersuchung der beiden Proben ließen sich trotz der Zugabe des Trioxans zu einer Probe keine gravierenden Unterschiede feststellen. Dies kann dadurch erklärt werden, dass

4.3 Verbesserung der Beständigkeit gegen typische Lösungsmittel für Batterieelektrolyte

es in beiden Fällen unabhängig von der Zugabe des Trioxans durch die Hitze zu Vernetzungen kommt. Die Zugabe von nur 5 % Trioxan erhöht den Vernetzungsgrad des Phenolharzes, welcher durch reines Erhitzen erfolgt, demnach nicht wesentlich. Nachfolgend soll das Messergebnis mit Hilfe der **Abb. 4.25** bis **Abb. 4.28** des Zwillingscopolymers ohne Trioxanzugabe ausführlich erläutert werden. Das Spektrum für das Zwillingscopolymer mit Trioxanzugabe findet sich im Anhang (**Abb. 7.57** bis **Abb. 7.60**), zeigt aber keine wesentlichen Unterschiede. Die Aufnahme eines Massenspektrums erfolgte im Verlauf der Messungen jeweils nach einem Zyklus (Cyc) von 5,49 °C Temperatursteigerung.

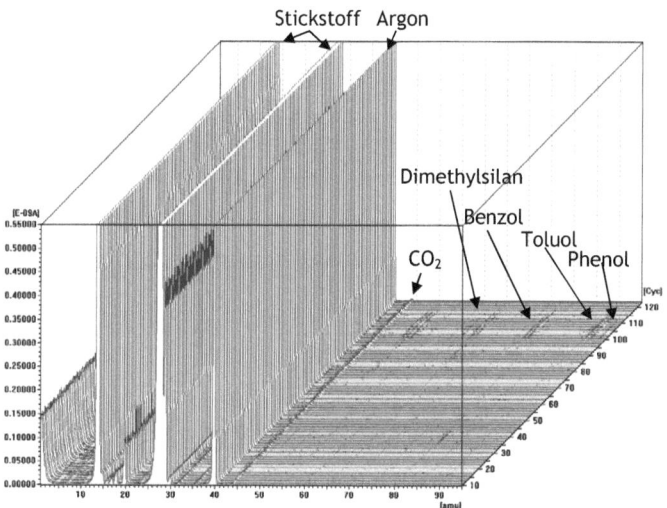

Abb. 4.25: Massenspektrometrische Analyse des Verbrennungsprozess einer Zwillingscopolymermembran der molaren Zusammensetzung Monomer A:B = 1:1, DL-Milchsäure 98 % initiiert, vier Stunden polymerisiert. Überblick über die Atommassen von 0-100.

4 Experimenteller Teil

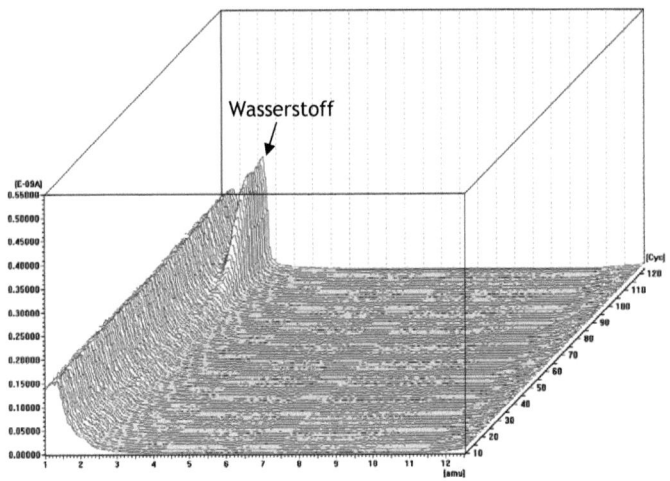

Abb. 4.26: Massenspektrometrische Analyse des Verbrennungsprozess einer Zwillingscopolymermembran der molaren Zusammensetzung Monomer A:B 1:1, DL-Milchsäure 98 % initiiert, vier Stunden polymerisiert. Überblick über die Atommassen von 0-13.

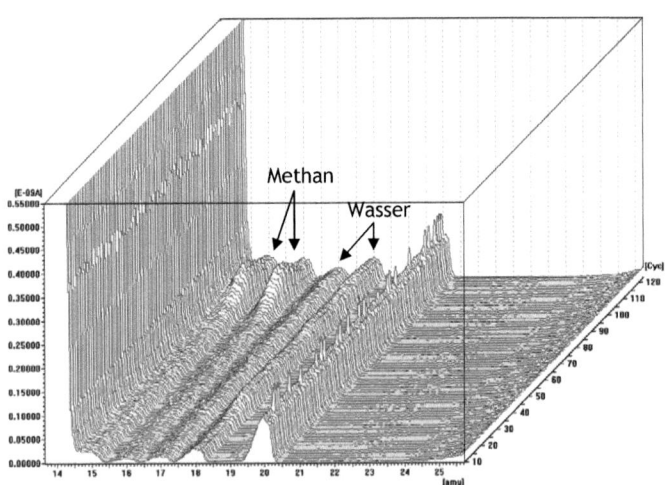

Abb. 4.27: Massenspektrometrische Analyse des Verbrennungsprozess einer Zwillingscopolymermembran der molaren Zusammensetzung Monomer A:B = 1:1, DL-Milchsäure 98 % initiiert, vier Stunden polymerisiert. Überblick über die Atommassen von 13-26.

4.3 Verbesserung der Beständigkeit gegen typische Lösungsmittel für Batterieelektrolyte

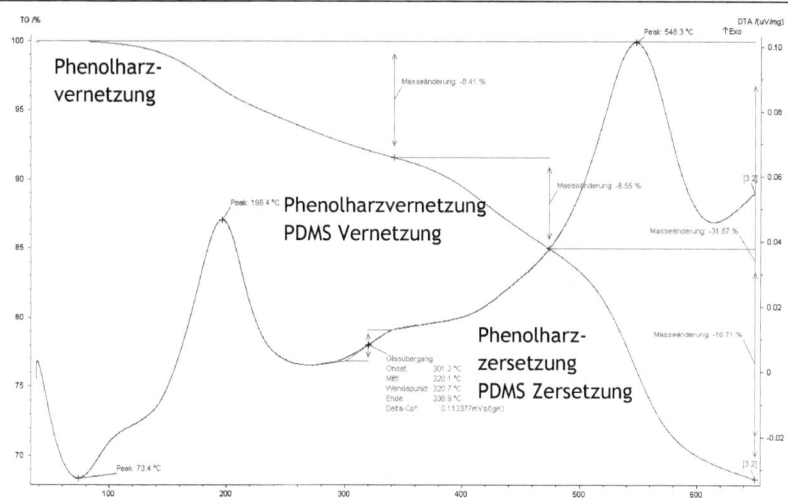

Abb. 4.28: Massenverluste im Verlaufe des Verbrennungsprozess einer Zwillingscopolymermembran der molaren Zusammensetzung Monomer A:B = 1:1, DL-Milchsäure 98 % initiiert, vier Stunden polymerisiert.

In **Abb. 4.28** ist deutlich zu sehen, dass es drei Bereiche des Massenverlustes gibt. Der erste Bereich erstreckt sich von 120 °C bis 330 °C. In diesem Bereich kommt es zu einem Gewichtsverlust des Polymers von 8,4 %. Dieser Verlust ist auf Vernetzungsreaktionen des Phenolharzes zurückzuführen, welche typischerweise in diesem Temperaturbereich ablaufen[90]. Auch das Massenspektrum zeigt im Bereich von 120 °C einen Anstieg des Wasserpeaks, welcher dann bis 330 °C konstant bleibt (**Abb. 4.27**). Der Anstieg ist darin begründet, dass bei der Vernetzung des Phenolharzes Wasser als Abspaltprodukt freigesetzt wird. Der nächste Bereich des Masseverlustes erstreckt sich von 330 °C bis 480 °C. In diesem Bereich konnte ein Masseverlust von knapp 6,6 % des Polymers beobachtet werden. Erklärt werden kann dies durch die bei diesen Temperaturen einsetzende Vernetzung des PDMS sowie das Fortlaufen der Phenolharzvernetzung[90, 92]. Auch dies deckt sich mit dem Ergebnis der Analyse des Massenspektrums. Hier ist ein Anstieg des Wasserpeaks bei 330 °C zu sehen, welcher dann bis ca. 480 °C konstant bleibt (**Abb. 4.27**). Der letzte und größte Bereich des Massenverlustes kann auf 480-650 °C begrenzt werden. Hier kommt es zur Zersetzung des Phenolharzes sowie des

4 Experimenteller Teil

PDMS, was sich im Massenspektrum durch einen starken Anstieg des H$_2$ Peaks (**Abb. 4.26**) sowie zur Entstehung von Methan (**Abb. 4.27**) wiederspiegelt[90, 92]. Desweiteren lassen sich Toluol, Benzol und Phenol im Massenspektrum wiederfinden (**Abb. 4.25**). Die Glasübergangstemperatur beträgt hier 320 °C. Damit ist sie wesentlich höher als bei allen DSC Messungen. Eine Erklärung dafür ist jedoch relativ einfach. Das Aufheizen der Probe erfolgte bei dieser Messung relativ langsam, sodass das Phenolharz ausreichend Zeit zur Vernetzung hatte. Mit einem Wert von 320 °C entspricht die T$_g$ auch in etwa dem Ende des Bereiches des ersten Masseverlusts. Hier ist die Phenolharzvernetzung schon sehr weit fortgeschritten. Im Falle der DSC Messungen betragen die Aufheiz- und Abkühlraten dagegen nur wenige Minuten, sodass hier nur eine leichte Vernetzung in so kurzer Zeit erfolgen kann.

4.3.4 Einfluss der Vernetzung auf das Zwillingscopolymer

Ein weiteres Charakteristikum für die Vernetzung sind Härtemessungen. In diesen werden zum einen die Härte eines Materials, zum anderen das Kriechverhalten eines Materials bestimmt. So steigt in der Regel die Härte eines Polymers mit steigendem Grad an Vernetzung, das Kriechen hingegen nimmt ab. Im Fall der Härtemessungen wird eine Spitze langsam in die Proben eingedrückt. Dabei wird die notwendige Kraft gegen die Zeit gemessen und als Kurve aufgetragen. Von dieser Kurve wird dann an zwei Stellen, in diesem Fall 50-100 g und 350-400 g, die Steigung gemessen. Diese Steigung ist ein Maß für die Härte, je höher die Steigung, desto härter ist die Probe. Die Nadel wird jedoch nach Erreichen der Maximalkraft nicht direkt wieder aus der Probe herausgezogen, sondern bei konstanter maximaler Kraft in der Probe belassen. An dieser Stelle kann nun ein eventuelles Kriechen der Probe beobachtet werden. Dies bedeutet, dass die Nadel, obwohl keine weitere Druckerhöhung erfolgt, tiefer in die Probe eindringt. Erst danach wird die Nadel von der Kraft entlastet.

Die Ergebnisse der Härtemessungen verschiedener nachbehandelter oder mit Trioxan versetzter Zwillingscopolymere

4.3 Verbesserung der Beständigkeit gegen typische Lösungsmittel für Batterieeelektrolyte

der molaren Zusammensetzung Monomer A:B = 1:1, welche DL-Milchsäure 98 % initiiert und vier Stunden unter Argon bei 85 °C polymerisiert wurden, fasst **Abb. 4.29** zusammen.

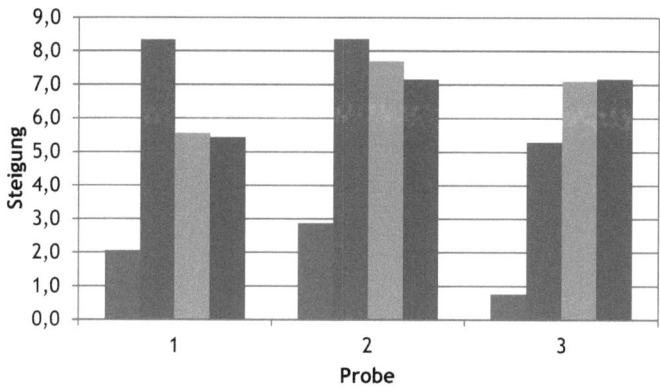

Abb. 4.29: Härtemessungen verschiedener Zwillingscopolymermembranen der molaren Zusammensetzung Monomer A:B = 1:1, DL-Milchsäure 98 % initiiert und vier Stunden bei 85 °C unter Argon polymerisiert(■) mit 0 % Trioxan (Probe 1), 5 % Trioxan (Probe 2) und 50 % Trioxan (Probe 3). Die Temperung der Membranen erfolgte für 30 Minuten bei 200 (■) °C. Die Quellung mit DEC (■) bzw. DOL (■) wurde für > drei Tage durchgeführt.

In **Abb. 4.29** ist deutlich zu sehen, das nicht getemperte Proben jeweils wesentlich geringere Härten aufweisen als die getemperten. Dies zeigt eindeutig, dass die Temperung eine Vernetzung des Phenolharzes bewirkt. Im Fall der Probe 1 und 2 steigt die Härte auf einen ungefähr gleichen Maximalwert, während dieser bei Probe 3 deutlich tiefer liegt. Dies liegt darin begründet, dass in Probe 3 50 mol % Trioxan eingearbeitet ist, welches während der Polymerisation zu POM polymerisiert ist. Die hohe Masse an POM im Polymer kann innerhalb von 30 Minuten Temperung nicht vollständig zu Formaldehyd abgebaut werden, und liegt somit noch zum Teil in der Membran vor. POM hat eine Glasüberganstemperatur von - 60 °C und liegt somit im sehr weichen viskoelastischen Zustand vor. POM wirkt daher als Weichmacher im Polymer. Die trioxanfreie Probe 1 zeigt nach Quellung in DEC und DOL einen deutlichen Abfall der Härte, ist allerdings immer noch härter als vor der Temperung. Dies zeigt, dass die Lösungsmittel in das Polymer eindringen und die Kettenbeweglichkeit deutlich erhöhen. In Probe 2 fällt der Abfall

4 Experimenteller Teil

der Härte nicht so stark aus. Hier haben die 5 % Trioxan in der Mischung im Laufe der Temperung zu einem höheren Vernetzungsgrad geführt als er in Probe 1 erreicht wurde. Daher kann die Kettenbeweglichkeit auch durch das Eindringen von Lösungsmittel nicht erheblich gesteigert werden. In Probe 3, in der 50 mol % Trioxan der Mischung zugemengt waren, kommt es sogar durch das Quellen in DEC und DOL zu einem erheblichen Anstieg der Härte. Die Lösungsmittel waschen demnach das nicht zur Vernetzung verwendete POM aus dem Polymer heraus. Das bedeutet, dass der Weichmacher aus dem Polymer entfernt wurde. Die erreichte Härte ist vergleichbar mit der aus Probe 2. Dies zeigt, dass in Probe 2 ein maximaler Vernetzungsgrad erreicht wurde, der auch durch die Zugabe höherer Mengen an Trioxan nicht weiter gesteigert werden kann. Auch das Kriechverhalten bestätigt eine Vernetzung des Phenolharzes während der Temperung. Dies ist in **Abb. 4.30** dargestellt.

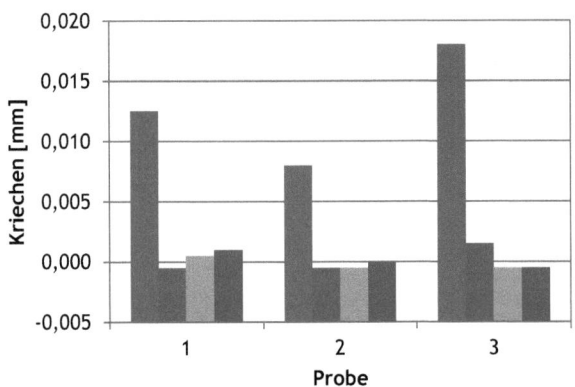

Abb. 4.30: Härtemessungen verschiedener Zwillingscopolymermembranen der molaren Zusammensetzung Monomer A:B = 1:1, DL-Milchsäure 98 % initiiert und vier Stunden bei 85 °C unter Argon polymerisiert(■) mit 0 % Trioxan (Probe 1), 5 % Trioxan (Probe 2) und 50 % Trioxan (Probe 3). Die Temperung der Membranen erfolgte für 30 Minuten bei 200 (■) °C. Die Quellung mit DEC (■) bzw. DOL (■) wurde für > drei Tage durchgeführt.

Hier ist lediglich im Falle der nicht getemperten Membranen ein starkes Kriechen zu beobachten. Bei Probe 3 kann jedoch auch hier nach Temperung noch ein Kriechen festgestellt werden, welches durch den hohen Anteil an POM in der Membran erklärt werden kann. Auch hier bestätigt sich, dass der Weichmacher durch DOL und DME aus der Membran herausgelöst wird und eine mit Probe 2

4.3 Verbesserung der Beständigkeit gegen typische Lösungsmittel für Batterieelektrolyte

vergleichbare Härte festgestellt werden kann. In Probe 1 erweicht das Polymer durch das Lösungsmittel, sodass hier ein minimales Kriechen beobachtet werden kann. Auch hier zeigt sich, dass der Grad der Vernetzung des Phenolharzes durch Zugabe von Trioxan zur Polymerisation leicht erhöht werden kann. Für den Transport von Li-Ionen ist eine gewisse Kettenbeweglichkeit jedoch durchaus von Vorteil. Ein zu steifes Kettengerüst kann die Leitfähigkeit einer Membran senken. Daher ist der Einsatz von Trioxan als zusätzlicher Vernetzer nicht notwendig.

Ein weiteres Zeichen für Vernetzung ist der Masseverlust, da bei Kondensationsreaktion ein Abspaltprodukt das Polymer verlässt. Daher ist für den Fall der Temperung für 30 Minuten bei 200 °C ebenfalls ein Masseverlust zu beobachten. **Abb. 4.31** ist eine Erweiterung der

Abb. 4.11 gibt einen Überblick über unterschiedliche Masseverluste bei verschiedenen Polymerisationsarten und Zwillingscoplymeren.

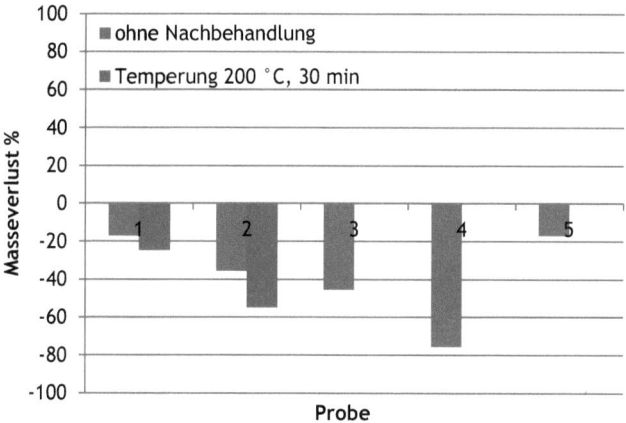

Abb. 4.31: Masseverlust bezogen auf das Gewicht der Schmelze, welche zur Polymerisation eingesetzt wurde. Probe 1: Monomerverhältnis A:B = 1:1, DL-Milchsäure 98 % initiiert, vier Stunden bei 85 °C unter Argon polymerisiert; Probe 2: Monomerverhältnis A:B = 1:2,3, DL-Milchsäure 98 % initiiert, vier Stunden bei 85 °C unter Argon polymerisiert; Probe 3: Monomerverhältnis A:B = 1:1, thermisch initiiert, Polymerisation für 80 Minuten bei 200 °C; Monomerverhältnis A:B = 1:2,3, thermisch initiiert, Polymerisation für 80 Minuten bei 200 °C: Monomerverhältnis A:B = 1:2,3, thermisch initiiert, Polymerisation für 80 Minuten bei 200 °C zwischen zwei Teflonfolien.

Das Diagramm zeigt eindeutig, dass mehrere Faktoren für den Verlust an Masse verantwortlich sind. So kommt es während der Polymerisation zur Verdampfung von Monomer B und zur

4 Experimenteller Teil

Abspaltung von Wasser, welches ebenfalls verdampft. Während der Temperung erfolgt die Abspaltung von Wasser durch die Vernetzungsreaktion des Phenolharzes. Im Fall der thermischen Initiierung laufen all diese Prozesse gleichzeitig ab. Daher treten hier die höchsten Masseverluste auf. Diese lassen sich allerdings durch Abdecken der Schmelze während der Polymerisation drastisch verringern. Hier wird das Verdampfen des Monomer B stark unterdrückt. Die Abspaltung des Wassers kann jedoch nicht verhindert werden. Ein Vergleich zwischen Probe 2 und 5 zeigt, dass auch während der Polymerisation bei 85 °C Monomer verdampfen muss, da die Masseverluste in Probe 2 nach der Polymerisation deutlich höher sind als in Probe 5, in der Polymerisation und Vernetzung gleichzeitig erfolgten.

Das im Fall der thermischen Initiierung Polymerisation und Vernetzung simultan verlaufen, lässt sich über das Schrumpfverhalten des Polymers nachweisen. Bei der Vernetzung kommt es zur Verbindung einzelner Polymerketten miteinander. Dies bedeutet, dass die Polymerketten enger aneinander ausgerichtet werden und es so zu einer dichteren Packung der Ketten kommt. Daraus resultiert, dass das Polymer im Laufe der Vernetzung schrumpft. Daher muss der Verlauf des Schrumpfes bei einer thermischen Nachbehandlung und einer Polymerisation mit gleichzeitiger Vernetzung unterschiedlich verlaufen. Um dies zu untersuchen, wurden zum einen der Schrumpf während der thermischen Nachbehandlung bei 200 °C von Zwillingscopolymeren der molaren Zusammensetzung Monomer A:B 1:1, DL-Milchsäure 98 % initiiert nach vier Stunden Polymerisation bestimmt. Zum anderen wurde der Schrumpf während der Polymerisation thermisch initiierter Zwillingscopolymere der molaren Zusammensetzung Monomer A:B = 1:1 und A:B = 1:2,3 analysiert. Die Bestimmung erfolgte, indem die Membranen auf einem Millimeterpapier abfotografiert wurden. Anhand der Fotos wurde die Größe der Membranen nach unterschiedlichen Zeiten der Polymerisation bzw. Temperung bestimmt. Das Schrumpfverhalten ist in **Abb. 4.32** und **Abb. 4.33** dargestellt.

4.3 Verbesserung der Beständigkeit gegen typische Lösungsmittel für Batterieelektrolyte

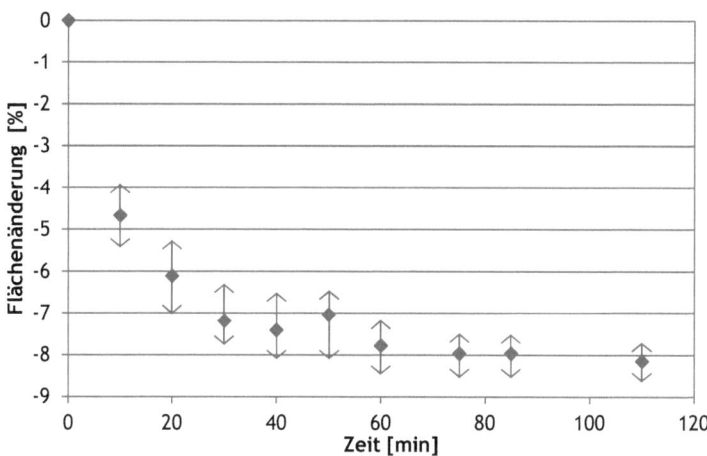

Abb. 4.32: Schrumpfverhalten einer Zwillingscopolymermembran der molaren Zusammensetzung Monomer A:B = 1:1, DL-Milchsäure 98 % initiiert und vier Stunden bei 85 °C unter Argon polymerisiert im Verlauf der Temperung bei 200 °C.

Im Diagramm ist zu sehen, dass die Membran bereits in den ersten 30 Minuten um ~ 7 % schrumpft, was ~ 90 % bezogen auf den gesamten Schrumpf darstellt. Dies zeigt, dass die Vernetzung hier eine sehr hohe Geschwindigkeit aufweist. Nach ca. 60 Minuten Temperung bei 200 °C ist das Maximum des Schrumpfes von ~8 % erreicht. Im Vergleich dazu, verläuft der Schrumpf bei gleichzeitiger Polymerisation und Vernetzung wesentlich langsamer. Dies zeigt **Abb. 4.33** deutlich.

4 Experimenteller Teil

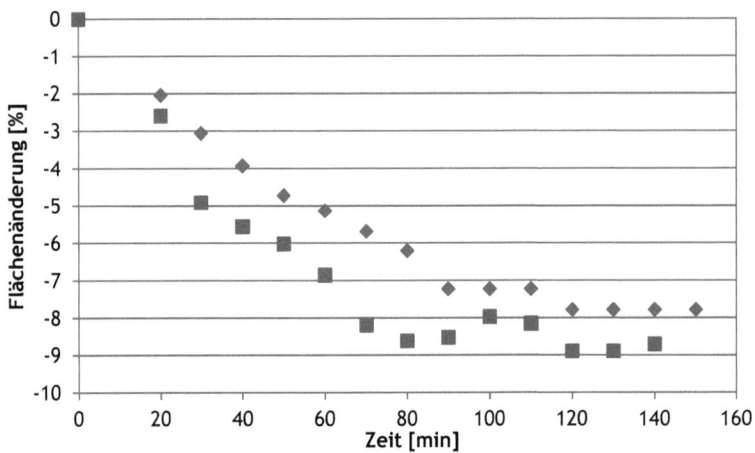

Abb. 4.33: Schrumpfbestimmung bei thermisch initiierten Zwillingscopolymermembranen der molaren Monomerzusammensetzung A:B = 1:1(♦) bzw. A:B = 1:2,3 (■).

Sowohl für die Zwillingscopolymere der molaren Zusammensetzung Monomer A:B 1:1 als auch 1:2,3 verläuft der Schrumpf wesentlich langsamer als in dem Fall, in dem zunächst polymerisiert und dann getempert wurde. Hier ist erst nach ca. 120 Minuten, also nach doppelt so langer Zeit, der maximale Schrumpf erreicht. Nach 80 Minuten Polymerisation, die Zeit welche sich als optimal für die Polymerisation herausgestellt hat, sind im Fall einer äquimolar zusammengesetzten Membran ~ 75 % des maximalen Schrumpfes erreicht. Eine Membran der molaren Zusammensetzung 1:2,3 hat zu diesem Zeitpunkt jedoch schon ~ 90 % ihres Schrumpfes erreicht. Dass der Schrumpf im Fall einer Mischung mit dem molaren Verhältnisses 1:2,3 schneller erfolgt und stärker ausfällt, kann dadurch erklärt werden, dass in diesem Fall weniger SiO_2 vorliegt, welches die Ketten bei der dichten Packung hindern kann. So schrumpft die Membran der Stoffmengenmischung 1:2,3 insgesamt um ca. 9 %, die Membran der molaren Mischung im Verhältnis 1:1 um ~ 8 %. Der maximale Schrumpf der äquimolaren Mischung beträgt sowohl bei anschließender als auch bei gleichzeitiger Vernetzung ~ 8 %.

Eine Betrachtung des Schrumpfes hinsichtlich der Anforderungen an Separatoren hat gezeigt, dass eine Membran im Anschluss an eine Temperung bei 200 °C für 30 Minuten oder nach Polymerisation für 80 Minuten bei 200 °C diese mehr als erfüllt.

4.3 Verbesserung der Beständigkeit gegen typische Lösungsmittel für Batterieelektrolyte

Gefordert wird hier, dass eine Membran nach 60 Minuten bei 90 °C einen Schrumpf < 5 % aufweist[18]. Membranen nach den zuvor genannten Verfahren weisen bei diesem Test einen Schrumpf von < 1 % auf und liegen somit weit über den Anforderungen. Detaillierte Untersuchungen zum Schrumpfverhalten wurde in einer Bachelorarbeit, welchem im Rahmen des Gesamtprojektes erstellt und von mir betreut wurde durchgeführt[93].

Somit kann festgehalten werden, dass eine chemische Beständigkeit gegen batterietypische Lösungsmittel wie DEC, EC, DOL oder DME für kationisch initiierten Zwillingscopolymere durch einfache thermische Nachbehandlung bei 200 °C für 30 Minuten erreicht werden kann. Im Fall der thermischen Initiierung reicht eine Polymerisation für 80 Minuten bei 200 °C.

4.4 Erzeugung von Poren

Poren sind zur Erreichung hoher Leitfähigkeiten bei Separatoren für Li-Ionen Batterien ein wichtiger Parameter. Diese sollen nach Möglichkeit so groß sein, dass die Li-Ionen möglichst ungehindert, samt ihrer Solvathülle, durch den Separator hindurchdiffundieren können. Andererseits dürfen keine Komponenten der Anode zur Kathode oder umgekehrt durch die Poren hindurchdiffundieren können. Auch das Wachstum von dendritischem Lithium sollte nach Möglichkeit unterdrückt werden. Das heißt, dass die Poren ungefähr die Größe von solvatisierten Li-Ionen aufweisen sollen. Der Durchmesser eines Li-Ions beträgt 152 pm. Da solvatisierte Ionen einen 100-1000- fach[86] größeren Durchmesser besitzen, sollten die Poren daher einen Durchmesser von 15-150 nm aufweisen. Nachfolgend sollen verschiedene Methoden zur Erzeugung von Poren vorgestellt werden.

4.4.1 Erzeugung von Poren durch Herauslösen von Wachsen

Wie in **Kap. 3.1.1** beschrieben, besteht eine Möglichkeit Poren in einer Membran zu erzeugen darin, ein Wachs in die

4 Experimenteller Teil

Ausgangsmischung einzuarbeiten und dieses nach Fertigstellung der Membran wieder zu lösen. Ein kommerziell erhältlicher Porenbildner ist Polyvinylpyrrolidonpolyvinylacetat-Copolymer, welches von der BASF SE unter dem Handelsnamen Luvitec VA 64P® (M_W = 65000 g/mol) als Pulver verkauft wird. In **Abb. 4.38** wird die Struktur des Copolymers dargestellt.

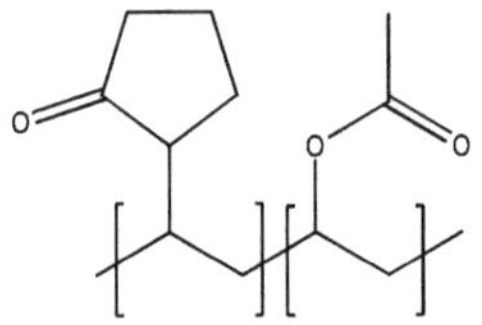

Abb. 4.34: Struktur des Polyvinylpyrrolidonpolyvinylacetat-Copolymers Luvitec VA 64 P®.

Da das Luvitec VA 64P® in der Monomerschmelze gleichmäßig verteilt werden muss, waren einige Behandlungsschritte nötig, die eine längere Bearbeitungszeit der Schmelze in Anspruch nahmen. Daher wurden die mit Luvitec VA 64P® versetzten Schmelzen thermisch initiiert. Die einfachste Möglichkeit Luvitec VA 64P® in der Schmelze gleichmäßig zu verteilen würde darin bestehen, es in Monomer B zu lösen und diese Mischung dann mit Monomer A zu vereinigen. Typischerweise werden in solchen Fällen 0,5-5 Gew. % Wachs zugegeben. Diese Mengen Luvitec VA 64P® lösten sich auch vollständig im Monomer B, beim Schritt der Vereinigung kam es dann jedoch zum Ausfall eines Feststoffes, welcher sich auch durch leichtes Erhitzen nicht löste. Aus Luvitec VA 64P® lässt sich jedoch eine 20 Gew. %ige Mischung in Tetrahydrofuran (THF) herstellen. Wurde nun zu dieser Lösung die Schmelze aus Monomer A und B gegeben, kam es nicht zum Ausfall eines Feststoffs, jedoch ließen sich in der klaren Schmelze Schlieren erkennen. Um nun eine hohe Verteilung zu gewährleisten, wurde die Mischung mit einer Sonotrode (UP200S) der Firma Hielscher mit Ultraschall behandelt. Dabei wurde die Leistung der Sonotrode auf 25 % der maximalen Leistung von 200 Watt begrenzt und die Behandlungszeit auf fünf Minuten festgelegt. Bei dieser Behandlung ist darauf zu achten, dass die Schmelze leicht gekühlt wird, da bei der Sonotrodenbehandlung ausreichend Hitze entstehen kann, um die Reaktion zu starten. Da die Zugabe des Luvitec VA 64P® in THF gelöst erfolgt, wird die maximale Zugabemenge nun über das THF

4.4 Erzeugung von Poren

bestimmt. Bei einer zu großen Menge an THF tritt durch schnelles Verdampfen im Laufe der Polymerisation Blasenbildung auf. Bis zu einer Zugabe von 1 Gew. % Luvitec VA 64P®, was eine Zugabe von 36 µm THF pro 1 g Monomerschmelze entspricht, ist keine Blasenbildung zu beobachten. Ab 5 Gew. % Luvitec VA 64P®, 178 µL THF pro 1 g Monomerschmelze, sind jedoch erste Oberflächendefekte, welche auf Blasenbildung zurückzuführen sind, zu erkennen. Ab 10 Gew. % Luvitec VA 64P®, dies entspricht 356 µL THF pro 1 g Polymer, wird der Schmelze so viel THF zugegeben, dass deutliche Blasen an der Oberfläche der auspolymerisierten Membran festzustellen sind. **Abb. 4.35** zeigt exemplarisch eine Membran ohne und eine Membran mit Blasen an der Oberfläche.

 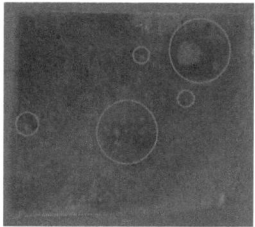

Abb. 4.35: Zwillingscopolymermembranen (molares Monomerverhältnis A:B = 1:2,3, thermisch initiiert) mit unterschiedlichen Mengen Luvitec VA 64P®. a) 1 Gew. %; b) 10 Gew. %.

Nachdem nun ein Weg gefunden wurde das Luvitec VA 64P® in die Membranen gleichmäßig einzuarbeiten, musste es zur Porenerzeugung wieder aus diesen herausgelöst werden. Das Luvitec VA 64P® lässt sich durch verschiedene Lösungsmittel lösen. In dieser Arbeit ist die Wahl auf THF gefallen, da sich das Luvitec VA 64P® auch nach 80 Minuten bei 200 °C noch in THF gelöst hat. Um zu prüfen, ob es sich auch aus dem Zwillingscopolymer wieder lösen lässt, wurde die thermische Polymerisation eines Zwillingscopolymers (molares Verhältnis Monomer A:B = 1:2,3) versetzt mit 1 Gew. % Luvitec VA 64P® nach verschiedenen Zeiten unterbrochen und es erfolgte die Behandlung der Membran mit THF für 12 Stunden. Eine Übersicht der Ergebnisse liefert hier **Abb. 4.36**.

4 Experimenteller Teil

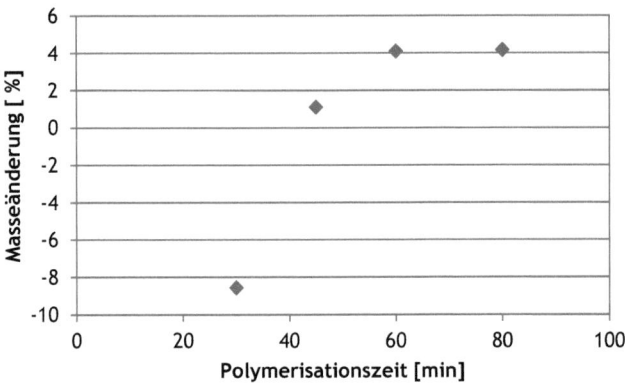

Abb. 4.36: Masseänderung einer Zwillingscopolymermembran (molares Verhältnis Monomer A:B 1:2,3, thermisch initiiert) mit 1 Gew. % Luvitec VA 64P® nach 12 Stunden Behandlung in THF in Abhängigkeit von der Polymerisationszeit.

Im Diagramm ist zu erkennen, dass lediglich nach 15 Minuten Polymerisation ein Masseverlust auftritt. Hier zeigt die Membran jedoch nach 12 Stunden THF Behandlung deutliche Auflösungserscheinungen. Bereits nach 45 Minuten Polymerisation bei 200 °C ist eine Massezunahme festzustellen. Diese ist durch den Einschluss von THF in der Membran beim Trocknen im Vakuum zu erklären. Da der Masseverlust an Luvitec VA 64P® hierdurch überlagert werden kann, wurden TEM Aufnahmen angefertigt. Diese sind in **Abb. 4.37** dargestellt.

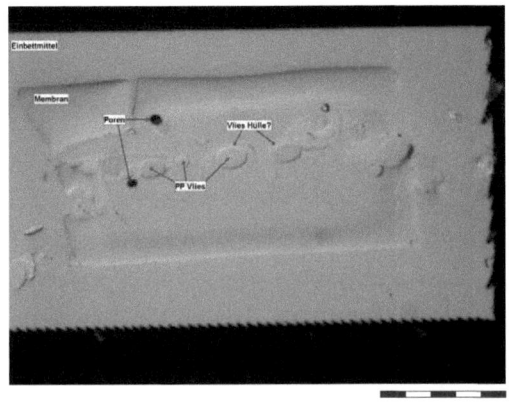

Abb. 4.37: TEM-Aufnahme einer Zwillingscopolymermembran (molares Verhältnis Monomer A:B = 1:2,3, 80 Minuten 200 °C), versetzt mit 1 Gew. % Luvitec VA 64P® nach 12 Stunden in THF.

4.4 Erzeugung von Poren

Die Aufnahme zeigt, dass Poren in der Membran entstanden sind. Diese haben jedoch einen Durchmesser von ~ 5 µm und sind somit wesentlich zu groß. Desweiteren sind nur relativ wenige Poren zu finden. Daher hat die Methode der Porenerzeugung mit Luvitec VA 64P® hier nicht zum gewünschten Ergebnis geführt. Die Möglichkeit andere Wachse wie Polymilchsäure, das Polyvinylpyrrolidon Kollidon K90® oder das Ethylen-Methacrylsäure-Copolymer Luwax® zu verwenden, waren nicht erfolgreich, da in diesen Fällen zu große Mengen Lösungsmittel benötigt wurden, um die Wachse zu lösen und in der Polymerschmelze zu verteilen. Die Porenerzeugung durch Wachse lieferte in dieser Arbeit nicht die gewünschten Ergebnisse. Daher wurden alternative Ansätze dazu verfolgt.

4.4.2 Erzeugung von Poren durch Behandlung mit Basen

Die in Separatoren gewünschte Porengröße entspricht in etwa der Größe der anorganischen Domänen der in dieser Arbeit hergestellten Zwillingscopolymere. Daher besteht ein weiterer Ansatz Poren zu erzeugen darin, Anteile des SiO_2 aus der Membran herauszulösen. Literaturbekannt ist, dass sich frisch gefälltes SiO_2 durch starke Laugen wie NaOH lösen lässt[94]. **Gl. 23** zeigt ein Schema der Reaktion.

$$SiO_2 + NaOH \longrightarrow NaSiO_3 + H_2O \qquad \text{Gl. 23}$$

Die Reaktion verläuft jedoch nur bei frisch hergestelltem SiO_2, da hier noch einige Silanolgruppen vorhanden sind, welche erst durch Alterung chemisch beständige Disiloxangruppen bilden. Diese sind als Angriffspunkte für den Start der Reaktion von zentraler Bedeutung.

Um nun möglichst frisches SiO_2 zu erhalten, wurden die Versuche zur Lösung des SiO_2 zunächst an DL-Milchsäure 98 % initiierten Membranen nach vier Stunden Polymerisation unter Argon durchgeführt. Dafür wurden die Membranen aus dem Ofen direkt in eine NaOH Lösung mit pH = 11 überführt. Die Behandlung erfolgte dabei für unterschiedliche Zeiträume. Im Anschluss an die

4 Experimenteller Teil

Basenbehandlung erfolgte dann das Waschen der Membran mit dest. Wasser. Hierzu wurde die Membran für 20 Minuten in dest. Wasser gelegt, welches im Abstand von fünf Minuten gewechselt wurde. Zur Bestimmung des Masseverlustes wurden die Membranen danach im Vakuum (10^{-3} mbar) bis zur Gewichtskonstanz getrocknet. Da die Membranen als Separatoren in Li-Ionen Batterien eingesetzt werden sollen, wären etwaige Na Rückstände schädlich. Daher wurde die Basenbehandlung nicht nur mit NaOH-Lösung, sondern auch mit LiOH-Lösung (pH = 11) durchgeführt. Hier wären Rückstände in der Membran für die Batterieperformance nicht störend. Ein Teil der Ergebnisse der NaOH- und LiOH-Behandlung wurden gemeinschaftlich im Rahmen von Bachelorarbeiten erarbeitet[89, 93]. In **Abb. 4.38** sind die Gewichtsverluste unterschiedlich lang behandelter Membranen dargestellt.

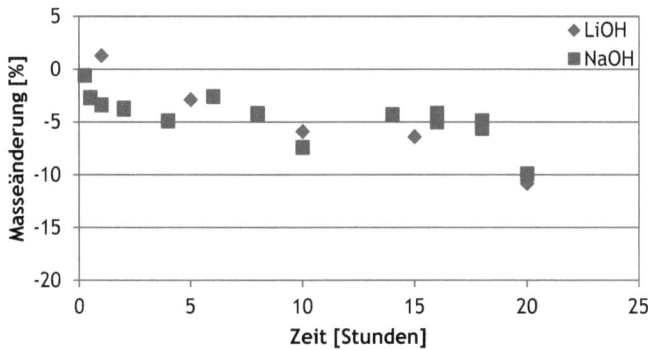

Abb. 4.38: Masseänderung einer Zwillingscopolymermembran (molares Verhältnis Monomer A:B 1:1, DL-Milchsäure 98 % initiiert, vier Stunden bei 85 °C unter Argon polymerisiert) nach NaOH- (■) bzw. LiOH- (◆) Behandlung.

Der Verlauf des Masseverlustes durch NaOH- bzw. LiOH-Behandlung stellt sich sehr ähnlich dar. Auf einen relativ schnellen Anstieg bis zu 4 Gew. % folgt eine Phase der Stagnation. Erst nach ca. 20 Stunden ist wieder ein deutlicher Anstieg des Masseverlustes auf ~ 10 Gew. % zu erkennen. Die Gewichtsverluste wirken zunächst sehr plausibel, da der Gewichtsanteil an SiO_2 in einem Zwillingscopolymer der molaren Zusammensetzung A:B = 1:1 ungefähr 12,4 % beträgt. Um herauszufinden ob sich wirklich

4.4 Erzeugung von Poren

selektiv das SiO_2 gelöst hat, wurde die NaOH- bzw. LiOH-Lösung zunächst eingedampft. Der Rückstand der Lösung wurde mittels ^{1}H-NMR und Elementaranalyse untersucht.

Bereits das ^{1}H-NMR zeigt deutlich, dass sowohl PDMS als auch Phenolharz mit aus der Membran herausgelöst wurden. Die Spektren des Rückstandes der NaOH und der LiOH unterscheiden sich dabei nicht wesentlich und sind in **Kap. 7.4.7** zu finden. Um sicherzustellen, dass nicht etwa in den Laugen gelöster Sauerstoff mit den PDMS oder dem Phenolharz reagiert, wurde eine NaOH Behandlung mit entlüfteter NaOH-Lösung durchgeführt. Hierfür wurde die NaOH-Lösung zunächst einige Male unter Vakuum gesetzt und mit Stickstoff belüftet um wieder auf Normaldruck zu gelangen. Nach Zugabe der Membran wurde erneut Vakuum gezogen. Die Analyse des Rückstandes (**Abb. 7.38**) aus diesem Versuch zeigt jedoch ebenfalls, dass Phenolharz und PDMS gelöst wurden. Auch die Elementaranalyse bestätigt, dass das SiO_2 nicht selektiv gelöst wurde. Einen Überblick über die Ergebnisse der Elementaranalyse gibt **Tabelle 4-21**.

Tabelle 4-21: Ergebnisse der Elementaranalyse der Rückstände ein NaOH bzw. LiOH Behandlung einer Zwillingscopolymermembran (molare Zusammensetzung Monomer A:B 1:1, DL-Milchsäure 98 % initiiert, vier Stunden bei 8 °C unter Argon polymerisiert).

	theoretische Zusammensetzung Polymer (A:B 50:50) [Gew. %]	Ermittelte Zusammensetzung Polymer (A:B 50:50) [Gew. %]	Zusammensetzung Rückstand NaOH-Lösung [Gew. %]	Zusammensetzung Rückstand LiOH-Lösung [Gew. %]
C	61,0	57,9	32,7	20,3
H	5,3	5,6	2,3	1,1
Si	12,4	10,7	2,9	2,6
Na	0	0	12,6	0
Li	0	0	0	37
Si/C	20	18,4	0,1	0,1

Zunächst lässt sich feststellen, dass die theoretische Zusammensetzung des Zwillingscopolymers mit der über die Elementaranalyse ermittelten gut übereinstimmt. Aus der Tabelle ist zu entnehmen, dass sowohl durch NaOH als auch durch LiOH

4 Experimenteller Teil

nicht etwa das SiO_2 bevorzugt aus der Membran gelöst wurde, sondern sich mehr Kohlenstoff als Silizium aus der Membran gelöst hat. Dies lässt sich leicht am Si/C Verhältnis erkennen. Es beträgt im Fall des unbehandelten Zwillingscopolymers 18,4:1. Im Rückstand der NaOH bzw. LiOH sollte dieses Verhältnis wesentlich höher sein, wenn das SiO_2 bevorzugt gelöst worden wäre. Es ist jedoch deutlich zu sehen, dass das Verhältnis mit 0,1:1 eindeutig kleiner geworden ist. Dies ist ein Zeichen dafür, dass sich das SiO_2 sogar noch schlechter aus der Membran gelöst hat als der Phenolharz oder das PDMS.

Eine weitere Möglichkeit der Laugenbehandlung bestand darin, die thermisch initiierte Polymerisation vor Abschluss abzubrechen und im Anschluss an die Behandlung abzuschließen. Hierbei wurde die Polymerisation beispielsweise nach 15 Minuten unterbrochen, die Membran für eine Stunde mit NaOH behandelt, mit dest. Wasser gewaschen und für weitere 65 Minuten bei 200 °C polymerisiert, sodass insgesamt eine Polymerisationszeit von 80 Minuten eingehalten wurde. Auch in diesem Fall konnten unterschiedlich starke Masseverluste festgestellt werden. Um zu überprüfen, ob die Polymerisation nach der NaOH Behandlung fortgesetzt wurde, erfolgte im Anschluss an die zweite Polymerisationszeit ein Beständigkeitstest in DME. Eine Übersicht der erhaltenen Resultate liefert **Tabelle 4-22**.

Tabelle 4-22: Übersicht über den Masseverlust nach NaOH-Behandlung unterschiedlich lang thermisch anpolymerisierter Zwillingscopolymermembranen (molares Monomerverhältnis A:B = 1:1), sowie die Masseänderung der auspolymerisierten Membran in DME.

Polymerisations zeit bei 200 °C vor NaOH Behandlung [min]	Polymerisations zeit bei 200 °C nach NaOH Behandlung [min]	Masseänderung durch NaOH-Behandlung [%]	Masseänderung durch DME-Behandlung [%]
5	75	- 29	3
10	70	- 7	6
15	65	- 5	4
20	60	- 4	3
25	55	- 1	3
30	50	- 1	3

4.4 Erzeugung von Poren

Die Tabelle zeigt, dass nach 60 minütiger NaOH Behandlung einer Membran, welche für 15 Minuten thermisch anpolymerisiert wurde, Masseverluste in der Größenordnung milchsäureinitiierter Membranen bei NaOH Behandlung auftreten. Die Analyse des Rückstandes in der NaOH-Lösung mittels ^{1}H-NMR (**Abb. 7.37**) hat allerdings auch hier gezeigt, das PDMS und Phenolharz aus der Membran gelöst wurden. Die Beständigkeit gegen DME war jedoch nach Abschluss der Polymerisation in allen Fällen gegeben. Es lässt sich also sagen, dass eine Porenerzeugung mittels Laugenbehandlung auf diesem Wege nicht möglich ist.

4.4.3 Erzeugung von Poren durch Behandlung mit Flusssäure

Ein weiterer Ansatz das SiO_2 aus dem Zwillingscopolymer herauszulösen, war die Behandlung mit Säure. Flusssäure (HF) ist dabei die einzige Säure, die SiO_2 aufzulösen vermag. Dabei wird zunächst gasförmiges SiF_4 gebildet[95]. Da die Reaktion jedoch in einem wässrigen Medium stattfindet, reagiert dies direkt zu H_2SiF_6 und SiO_2 weiter[95]. Dabei fällt das neu gebildete SiO_2 als farblose Kristalle aus der Lösung aus. **Gl. 24** und **Gl. 25** geben die Reaktionsgleichung wieder.

SiO_2 + 4 HF ⟶ SiF_4 + 2 H_2O **Gl. 24**

3 SiF_4 + 4 H_2O ⟶ SiO_2 + 2 H_2SiF_6 **Gl. 25**

Da das SiO_2 zum Lösen durch HF vollständig vernetzt sein konnte, war es möglich, dass zunächst alle Polymerisations- und Temperungsschritte abgeschlossen werden konnten, bevor die Behandlung mit HF erfolgte. Daher wurden die Zwillingscopolymere mit der besten Eigenschaftskombination, also der molaren Zusammensetzung Monomer A:B 1:2,3, thermisch initiiert und für 80 Minuten auf einem 17 µm PET Vlies polymerisiert, für diese Untersuchungen herangezogen. Diese wurden im Anschluss an die Polymerisation für unterschiedliche Zeiten in unterschiedlich stark konzentrierte wässrige HF-Lösungen getaucht. Nach der HF-Behandlung wurden sie zunächst mit dest.

4 Experimenteller Teil

Wasser gewaschen und zu Masseverlustbestimmung getrocknet. **Abb. 4.39** zeigt die Ergebnisse dieser Untersuchung.

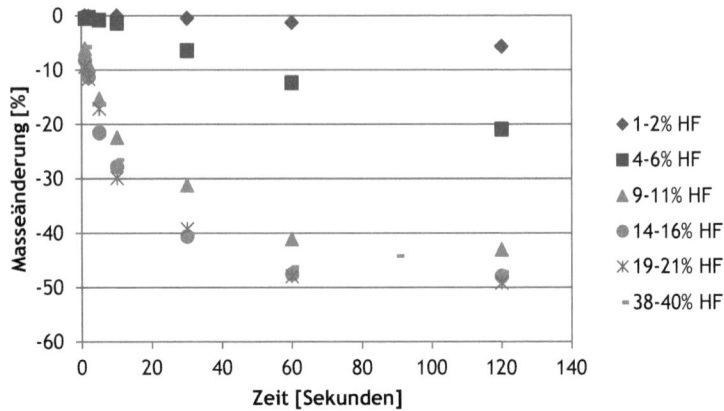

Abb. 4.39: Masseänderung von Zwillingscopolymermembranen (molare Zusammensetzung Monomer A:B 1:2,3, thermisch initiiert, 80 Minuten 200 °C polymerisiert) nach unterschiedlich langer Behandlung mit unterschiedlich konzentrierter HF Lösung.

Das Diagramm zeigt, dass in allen Fällen Masseverluste aufgetreten sind. Ab einer Konzentration von ~ 14 % HF in Lösung verlaufen die Kurven nahezu identisch und erreichen einen maximalen Masseverlust von ~ 48 % nach 60 Sekunden. Im Fall von 9-11 % HF in Lösung ist ein etwas langsamerer Masseverlust zu beobachten, welcher nach 120 Sekunden ca. 43 Gew. % beträgt. Bei 1-2 % bzw. 4-6 % HF in Lösungen ist ein noch langsamerer Verlauf des Masseverlustes zu beobachten. In diesen Fällen ist die Konzentration an HF der für den Masseverlust entscheidende Faktor, während ab 19-21 % HF in Lösung die SiO_2-Bereiche den begrenzenden Faktor für den Masseverlust darstellen. Da der Masseanteil von SiO_2 im Bereich von 12 Gew. % liegt, die Membranen allerdings deutlich höhere Masseverluste aufzeigen, erfolgt auch in diesem Fall kein reines Herauslösen des SiO_2. Da die HF jedoch bevorzugt mit dem SiO_2 reagiert, ist davon auszugehen, dass der Angriff an besonders SiO_2 reichen Stellen beginnt und mit dem Herauslösen dieser auch organische Bereiche mitgerissen werden. Nach einer HF-Behandlung lässt sich zunächst ein starker Anstieg der Flexibilität feststellen. Dies kann ein Zeichen dafür sein, dass hartes und sprödes SiO_2 aus der Membran entfernt

4.4 Erzeugung von Poren

wurde. Um zu überprüfen, ob durch diese Art der Behandlung Poren entstanden sind, wurden Proben, welche für verschiedenen Zeiten mit 38-40 % HF in Lösung behandelt wurden, zu TEM-Aufnahmen in die BASF SE geschickt. Die Ergebnisse sind in den **Abb. 4.40** und **Abb. 4.41** zu erkennen.

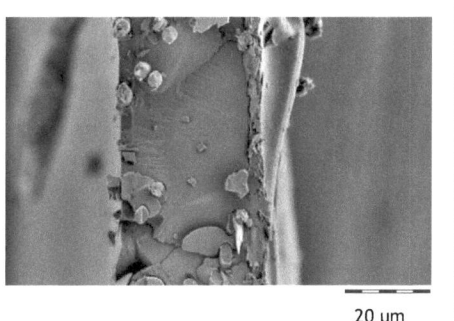

Abb. 4.40: TEM Aufnahmen einer Zwillingscopolymermembran (molare Monomerzusammensetzung A:B = 1:2,3, thermisch initiiert) nach einer Minute in HF 38-40 % in Wasser.

Die TEM-Aufnahmen zeigen, dass nach einer Minute in einer Lösung aus 38-40 % HF eine intakte Membranstruktur vorliegt. Desweiteren lassen sich Poren in der Größenordnung von 25-125 nm nachweisen. Wird die Membran wesentlich länger mit der HF-Lösung behandelt, kommt es zu erheblichen Defekten wie **Abb. 4.41** zeigt.

Abb. 4.41: TEM Aufnahmen einer Zwillingscopolymermembran (molare Monomerzusammensetzung A:B = 1:2,3, thermisch initiiert) nach 30 Minuten in HF 38-40 % in Wasser.

4 Experimenteller Teil

Die Aufnahmen zeigen eine vollkommen zerstörte Membranstruktur. Hier haben die Poren bereits eine Größe von 50 nm bis 1 µm.

Um zu überprüfen, ob sich auch schon kurze Behandlungszeiten erheblich auf die Stabilität des Zwillingscopolymers oder das Stützvlies auswirken, wurden Zug-Dehnungsmessungen durchgeführt. Aus diesen lässt sich erkennen, wie stark ein Material gedehnt werden kann bis es reißt oder wie viel Kraft aufgewendet werden muss, um ein Material zu brechen. Aus diesen Daten lässt sich das Elastizitätsmodul (E-Modul) berechnen. Die Messungen verlaufen so, dass eine Probe in zwei Metallbacken eingespannt wird, welche sich senkrecht auseinander wegbewegen. Dabei wird eine Zugkraft auf die Probe ausgeübt, welche bestimmt werden kann. Wirkt die Kraft nun auf das Material, beginnt dieses sich zu dehnen bis es reißt beziehungsweise bricht. Eine genaue Beschreibung der Methode sowie des Gerätes wurde von D. Katarzynski gegeben[96]. Um festzustellen, wie sich eine HF-Behandlung auf das Vlies auswirkt, wurde dieses einmal ohne und einmal nach 90-sekündiger Behandlung mit 38-40 % HF-Lösung vermessen. Desweiteren wurde ein Zwillingscopolymerisat (molare Monomerzusammensetzung A:B = 1:2,3, thermisch initiiert) auf einem PET Vlies vermessen, welches nicht HF-behandelt war und ein weiteres nach 90-sekündiger Behandlung mit 38-40 % HF-Lösung. Jede Messung wurde hierbei an drei Proben bei Raumtemperatur durchgeführt, aus denen ein Mittelwert gebildet wurde. Die Proben wurden zu länglichen Streifen mit einer Breite von ~ 20 mm und einer Länge von ~ 30 mm zugeschnitten. Die PET Vliese hatten jeweils eine Stärke von 17 µm, die Vliese mit Zwillingscopolymer hatten Schichtdicken von 80 µm. Durchgeführt wurden die Messungen an einer Zwick Roell Zwicki 2.5N. Die Ergebnisse sind **Abb. 4.42** zu entnehmen.

4.4 Erzeugung von Poren

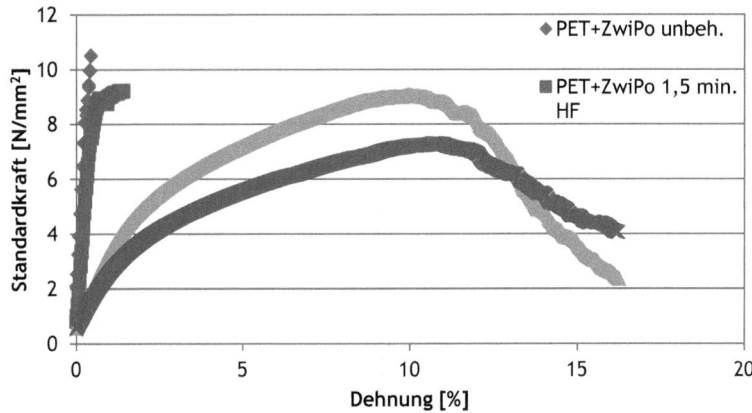

Abb. 4.42: Ergebnisse der Zug-Dehnungsmessungen eines für 90 Sekunden mit HF (38-40 %) behandelten/unbehandelten 17 μm PET Vlieses sowie eines für 90 Sekunden mit HF (38-40 %) behandelten/unbehandelten Zwillingscopolymers (molare Monomerzusammensetzung A:B 1:2,3, thermisch initiiert, 80 Minuten bei 200 °C polymerisiert).

Die Messungen zeigen, dass die maximale Kraft bis zum Bruch des Materials nach HF-Behandlung sowohl für das reine Vlies als auch für das mit Zwillingscopolymer beschichtete Vlies leicht gesunken ist. Desweiteren zeigt sich, dass eine Dehnung im Fall des unbeschichteten Vlieses bis zu 16 % möglich ist, im Fall eines beschichteten Vlieses gerade einmal 1-2 % Dehnung erfolgt.

Prinzipiell lässt sich jedoch sagen, dass nach 1,5 Minuten HF-Behandlung der Konzentration 38-40 % kein großer Verlust an mechanischer Stabilität festzustellen ist. Dies zeigt sich auch, wenn die verschiedenen Kraftmaxima oder das E-Modul genauer betrachtet werden. **Tabelle 4-23** gibt einen Überblick.

Tabelle 4-23: Übersicht der verschiedenen Kraftmaxima bzw. des E-Modul vor und nach Behandlung mit 38-40 %iger HF-Lösung für 90 Sekunden.

	ZwiPo + PET unbehandelt	ZwiPo + PET 1,5 min HF	PET unbehandelt	PET 1,5 min HF
Kraftmaximum [N/mm^2]	10,65 ± 4 %	8,98 ± 6 %	9,25 ± 9 %	7,64 ± 8 %
Dehnung bis Kraftmaximum [%]	0,4 ± 18 %	0,95 ± 38 %	8,98 ± 7 %	10,77 ± 6 %
Bruchkraft [N/mm^2]	10,65 ± 4 %	8,67 ± 3 %	1,83 ± 8 %	2,18 ± 50 %
Dehnung bis Bruch [%]	0,4 ± 18 %	1,44 ± 41 %	16,2 ± 6 %	19,42 ± 12 %
E-Modul [N/mm^2]	23,24 ± 4 %	16,56 ± 14 %	2,93 ± 5 %	2,28 ± 12 %

4 Experimenteller Teil

Die Betrachtung des Kraftmaximums zeigt, dass die Beschichtung des Vlieses mit dem Zwillingscopolymer das Kraftmaximum, welches im Laufe der Messungen erreicht wird, um ~ 1 N/mm² ansteigen lässt. Durch die Behandlung mit HF fällt dieses jedoch um jeweils ungefähr ~ 2 N/mm². Die Dehnung, welche bis zum Kraftmaximum erfolgt, wird durch die Beschichtung mit Zwillingscopolymer deutlich reduziert. Im Vergleich zu 9-10 % im Falle des reinen Vlieses wird das beschichtete Vlies noch nicht einmal 1 % bis zum Kraftmaximum gedehnt. Auch bei der Bruchkraft und der Dehnung bis zum Bruch spieglelt sich dieses Verhalten wieder. Die Bruchkraft ist bei beschichtetem Vlies deutlich höher als bei einem unbeschichteten. Gegenläufig verhält es sich mit der Dehnung bis zum Bruch. Ein leichter Unterschied zeigt sich hier auch zwischen HF-behandeltem und unbehandeltem Zwillingscopolymer. Durch die HF-Behandlung sinkt die Bruchkraft leicht, die Dehnung steigt jedoch. Dies kann dadurch erklärt werden, dass durch das bevorzugte Lösen des SiO_2 harte, nicht dehnbare Bestandteile der Membran gelöst wurden. Auch das E-Modul zeigt diesen Trend. Es liegt nach HF-Behandlung noch bei 74 % des unbehandelten Wertes. Dies zeigt, dass die mechanische Stabilität abgenommen hat.

4.5 Gurley Zahl

Wie in **Kap. 3.3** bereits ausführlich beschrieben wurde, lassen sich mit Hilfe von Gurley Zahlen Rückschlüsse auf die Porosität unterschiedlicher Membranen ziehen. In dieser Arbeit wurde zunächst eine Apparatur zur Bestimmung von Gurley Zahlen aufgebaut und auf Funktionsfähigkeit getestet. Nach erfolgreicher Installation der Apparatur wurden die Gurley Zahlen verschiedener Membranen basierend auf Zwillingscopolymeren bestimmt.

4.5.1 Aufbau der Apparatur

Der Aufbau der Apparatur erfolgte entsprechend ASTM-D726. Sämtliche feinmechanische Arbeiten sowie alle Glasbläserarbeiten

4.5 Gurley Zahl

wurden nach eigens ausgearbeiteten Plänen in den jeweiligen Zentralwerkstätten der mathematisch-naturwissenschaftlichen Fakultät der Heinrich-Heine Universität Düsseldorf ausgeführt. Die vollständige Apparatur ist in **Abb. 4.43** gezeigt.

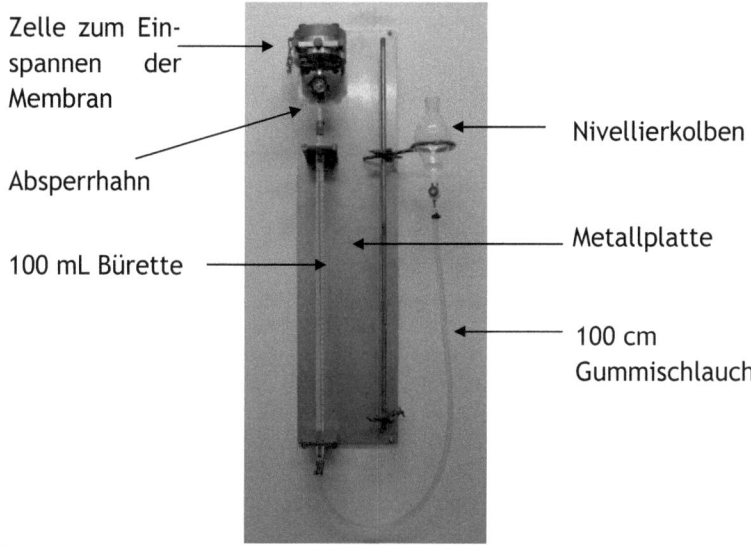

Abb. 4.43: Abbildung der in dieser Arbeit aufgebauten Gurley Apparatur zur Bestimmung von Porositäten.

Die Zelle der Apparatur hat einen Innendurchmesser von 7,6 cm. Damit durch die Schnittstelle zwischen Seitenwand und Membran keine Luft strömen kann, wurde diese mit einem 0,3 cm starken Gummiring abgedichtet. Damit beträgt die maximal messbare Membranfläche 38,5 cm^2, wodurch die Mindestanforderungen von 25,8 cm^2 leicht erfüllt werden kann. Um einen festen ebenen Untergrund für die Membran zu bieten und um Beschädigungen an dieser zu vermeiden, wurde in die Zelle zunächst eine hochporöse metallische Sinterplatte eingelegt. Diese bietet der Membran einen ebenen Untergrund. Um den direkten Kontakt mit dem Metall zu vermeiden, wurden die Membran und die Sinterplatte durch ein Filterpapier getrennt. Nach Füllen des Nivellierkolbens mit Wasser und Ausrichtung der oberen und unteren Halterung, siehe **Kap. 3.3**, wurde zunächst eine Dichtigkeitsprüfung der Apparatur durchgeführt. Bei dieser wurde anstatt einer Membran eine Aluminiumfolie in die Apparatur eingelegt. Der Wasserstand darf

4 Experimenteller Teil

nach Öffnen des Hahnes laut ASTM-D726 innerhalb von drei Minuten nicht mehr als einen mL absinken. Beim Test dieser Apparatur war der Wasserstand nach Öffnen des Hahnes nicht erkennbar gesunken. Dies zeigt, dass auch die Anforderung an die Dichtigkeit der Apparatur erfüllt wurde.

Um die korrekte Funktion der Gurley Apparatur zu prüfen, wurde eine Membran mit bekannter Gurley Zahl geprüft. Als Testmembran wurde der kommerziell erhältliche Celgard® 2400 Separator eingesetzt. Dieser zeigt laut Literatur eine Gurley Zahl von 24 s. Von diesem Separator wurden nun für drei verschiedene Proben jeweils zehnmal die Gurley Zahl bestimmt. Dabei wurden die Messungen wie in **Kap. 3.3** beschrieben durchgeführt. Durch Ablesen des Wasserstandes kann nach der Messung das Volumen an Luft, welches in 15 Sekunden durch die Membran geflossen ist, bestimmt werden. Da die Gurley Zahl beschreibt, wie lange 10 mL Luft benötigen um durch ein inch^2 der Membran zu permeieren, muss zunächst die Fläche der Membran in inch^2 umgerechnet werden. Anschließend wird mit Hilfe von **Gl. 26** die Gurley Zahl berechnet.

$$G = \left(\frac{t \cdot 10\,cm^2}{V}\right) \cdot A \qquad \textbf{Gl. 26}$$

Dabei ist t die Zeit der Messung in Sekunden, V das Volumen an Luft in mL, welches in der Messung durch die Membran permeiert ist und A die Fläche der Membran in inch^2.

Für die Celgard® 2400 Membran wurde dabei eine Gurley Zahl von 18,5 s ermittelt. Dabei zeigten die einzelnen Messungen einer Membran Abweichungen von 3 %, die der drei unterschiedlichen Membranproben Abweichungen < 1 %. Die gemessene Gurley Zahl von 18,5 s liegt unterhalb des Literaturwertes und zeigt damit eine höhere Porosität der Membran. Es ist jedoch zu beachten, dass die Membranen in der Literatur in einem Klimaschrank vorbehandelt wurden und in diesem leicht quellen, wodurch sich die Poren verkleinern. Da die Membran in dieser Arbeit in einem ungequollenen Zustand vermessen wurde, ist zu erklären warum die Gurley Zahl etwas niedriger ist. Um zu zeigen, dass die Gurley Zahl durch Quellung ansteigt, wurde der Celgard® 2400 Separator

4.5 Gurley Zahl

für 24 Stunden und drei Tage in einer DOL:DME 1:1 Vol. % gequollen und anschließend in der Apparatur vermessen. Die Ergebnisse sind in **Abb. 4.26** dargestellt.

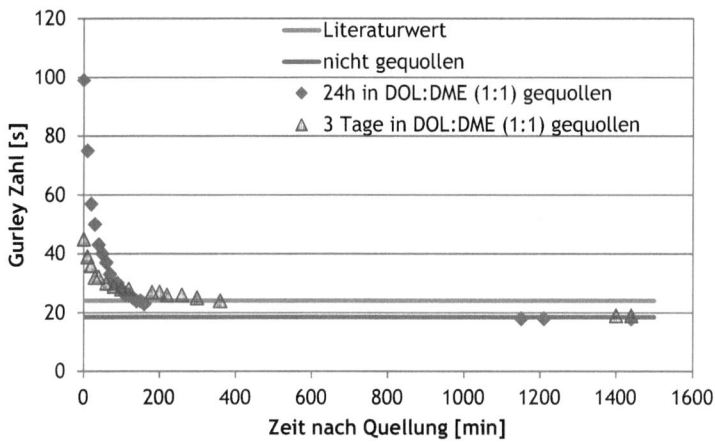

Abb. 4.44: Gurley Zahlen für einen mit DOL:DME gequollenen Celgard 2400 Separator.

Das Diagramm zeigt deutlich, dass es durch Quellung zu mehr als einer Verfünffachung der Gurley Zahlen kommen kann. Dies kann dadurch erklärt werden, dass durch das Quellen die einzelnen Kettenabstände im Polymer größer werden. Dies kann jedoch zu einer Verkleinerung bzw. zum Verschluss der Poren führen. Dass der Anstieg der Gurley Zahl nach 24 Stunden Quellung in DOL:DME deutlich stärker ausgefallen ist als nach drei Tagen der Quellung, lässt sich dadurch Begründen, dass die Polymerketten mehr Zeit hatten eine thermodynamisch günstige Position einzunehmen. Dies kann bedeuten, dass der Platzbedarf der Polymerketten zunächst gestiegen ist, später jedoch durch Verknäulung oder Neuausrichtung wieder sinkt und so einige Poren wieder wachsen oder nicht mehr verschlossen sind. Eine andere Erklärung für den Anstieg der Gurley Zahl könnte darin liegen, dass das Lösungsmittel in den Poren sitzt, und diese dadurch verschlossen werden. Wie stark der Anstieg letztlich Ausfällt hängt davon ab, wie viele Poren verschlossen sind. Das Diagramm zeigt weiter, dass mit Verdampfen des Lösungsmittels die ursprüngliche Porosität wieder erreicht wird.

4 Experimenteller Teil

Die Messungen haben gezeigt, dass der Aufbau der Apparatur erfolgreich war und Werte in ausreichender Genauigkeit erhalten werden, um Aussagen über die Porosität einer Membran treffen zu können.

4.5.2 Bestimmung der Gurley Zahl von unterschiedlich behandelten Zwillingscopolymeren

Um nun eine weitere Quantifizierung der Poren in Zwillingscopolymermembranen treffen zu können, wurden verschiedene Membranen in der Gurley Apparatur untersucht. Hierbei war zunächst festzustellen, das Membranen der molaren Zusammensetzung Monomer A:B = 1:1 nicht stabil bzw. flexibel genug waren um in der Apparatur vermessen zu werden. Diese Membranen rissen während des Einspannens in die Messzelle. Daher beschränken sich die nachfolgenden Messungen auf Zwillingscopolymermembranen der molaren Zusammensetzung Monomer A:B = 1:2,3, welche thermisch initiiert und für 80 Minuten bei 200 °C polymerisiert wurden. Dabei wurden sowohl Membranen, welche nicht mit HF als auch HF behandelte Membranen untersucht. Mit Hilfe der resultierenden Gurley Zahlen war es möglich, weitere Aussagen über die Wirkung der HF-Behandlung zu treffen. Am nachfolgenden Beispiel einer Zwillingscopolymermembran, welche für 1,5 Minuten mit 38-40 % HF-Lösung behandelt wurde, soll die Methode der Messungen verdeutlicht werden.

Die Gurley Zahl wurde in dieser Arbeit als Mittelwert aus drei Proben, welche je zehnmal vermessen wurden, bestimmt. **Tabelle 4-24** zeigt die gefundenen Messwerte sowie die daraus gebildeten Gurley Zahlen.

4.5 Gurley Zahl

Tabelle 4-24: Ergebnisse der Gurley Messung einer Zwillingscopolymermembran (molares Monomerverhältnis A:B 1:2,3, thermisch initiiert, 80 Minuten bei 200 °C polymerisiert), welche 1,5 Minuten mit 38-40 %iger HF-Lösung behandelt wurde.

	Probe 1			Probe 2			Probe 3	
Messung	Volumen Luft [cm^3]	Gurley Zahl [s]	Messung	Volumen Luft [cm^3]	Gurley Zahl [s]	Messung	Volumen Luft [cm^3]	Gurley Zahl [s]
1	36,0	24,8	1	30,1	29,7	1	32,0	27,9
2	36,5	24,5	2	29,8	30,0	2	31,9	28,0
3	36,3	24,6	3	30,3	29,5	3	32,6	27,4
4	36,9	24,2	4	30,4	29,4	4	32,4	27,6
5	36,4	24,5	5	29,7	30,1	5	31,7	28,2
6	37,2	24,0	6	29,6	30,2	6	31,9	28,0
7	36,8	24,3	7	30,1	29,7	7	32,4	27,6
8	37,1	24,1	8	30	29,8	8	32,6	27,4
9	36,5	24,5	9	29,8	30,0	9	32,6	27,4
10	36,4	24,5	10	29,6	30,2	10	31,9	28,0
∅	36,6	24,4	∅	29,9	29,9	∅	32,2	27,8

In der Tabelle ist deutlich zu erkennen, dass die Schwankungen innerhalb einer Messreihe deutlich geringer sind als zwischen den einzelnen Proben. So zeigen die einzelnen Messreihen Standardabweichungen von ~ 1 %, wohingegen die drei Proben untereinander eine Standardabweichung von 10 % aufweisen. Dies zeigt, dass die Messungen relativ genau sind, es bei der Behandlung mit HF-Lösung jedoch zu Unterschieden zwischen den Membranen kommt. Diese können beispielsweise durch unvollständige Benetzung der Oberfläche der Membran in der Lösung entstehen, wodurch diese Stellen nicht von der HF angegriffen werden. Als Gurley Zahl für dieses Material wird nun der Mittelwert der drei Proben angenommen. Für dieses Material beträgt die Gurley Zahl daher 27 s mit einer Standardabweichung von 10 %. Ein Vergleich mit der Gurley Zahl des kommerziell erhältlichen Separators von 24 s zeigt, dass hier von einer vergleichbaren Porosität gesprochen werden kann. In **Tabelle 4-25** sind weitere Gurley Zahlen verschieden behandelter Zwillingscopolymere aufgeführt.

4 Experimenteller Teil

Tabelle 4-25: Gurley Zahlen unterschiedlich behandelter Zwillingscopolymermembranen (molar Monomerzusammensetzung A:B 1:2,3, thermisch initiiert, 80 Minuten bei 200 °C polymerisiert) mit Angabe der Standardabweichungen der einzelnen Messreihen sowie unter den einzelnen Proben, welche zur Bildung der Gurley Zahl einer Behandlungsart untersucht wurden.

Behandlung Zwillingscopolymer	Gurley Zahl [s]	Standard- abweichung Messreihe [%]	Standarda- bweichung Probe [%]
1,5 min 9-11 % HF	65	~1	0,2
1,5 min 19-21 % HF	26	~2	7,8
1 min 38-40 % HF	99	~2	7,8
1,5 min 38-40 % HF	27	~1	10,3

Auch in dieser Tabelle ist zu erkennen, dass die Standardabweichung innerhalb der einzelnen Messreihen mit 1-2 % sehr gering ausfällt. Deutliche Unterschiede werden hingegen bei der Standardabweichung der drei Proben jeder Behandlungsart beobachtet. Hier betragen die Standardabweichungen 0,2 bis 10,3 %. Auffällig ist hierbei, dass die geringste Standardabweichung auch bei der geringsten HF Konzentration gefunden wurde. Dies kann dadurch erklärt werden, dass hier das Herauslösen von SiO_2 und anderen Bestandteilen langsamer vollzogen wird als bei hochkonzentrierten HF-Lösungen und somit gleichmäßiger abläuft. Dies erklärt auch, warum die größte Standardabweichung im Fall der am höchsten konzentrierten HF-Lösung und am längsten behandelten Membranen gefunden wurde.

Die Gurley Zahlen zeigen deutlich, dass sowohl die Konzentration, als auch die Dauer der Behandlung erheblichen Einfluss auf die Porosität der Membran haben. So zeigen Membranen, welche für 1,5 Minuten mit 38-40 % oder 19-21 % HF in Lösung behandelt wurden, die niedrigsten Gurley Zahlen und damit die höchste Porosität. Diese liegt im Bereich von kommerziellen Separatoren. Eine Verkürzung der Behandlung mit 38-40 % HF in Lösung um 1/3 der Zeit führt zu einem erheblichen Anstieg der Gurley Zahl auf 99 s. Dies zeigt, dass die Porenbildung nach einer Minute noch nicht ausreichend fortgeschritten ist. Eine Verlängerung der Zeit auf zwei Minuten lässt die Porosität so stark steigen, dass eine Gurley Zahl nicht mehr gemessen werden kann. Bei einer Behandlung der Membranen mit 9-11 % HF in Lösung, also mit deutlich geringerer Konzentration, bei denen auch schon der Masseverlust nicht so ausgeprägt war, ist auch die Porosität nicht so ausgeprägt. Hier wird nach einer Behandlung für 1,5 Minuten eine Gurley Zahl von 65 s gemessen. Diese ist mehr als doppelt so groß wie im Falle konzentrierter HF-Lösungen. Prinzipiell lässt sich jedoch feststellen, dass durch Behandlung mit HF-Lösungen Gurley Zahlen erzielt werden können, welche mit kommerziellen Separatoren vergleichbar sind.

4.6 Leitfähigkeitsmessungen

Die Leitfähigkeit eines Separators stellt eine Grundvoraussetzung für den Einsatz in Batterien dar. Um die Leitfähigkeiten der in dieser Arbeit verwendeten Zwillingscopolymere vermessen zu können, musste zunächst eine Messzelle zur Untersuchung entwickelt und konstruiert werden. Nach erfolgreicher Entwicklung und Testung konnten mit dieser Zelle Leitfähigkeiten bestimmt werden und damit schnell und zeitnah Verbesserungen oder Verschlechterungen bei verschiedenen Behandlungsmethoden analysiert werden. Nachfolgend werden nun zunächst die Entwicklung und anschließend die Messungen sowie die Resultate beschrieben und erläutert. In dieser Arbeit wurde als Elektrolytlösung in allen Fällen eine einmolare Mischung aus LiTFSi in DOL:DME 50:50 Vol. % verwendet.

4.6.1 Entwicklung und Aufbau der Leitfähigkeitsmesszelle

Die Leitfähigkeit kann allgemein nicht direkt gemessen werden, sondern ergibt sich wie in **Kap. 3.4** aus dem Kehrwert des Widerstandes. Daher muss es die Leitfähigkeitsmesszelle ermöglichen, den Widerstand gegen den Fluss von Li-Ionen von einer Elektrode zur anderen zu ermitteln. Die Analyse des Widerstandes erfolgt hierbei mit einem Impedanzanalysator, welcher auch die Anregung in das System einbringt. Zu entwickeln galt es nun eine Zelle, in der die Li-Ionen, welche über den Elektrolyt in das System gebracht werden, durch die Membran von

4 Experimenteller Teil

Anode zur Kathode wandern müssen. Dieses Prinzip wird in **Abb. 4.45** verdeutlicht.

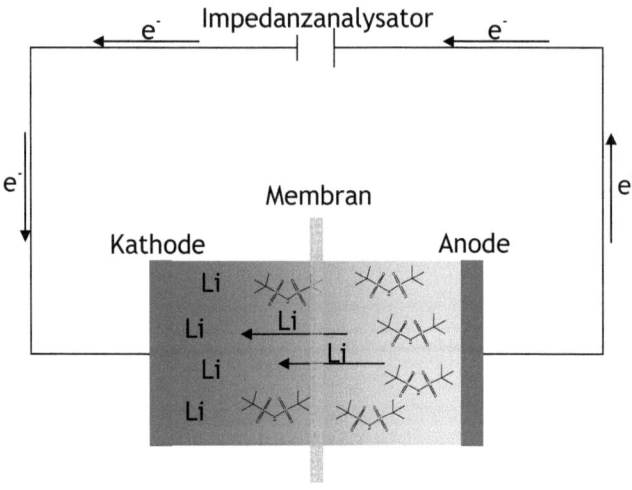

Abb. 4.45: Schematische Darstellung des Prinzips der Ionen-Leitfähigkeitsmessungen.

Beim Aufbau der Leitfähigkeitsmesszelle sind grundsätzlich zwei wichtige Punkte zu beachten. Zum einen ist es wichtig, dass der Elektrolyt nicht um die Membran herumläuft und so den Li-Ionen ermöglicht an der Membran vorbei zu wandern. Zum anderen sollte der Abstand der Elektroden zueinander so gering wie möglich sein, da die Weglänge, welche die Ionen wandern den Widerstand stark mitbestimmt.

Die erste Version einer Leitfähigkeitsmesszelle bestand nun darin, dass zwei Edelstahlbolzen, welche als Elektroden fungierten, aufeinander gepresst wurden. Zwischen die Elektroden konnte die Membran, welche vermessen werden sollte, einpresst werden. Dadurch war der Weg, den die Ionen zu wandern hatten so kurz wie möglich gehalten. Der Elektrolyt konnte über Bohrungen in den Elektroden, in die ein Einfüllrohr eingesetzt wurde, in die Zelle eingebracht werden. In **Abb. 4.46** ist die Zelle dargestellt.

4.6 Leitfähigkeitsmessungen

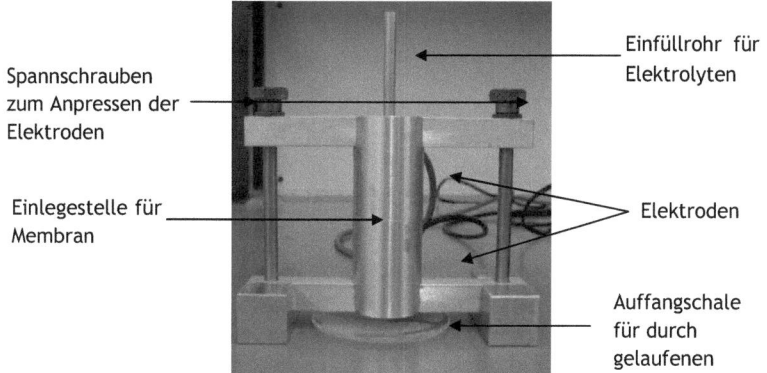

Abb. 4.46: Erster Aufbau einer Li-Ionen Leitfähigkeitsmesszelle.

Um die Funktionsfähigkeit der Messzelle zu testen, wurde zunächst ein kommerzieller Separator vermessen. Die Wahl fiel hierbei auf den Celgard® 2400, der laut Hersteller einen Widerstand von 2 Ω/cm^2 aufweisen soll. Das Ergebnis dieser Messung ist in **Abb. 4.47** als Bode-Diagramm dargestellt.

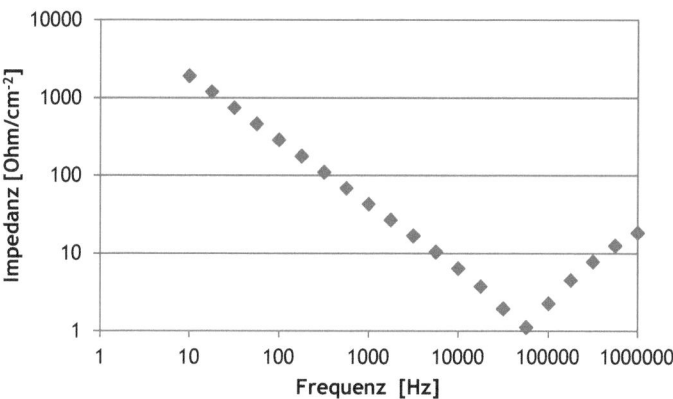

Abb. 4.47: Ergebnis der Leitfähigkeitsmessung eines Celgard® 2400 Separators mit der ersten in dieser Arbeit entwickelten Messzelle.

Im Bode-Diagramm ist deutlich zu sehen, dass der Widerstand der Membran nicht gemessen wurde. Wie in **Kap. 3.4** ausführlich erklärt wurde, ist der Widerstand des Separators frequenzunabhängig (Stoke'sche Gleichungen, **Gl. 11**, **Gl. 14**) und müsste als Plateau im Diagramm zu finden sein. Es sind jedoch nur frequenzabhängige Widerstände zu erkennen. Bis zu einer

4 Experimenteller Teil

Frequenz von ~ 55.000 Hz wird der aufgetragene Gesamtwiderstand vom kapazitativen Widerstand der Elektroden bestimmt. Ab ~55.000 Hz bestimmt der induktive Widerstand der Kabel und Messgeräte den Gesamtwiderstand. Um den Widerstand des Separators zu messen, muss also der kapazitative Widerstand der Elektroden oder der induktive Widerstand der Kabel und Messgeräte gesenkt werden. Da der kapazitative Widerstand den Gesamtwiderstand über einen weiten Frequenzbereich bestimmt, wurde zunächst versucht diesen zu senken.

Eine Senkung des Elektrodenwiderstandes kann dadurch herbeigeführt werden, dass die Oberfläche der Elektroden erheblich vergrößert wird. Eine Methode, dieses bei der bestehenden Apparatur durchzuführen wäre eine Beschichtung der Elektroden mit Platinschwarz. Dieses ist allerdings ein sehr teures und aufwändiges Verfahren. Eine andere Methode der Oberflächenvergrößerung besteht darin, anstelle von Edelstahlbolzen Edelstahlnetze zu verwenden. Um Edelstahlnetze jedoch als Elektrodenmaterial verwenden zu können, war es notwendig eine neue Zellgeometrie zu entwickeln. Diese sowie verschiedene Netze, welche als Elektroden eingesetzt wurden, sind in
Abb. 4.48 zu sehen.

Cu-Netz Edelstahl-Netz Edelstahl-Netz
Mw/Dd   Mw/Dd   Mw/Dd
0,63/0,2 0,63/0,16   0,25/0,16

Abb. 4.48: Aufbau einer Leitfähigkeitsmesszelle für Elektroden aus Drahtgeflecht. Mw = Maschenweite [mm], Dd = Drahtdicke [mm].

Bei diesem Aufbau werden die Edelstahlnetze aufgerollt und in die Glasapparatur eingeschoben. Anschließend wird die Apparatur mit dem Elektrolyten gefüllt. Die zu untersuchende Membran wird

4.6 Leitfähigkeitsmessungen

zwischen Dichtungsring und Glasflansch eingeklemmt. Die Verbindungskabel zwischen Elektroden und Impedanzanalysator werden über Krokodilklemmen an den Elektroden befestigt. Als Elektrodenmaterial wurde sowohl Kupfer als auch Edelstahl mit verschiedenen Maschenweiten und Drahtdicken untersucht. Dabei realisieren unterschiedliche Maschenweite und Drahtdicke unterschiedliche Oberflächen. Das Ergebnis einer Leitfähigkeitsmessung mit Elektroden aus einem Edelstahlnetz (Mw = 0,25 mm / Dd = 0,16 mm) am Celgard® 2400 Separator zeigt das Bode-Diagramm in **Abb. 4.49**.

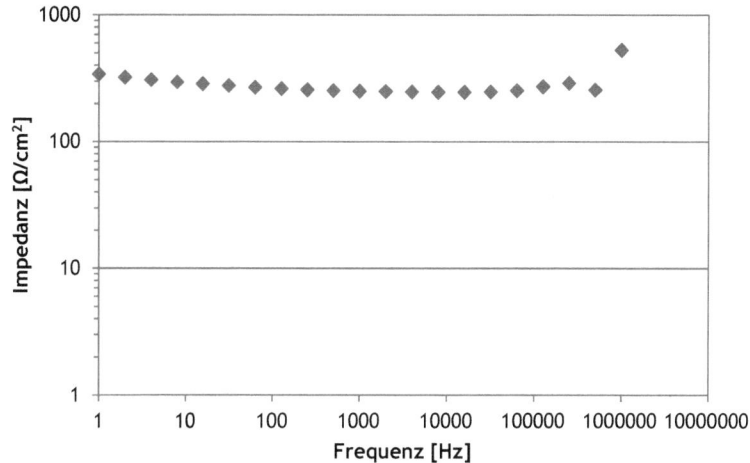

Abb. 4.49: Ergebnis der Leitfähigkeitsmessung eines Celgard® 2400 Separators mit einer zweiten entwickelten Leitfähigkeitsmesszelle mit Elektroden aus Edelstahlnetzen (Mw = 0, 25 mm / Dd = 0,16 mm).

Das Bode-Diagramm zeigt für die neu entwickelte Zelle mit Elektroden aus Edelstahlnetzen einen Verlauf, welcher einen frequenzunabhängigen Widerstand im Bereich von ~ 4000 bis 30.000 Hz angibt. Im Bereich von kleineren Frequenzen dominiert erneut der kapazitive Widerstand, bei größeren Frequenzen der induktive Widerstand. Der Bereich des frequenzunabhängigen Widerstandes zeigt eine Impedanz von ~ 248 Ω/cm^2. Dieser Wert liegt weit über ~ 2 Ω/cm^2, dem vom Hersteller angegebenen Wert. Für die anderen Elektrodenmaterialien sieht der Verlauf ähnlich aus. Dies zeigt, dass bereits durch das grobmaschige Netz eine ausreichend hohe Fläche erzeugt wurde. Es lässt sich also sagen,

4 Experimenteller Teil

dass durch die Flächenvergrößerung der Elektroden ein freuquenzunabhängiger Widerstand gemessen wurde, dieser jedoch noch wesentlich zu hoch ist. Die Höhe des Widerstandes kann dadurch erklärt werden, dass der Abstand der Elektroden mit ~ 2,5 cm sehr groß ist. Durch diesen großen Abstand wird im frequenzunabhängigen Bereich der Widerstand nicht vom Separator, sondern vom Elektrolyten dominiert. Hierzu kommt es, da die Leitfähigkeit des Elektrolyten mit ~ 9 · 10^{-3} S/cm nicht sehr weit über der des Separators von ~ 1,2 · 10^{-3} S/cm liegt. Eine Möglichkeit den Widerstand zu senken besteht also darin, den Elektrodenabstand erheblich zu verringern. Dies wurde realisiert, indem die Elektroden nicht senkrecht in die Glasreservoirs eingeführt wurden, sondern abgeknickt und die Richtung zur Membran verlegt wurden. Das Messresultat mit dieser Variante der Zelle zeigt das Bode-Diagramm in **Abb. 4.50**.

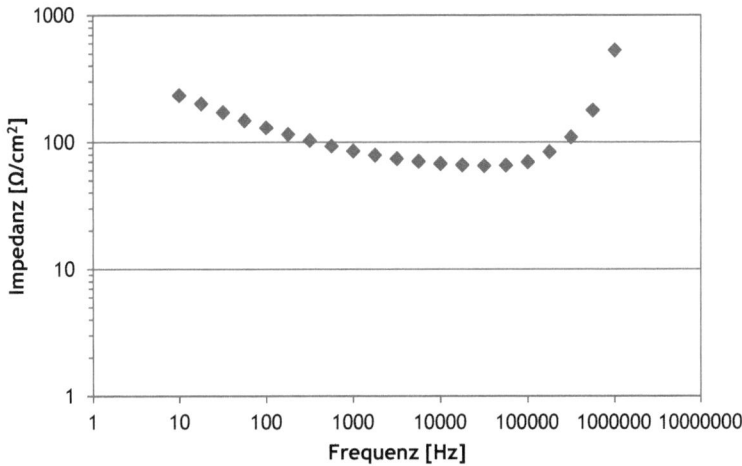

Abb. 4.50: Ergebnis der Leitfähigkeitsmessung eines Celgard® 2400 Separators mit einer zweiten entwickelten Leitfähigkeitsmesszelle mit Elektroden aus Edelstahlnetzen, welche in Richtung Membran gekrümmt wurden (Mw = 0, 25 mm / Dd = 0,16 mm).

Auch in diesem Bode-Diagramm ist der typische Verlauf kapazitativer Widerstand - Membranwiderstand - induktiver Widerstand zu erkennen. Das Plateau und damit die Impedanz liegen bei dieser Messung im Bereich von 66 Ω/cm^2 und damit 182 Ω/cm^2 niedriger als bei der Messung zuvor. Dies zeigt, dass eine Verringerung des Abstandes zwischen den Elektroden den

4.6 Leitfähigkeitsmessungen

Widerstand erheblich absenkt. Der Abstand ist jedoch immer noch zu groß und muss daher weiter verringert werden. Um zu zeigen, dass der Widerstand vom Elektrolyten dominiert ist, wurde eine Messung ohne Membran ausgeführt. Für diese wurde ein Widerstand von 61 Ω/cm^2 gemessen. Dieser Wert ist vergleichbar mit dem Widerstand, welche bei der Messung mit Membran gemessen wurde. Zu einem leicht geringeren Widerstand kann es dadurch gekommen sein, da die Elektroden beim Ausbauen der Membran noch etwas dichter zusammengeschoben wurden. Die Messung zeigt jedoch, dass der Elektrolyt den Widerstand dominiert. Um nun den geringstmöglichen Abstand der Elektroden zueinander zu erhalten, wurde eine weitere leichte Zellvariation unternommen. In dieser wird der Gummidichtungsring zwischen den Glasflanschen entfernt. Damit wird der Separator direkt zwischen die Glasflansche eingeklemmt. Durch starkes Zusammenpressen wird die Dichtigkeit der Zelle erreicht. Vor jede Elektrode wird ein kreisrundes Drahtgeflecht aus dem gleichen Material wie die Elektrode gelegt. Dieses wird nun von den Elektroden auf den Separator gedrückt. Durch diese Variation ist der geringstmögliche Abstand der Elektroden zueinander gewährleistet. Die modifizierte Zelle ist in **Abb. 4.51** dargestellt.

4 Experimenteller Teil

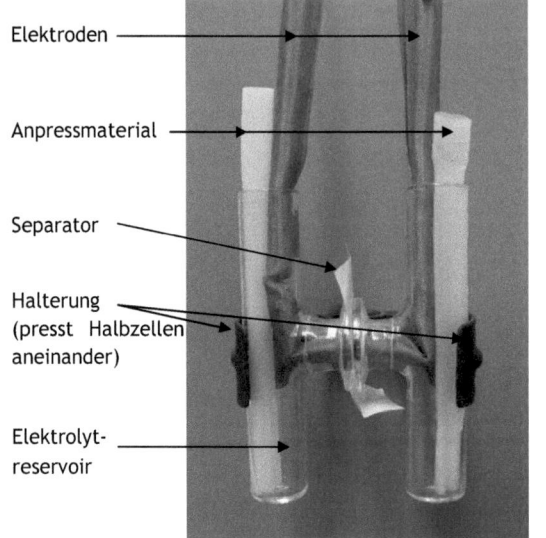

Elektroden

Anpressmaterial

Elektrodenkopf

Separator

Halterung (presst Halbzellen aneinander)

Elektrolytreservoir

Abb. 4.51: Li-Ionen Leitfähigkeitsmesszelle aus Glas mit Edelstahlnetzelektroden, welche auf den Separator gepresst werden.

Auch bei dieser Zelle wurden die Verbindungskabel zum Impedanzanalysator mit Krokodilklemmen an den Elektroden befestigt.

Das Ergebnis der Leitfähigkeitsbestimmung für diese Zelle gibt das Bode-Diagramm in **Abb. 4.52** wieder.

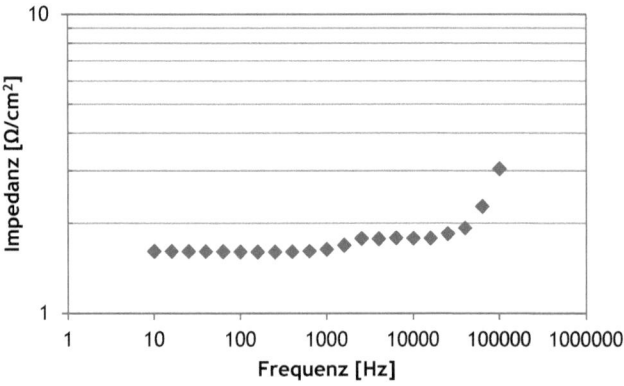

Abb. 4.52: Bode-Diagramm der Leitfähigkeitsmessung des Celgard® 2400 Separators mit einer weiter entwickelten Leitfähigkeitsmesszelle aus Glas mit Elektroden aus Edelstahlnetzen, welche auf die Membran aufgepresst werden (Mw = 0, 25 mm / Dd = 0,16 mm).

Das Diagramm zeigt, dass ein ausgeprägtes Plateau zu erkennen ist. Der kapazitative Widerstand wurde so weit abgesenkt, dass er im gemessenen Frequenzbereich nicht mehr auftritt. Der induktive Widerstand ist bei hohen Frequenzen deutlich zu erkennen. Für den Widerstand des Celgard® 2400 Separators wurde mit dieser Zelle ein Wert von ~ 1,6 Ω/cm^2 gemessen. Dies entspricht einer Leitfähigkeit von $1,6 \cdot 10^{-3}$ S/cm. Die gemessene Impedanz stimmt mit dem vom Hersteller angegebenen Wert von ~ 2 Ω/cm^2, was einer Leitfähigkeit von $1,3 \cdot 10^{-3}$ S/cm entspricht, im Rahmen der Messgenauigkeit überein. Dies zeigt, dass im Rahmen dieser Arbeit eine funktionsfähige Messzelle zur Bestimmung der Leitfähigkeit eines Separators entwickelt wurde.

4.6.2 Bestimmung der Leitfähigkeit von unterschiedlich behandelten Zwillingscopolymeren

Mit der im vorherigen Abschnitt entwickelten Leitfähigkeitsmesszelle wurden verschiedene Zwillingscopolymermembranen untersucht um beispielsweise den Einfluss einer HF-Behandlung auf die Leitfähigkeit zu überprüfen. So sollte die Leitfähigkeit nach HF-Behandlung höher sein, da durch diese Poren in der Membran gebildet wurden. Dies wurde bereits durch Gurley Messungen in **Kap. 4.5.2** nachgewiesen. Um Fehler bei den Messungen, wie Defekte in den Membranen, auszuschließen, wurden alle Messungen an drei verschiedenen Proben durchgeführt. Als Elektrolyt wurde eine 1 molare Lösung aus LiTFSi in DOL:DME 50:50 Vol. % verwendet. Die Membranen, welche nachfolgend untersucht wurden, bestanden aus Zwillingscopolymeren der molaren Zusammensetzung Monomer A:B = 1:2,3 oder 1:1 und wurden alle nach thermischer Initiierung für 80 Minuten bei 200 °C polymerisiert. Um eine ausreichende mechanische Stabilität zu erhalten, wurde in allen Fällen ein 17 µm starkes PET Vlies der Firma Freudenberg als Unterstruktur verwendet. Die Auswertung der gemessenen Impedanzen erfolgte über das Bode-Diagramm. Diese sind zu jeder Messung im Anhang zu finden. In **Tabelle 4-26** sind die Ergebnisse der Leitfähigkeitsmessungen zusammengefasst.

4 Experimenteller Teil

Tabelle 4-26: Ergebnisse der Leitfähigkeitsmessungen und deren Standardabweichungen verschiedener Zwillingscopolymere.

Monomer-verhältnis [mol]	Konz. HF-Lösung [%]	Dauer HF-behandlung [min]	Leitfähigkeit Probe 1 [S/cm]	Leitfähigkeit Probe 2 [S/cm]	Leitfähigkeit Probe 3 [S/cm]	Ø Leitfähigkeit [S/cm]	Standardabweichung [%]
1:2,3	---	---	$3,8 \cdot 10^{-6}$	$4,1 \cdot 10^{-6}$	$3,3 \cdot 10^{-6}$	$3,7 \cdot 10^{-6}$	11
1:2,3	9-11	1,5	$1,1 \cdot 10^{-5}$	$1,3 \cdot 10^{-5}$	$1,0 \cdot 10^{-5}$	$1,1 \cdot 10^{-5}$	13
1:2,3	19-21	1,5	$4,8 \cdot 10^{-3}$	$3,8 \cdot 10^{-3}$	$5,7 \cdot 10^{-3}$	$4,8 \cdot 10^{-3}$	20
1:2,3	38-40	1	$1,4 \cdot 10^{-5}$	$1,6 \cdot 10^{-5}$	$1,6 \cdot 10^{-5}$	$1,5 \cdot 10^{-5}$	8
1:2,3	38-40	1,5	$3,6 \cdot 10^{-3}$	$3,6 \cdot 10^{-3}$	$2,8 \cdot 10^{-3}$	$3,3 \cdot 10^{-3}$	14
1:1	---	---	$3,2 \cdot 10^{-6}$	$3,5 \cdot 10^{-6}$	$3,2 \cdot 10^{-6}$	$3,3 \cdot 10^{-6}$	5

Die Ergebnisse der Leitfähigkeitsmessungen zeigen deutlich, dass die HF-Behandlung großen Einfluss auf die Leitfähigkeit hat. So zeigen unbehandelte Vliese der molaren Zusammensetzung Monomer A:B = 1:2,3 Leitfähigkeiten von ~ $3,7 \cdot 10^{-6}$ S/cm. Eine Vergleichsmessung mit Membranen einer äquimolaren Zusammensetzung zeigten Leitfähigkeiten von $3,3 \cdot 10^{-6}$ S/cm und damit keine großen Abweichungen. Daher wurden im Folgenden nur noch die Zwillingscopolymeren der molaren Monomerzusammensetzung A:B = 1:2,3 untersucht.

Die Behandlung einer Zwillingscopolymermembran mit einer schwach (9-11 %) konzentrierten HF-Lösung für 1,5 Minuten führt zu einem Anstieg der Leitfähigkeit auf ~ $1,1 \cdot 10^{-5}$ S/cm. Wird die Konzentration bei gleicher Behandlungsdauer auf 19-21 % bzw. 38-40 % HF erhöht, steigt die Leitfähigkeit auf ~ $4,8 \cdot 10^{-3}$ S/cm bzw. ~ $3,3 \cdot 10^{-3}$ S/cm. Diese Werte sind vergleichbar mit denen von kommerziell erhältlichen Separatoren, welche, wie auch im Beispiel des Celgard® 2400, im unteren bis mittleren Bereich von 10^{-3} S/cm liegen. Bei einer Verkürzung der Behandlung mit HF-Lösung um 1/3 der Zeit auf eine Minute, sinkt die Leitfähigkeit drastisch auf ~$1,5 \cdot 10^{-5}$ S/cm ab. Dieses Verhalten der Leitfähigkeiten korreliert stark mit den Gurley Zahlen. Diese Korrelation ist in **Abb. 4.53** graphisch dargestellt.

4.6 Leitfähigkeitsmessungen

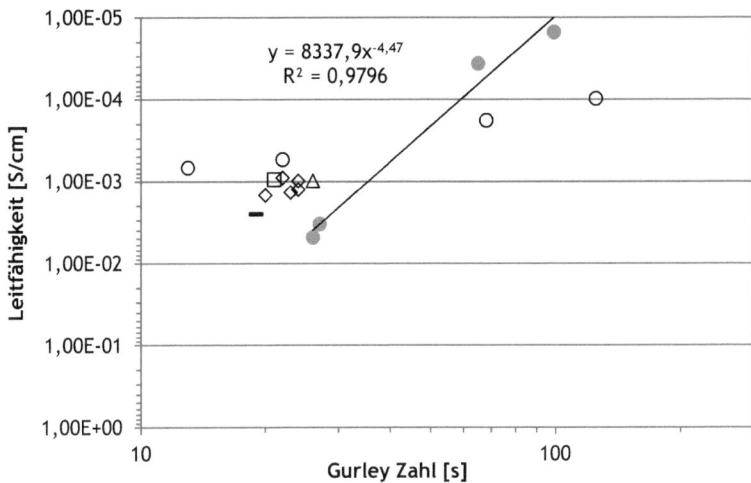

Abb. 4.53: Korrelation zwischen Gurley Zahl und Leitfähigkeiten für verschiedene Separatoren: ◇verschiedene Celgard Separatoren[18], □ kommerzieller Separator Hipore, △ kommerzieller Separator Setela, - kommerzieller Separator Separion, ○ Separator basierend auf PAN mit unterschiedlichen Anteilen an P(Ph$_3$)$_3$, ● Zwillingscopolymer (molare Monomerzusammensetzung A:B = 1:2,3)[18, 97].

Das Korrelationsdiagramm von Leitfähigkeit und Gurley Zahl zeigt einen linearen Verlauf der Korrelation. Daher lässt sich durch **Gl. 27** mit Hilfe der Gurley Zahl die Leitfähigkeit für dieses Material bestimmen.

$\sigma = 8338 \cdot G_Z^{-4,77}$ **Gl. 27**

Weiterhin ist im Diagramm zu erkennen, dass in dieser Arbeit ein Separator entwickelt wurde, dessen Leitfähigkeit und Gurley Zahlen vergleichbar mit denen von kommerziell erhältlichen Separatoren sind. Die guten Ionen Leitfähigkeitseigenschaften werden im Fall der Zwillingscopolymerseparatoren mit Leitfähigkeiten von $3{,}3 \cdot 10^{-3}$ S/cm und $4{,}8 \cdot 10^{-3}$ S/cm auch durch sehr niedrigen McMullin Nummern (**Gl. 4**), welche zwischen 2 und 3 liegen, bestätigt.

5 Ausblick

Im Rahmen dieser Arbeit wurde gezeigt, dass die Entwicklung eines Separators aus Zwillingscopolymeren mit Leitfähigkeiten vergleichbar mit kommerziell erhältlichen Separatoren prinzipiell möglich ist. Dabei beschränkten sich die Flächen der Separatoren, die in dieser Arbeit defektfrei hergestellt werden konnten, auf ca ~ 20 cm^2. Daher wäre es notwendig, weitere Untersuchungen zur Beschichtung des PET-Vlieses zu unternehmen. So könnten z. B. plasmavorbehandelte Vliese maschinell über ein „Rolle zu Rolle System" beschichtet werden, wodurch eine gleichmäßigere Beschichtung erzielt werden könnte. Auch durch ein stärkeres Einwalken der Schmelze in das Vlies könnten größere Flächen erzielt werden. Durch ein maschinelles Aufbringen des Vlieses durch ein „Rolle zu Rolle System" könnte auch die Schichtdicke des Separators weiter reduziert werden. Durch dieses System kann die aufzutragende Polymermenge noch exakter gesteuert werden. Um die Tröpfchenbildung der Schmelze, welche zur Defektstellenbildung beiträgt, auf einem Teflonuntergrund zu verhindern, könnten Versuche unternommen werden, das Vlies freitragend auf einem Luftstrom zu polymerisieren. Eine weitere Möglichkeit, eine gleichmäßigere Verteilung der Schmelze sowie eine Reduktion der Schichtdicke zu erreichen, könnte darin bestehen, niedrig siedende Lösungsmittel zur Schmelze hinzuzufügen, und diese nach der Verarbeitung der Schmelze unterhalb der Siedetemperatur dieses Lösungsmittels, vor Beginn der Polymerisation abdampfen zu lassen. Dieses würde dazu führen, dass eine geringe Menge der Schmelze sehr gleichmäßig verteilt wird. Durch das Abdampfen des Lösungsmittels unterhalb der Siedetemperatur würde die Bildung von Blasen verhindert werden.

Die Verwendung von HF-Lösungen als Porenbilder ist in industriellen Prozessen aufgrund des hohen Gefahrenpotentials nahezu undenkbar. Daher wäre es auch hier sinnvoll, nach alternativen Methoden zu suchen. Eine Möglichkeit wäre, die Behandlung mit NaOH oder LiOH nicht bei Raumtemperatur durchzuführen, sondern in einem Druckgefäß bei Temperaturen im

4 Experimenteller Teil

Bereich von 150-200 °C. Auch die Untersuchungen weitere Wachse, welche der Schmelze beigemischt werden und nach der Polymerisation durch Herauslösen die Poren bilden, sollten im Blickpunkt weiterer Forschungen stehen. Hier wäre es auch denkbar, borhaltige Monomere in der Schmelze zu verwenden, sodass im Polymer Nanodomänen von B_2O_3 vorliegen würden. Dieses hätte den Vorteil, dass die B_2O_3 Domänen relativ einfach durch Wasser als Borsäure herausgewaschen werden könnten.

Weiterhin wäre es sehr interessant, das 2,2'-Spirobi[4H-1,3,2-benzodioxasilin] und/oder das 2,2-Dimethyl-4H-1,3,2-benzodioxasilin zu modifizieren oder zu ersetzen. Dabei könnte die Substitution eines Wasserstoffes am aromatischen Ring durch einen langkettigen Kohlenstoff zu erheblichen Steigerungen der Flexibilität führen. Eventuell kann durch eine ausreichende Modifikation des 2,2'-Spirobi[4H-1,3,2-benzodioxasilin] durch flexible Seitengruppen der Anteil des 2,2-Dimethyl-4H-1,3,2-benzodioxasilin verringert oder gänzlich darauf verzichtet werden. Dadurch könnte der Anteil an SiO_2 in der Membran erheblich gesteigert werden, wodurch die Leitfähigkeit des Separators noch weiter gesteigert werden könnte.

6 Literaturverzeichnis

[1] M. Winter, J. O. Besenhard, Wiederaufladbare Batterien Teil II: Akkumulatoren mit nichtwässriger Elektrolytlösung, *Chemie in unserer Zeit*, **1999**, *33*, (6), 320-332.

[2] H. Buqa, A. Würsig, J. Vetter, M. E. Spahr, F. Krumeich, P. Novák, SEI film formation on highly crystalline graphitic materials in lithium-ion batteries, *Journal of Power Sources*, **2006**, *153*, 385-390.

[3] S. S. Zhang, K. Xu, T. R. Jow, EIS study on the formation of solid electrolyte interface in Li-ion battery, *Electrochimica Acta*, **2006**, *51*, 1636-1640.

[4] J. O. Besenhard, M. Winter, Advances in Battery Technology: Rechargeable Magnesium Batteries and Novel Negative-Electrode Materials for Lithium Ion Batteries, *ChemPhysChem*, **2002**, *3*, 155-159.

[5] B. Scrosati, Recent advances in lithium ion battery materials, *Electrochimica Acta*, **2000**, *45*, 2461-2466.

[6] X. Huang, Separator technologies for lithium-ion batteries, *Journal of Solid State Electrochemistry*, **2011**, *15*, 649-662.

[7] Y. Lan, X. Wang, J. Zhang, J. Zhang, Z. Wu, Z. Zhang, Preparation and characterization of carbon-coated $LiFePO_4$ cathode materials for lithium-ion batteries with resorcinol-formaldehyde polymer as carbon precursor, *Powder Technology*, **2011**, *212*, 327-331.

[8] Die Welt der Batterien - Funktion, Systeme, Entsorgung, *Stiftung Gemeinsames Rücknahmesystem Batterien*, **2007**, 1-28.

[9] V. Sapru, Analyzing the Global Battery Market, *Battery Power*, **2010**, *14*, (4), 4-8.

[10] O. Veneri, F.Migliardini, C.Capasso, P.Corbo, Dynamic behaviour of Li batteries in hydrogen fuel cell power trains, *Journal of Power Sources*, **2011**, article in press.

6 Literaturverzeichnis

[11] J. Rink, Durchhaltevermögen. Langzeittest von NiMH-Akkus mit reduzierter Selbstentladung, *c't-Magazin,* **2009**, *15*, 152.

[12] D. C. Walther, J. Ahn, Advances and challenges in the development of power-generation systems at small scales, *Progress in Energy and Combustion Science,* **2011**, *37*, 583-610.

[13] Z. Luo, D. Fan, X. Liu, H. Mao, C. Yao, Z. Deng, High performance silicon carbon composite anode materials for lithium ion batteries, *Journal of Power Sources,* **2009**, *189*, 16-21.

[14] W. Peng, L. Jiao, H. Gao, Z. Qi, Q. Wang, H. Du, Y. Si, Y. Wang, H. Yuan, A novel sol-gel method based on $FePO_4 \cdot 2H_2O$ to synthesize submicrometer structured $LiFePO_4/C$ cathode material, *Journal of Power Sources,* **2011**, *196*, 2841-2847.

[15] www.merckgroup.com/de, SelectiLyte Batterieelektrolyt LF 40, *Sicherheitsdatenblatt, Merck KGaA.*

[16] X. Ji, K. T. Lee, L. F. Nazar, A highly ordered nanostructured carbon-sulphur cathode for lithium-sulphur batteries, *Nature Materials,* **2009**, *8*, 500-506.

[17] S. S. Zhang, A review on the separators of liquid electrolyte Li-ion batteries, *Journal of Power Sources,* **2007**, *164*, 351-364.

[18] P. Arora, Z. Zhang, Battery Separators, *Chemical Review,* **2004**, *104*, 4419-4462.

[19] J. Y. Kim, Y. Lee, D. Y. Lim, Plasma-modified polyethylene membrane as a separator for lithium-ion polymer battery, *Electrochimica Acta,* **2009**, *54*, 3714-3719.

[20] I. Stepniak, A. Ciszewski, Grafting effect on the wetting and electrochemical performance of carbon cloth electrode and polypropylene separator in electric double layer capacitor, *Journal of Power Sources,* **2010**, *195*, 5130-5137.

[21] D. Djiana, F. Alloinb, S. Martinet, H. Ligniera, Macroporous poly(vinylidene fluoride) membrane as a separator for

lithium-ion batteries with high charge rate capacity, *Journal of Power Sources*, **2009**, *187*, 575-580.

[22] J. Y. Song, Y. Y. Wang, C. C. Wan, Review of gel-type polymer electrolytes for lithium-ion batteries, *Journal Of Power Sources*, **1999**, *77*, 183-187.

[23] N. Srivastava, T. Tiwari, New trends in polymer electrolytes: a review, *e-Polymers*, **2009**, *146*, 1-17.

[24] P. G. Bruce, The structure and electrochemistry of polymer electrochemistry, *Electrochimica Acta*, **1995**, *40*, 2077-2085.

[25] G. B. Appetecchi, D. Zane, B. Scrosati, PEO-Based Electrolyte Membranes Based on $LiBC_4O_8$ Salt, *Journal of the Electrochemical Society*, **2004**, *151*, A1369-A1374.

[26] J. Ji, J. Keen, W.-H. Zhong, Simultaneous improvement in ionic conductivity and mechanical properties of multifunctional block-copolymer modified solid polymer electrolytes for lithium ion batteries, *Journal of Power Sources*, **2011**, *196*, 10163-10168.

[27] A. S. Fisher, M. B. Khalid, M. Widstrom, P. Kofinas, Solid polymer electrolytes with sulfur based ionic liquid for lithium batteries, *Journal of Power Sources*, **2011**, *196*, 9767- 9773.

[28] P. Carol, P. Ramakrishnan, B. John, G. Cheruvally, Preparation and characterization of electrospun poly(acrylonitrile) fibrous membrane based gel polymer electrolytes for lithium-ion batteries, *Journal of Power Sources*, **2011**, *196*, 10156-10162.

[29] A. M. Stephan, Review on gel polymer electrolytes for lithium batteries, *European Polymer Journal*, **2006**, *42*, 21-42.

[30] G. Ciamician, The Photochemistry of the Future, *Science*, **1912**, *36*, 385-394.

[31] BRD, Gesetz für den Vorrang Erneuerbarer Energien, *Bundesgesetzblatt*, **2000**, *I*, 305.

6 Literaturverzeichnis

[32] EU, Richtlinie 2001/77/EG des Europäischen Paralments und des Rates, *Amtsblatt der Europäischen Gemeinschaften*, **2001**, *L283*, 33-40.

[33] BRD, Gesetz zur Neuregelung des Rechts der Erneuerbaren Energien im Strombereich, *Bundesgesetzblatt* **2004**, *40*, (1), 1918-1930.

[34] BRD, Dreizehntes Gesetz zur Änderung des Atomgesetzes, *Bundesgesetzblatt*, **2011**, *43*, 1704.

[35] S. Spange, P. Kempe, A. Seifert, A. A. Auer, P. Ecorchard, H. Lang, M. Falke, M. Hietschold, A. Pohlers, W. Hoyer, G. Cox, E. Kockrick, S. Kaskel, Nanocomposites with Structure Domains of 0.5 to 3 nm by Polymerization of Silicon Spiro Compounds, *Angewandte Chemie International Edition*, **2009**, *48*, 8254–8258.

[36] M. Biskupski, Membranen für die Gastrennung und Pervaporation aus Zwillingspolymerisaten, *Institut für Organische und Makromolekulare Chemie II*, **2008**, Heinrich-Heine-Universität Düsseldorf.

[37] A. Hashimoto, K. Yagi, H. Mantoku, Porous film of high molecular weight polyolefin and process for producing same *US 6,048,607*, **2000**, Mitsui Chemicals Inc.

[38] S. Nagou, S. Nakamura, Microporous film and process for production thereof *US 4,791,144*, **1988**, Tokuyama Soda Kabushiki Kaisha.

[39] S.-Y. Lee, B.-I. Ahn, S.-G. Im, S.-Y. Park, H.-S. Song, Y.-J. Kyung, High crystalline polypropylene microporous membrane, multi-component microporous membrane and methods for preparing the same *US 6,830,849*, **2004**, LG Chemical Co. Ltd.

[40] M. B. Johnson, G. L. Wilkes, Microporous Membranes of Isotactic Poly(4-methyl-1-pentene) from a Melt-Extrusion Process. I. Effects of Resin Variables and Extrusion Conditions, *Journal of Applied Polymer Science*, **2002**, *82*, 2095-2113.

[41] M. B. Johnson, G. L. Wilkes, Microporous Membranes of Polyoxymethylene from a Melt-Extrusion Process: (I) Effects of Resin Variables and Extrusion Conditions, *Journal of Applied Polymer Science*, **2001**, *81*, 2944-2963.

[42] M. B. Johnson, G. L. Wilkes, Microporous Membranes of Polyoxymethylene from a Melt-Extrusion Process: (II) Effects of Thermal Annealing and Stretching on Porosity, *Journal of Applied Polymer Science*, **2002**, *84*, 1762-1780.

[43] K. Takita, K. Kono, T. Takashima, K. Okamoto, Microporous polyolefin membrane and method of producing same US *5,051,183*, **1991**, Tonen Corporation.

[44] D. Ihm, J. Noh, J. Kim, Effect of polymer blending and drawing conditions on properties of polyethylene separator prepared for Li-ion secondary battery, *Journal of Power Sources*, **2002**, *109*, 388-393.

[45] M. J. Weighall, Recent advances in polyethylene separator technology, *Journal of Power Sources*, **1991**, *34*, (3), 257-268.

[46] N. Kaimai, K. Takita, K. Kono, H. Funaoka, Method of producing highly permeable microporous polyolefin membrane, US *6,153,133*, **2000**, Tonen Chemical Corporation.

[47] P. P. Prosini, P. Villano, M. Carewska, A novel intrinsically porous separator for self-standing lithium-ion batteries, *Electrochimica Acta*, **2002**, *48*, 227-233.

[48] D. Takemura, S. Aihara, K. Hamano, M. Kise, T. Nishimura, H. Urushibata, H. Yoshiyasu, A powder particle size effect on ceramic powder based separator for lithium rechargeable battery, *Journal of Power Sources*, **2005**, *146*, 779-783.

[49] S. A. Carlson, Q. Ying, Z. Deng, T. A. Skotheim, Separators for electrochemical cells US *6,306,545*, **2001** Moltech Corporation.

[50] S. Augustin, V. Hennige, G. Hijrpel, C. Hying, Ceramic but flexible: new ceramic membrane foils for fuel cells and batteries, *Desalination*, **2002**, *146*, 23-28.

6 Literaturverzeichnis

[51] V. Hennige, C. Hying, G. Hoerpel, P. Novak, J. Vetter, Separator provided with asymmetrical pore structures for an electrochemical cell US 7,709,140, **2010**, Evonik Degussa GmbH.

[52] V. Hennige, C. Hying, G. Hoerpel, Electrical separator, method for making same and use thereof in high-power lithium cells US 7,807,286, **2010** Evonik Degussa GmbH

[53] Endless Power, Li-Tec Battery GmbH, **2009**.

[54] T.-H. Cho, M. Tanaka, H. Ohnishi, Y. Kondo, M. Yoshikazu, T. Nakamura, T. Sakaib, Composite nonwoven separator for lithium-ion battery: Development and characterization, *Journal of Power Sources*, **2010**, *195*, 4272-4277.

[55] D.-W. Kim, B. Oh, J.-H. Park, Y.-K. Sun, Gel-coated membranes for lithium-ion polymer batteries, *Solid State Ionics*, **2000**, *138*, 41-49.

[56] J.-S. Oh, Y. Kang, D.-W. Kim, Lithium polymer batteries using the highly porous membrane filled with solvent-free polymer electrolyte, *Electrochimica Acta*, **2006**, *52*, 1567-1570.

[57] Y. Wang, J. Travas-Sejdic, R. Steiner, Polymer gel electrolyte supported with microporous polyolefin membranes for lithium ion polymer battery, *Solid State Ionics*, **2002**, *148*, 443- 449.

[58] K. Morigaki, N. Kabuto, K. Haraguchi, Manufacturing method of a separator for a lithium secondary battery and an organic electrolyte lithium secondary battery using the same separator, US 5,597,659, **1997**, Matsushita Electric Industrial Co. Ltd.

[59] E. Quartarone, P. Mustarelli, A. Magistris, PEO-based composite polymer electrolytes, *Solid State Ionics*, **1998**, *110*, 1-14.

[60] W. Wieczorek, Z. Florjanczyk, J. R. Stevens, Composite Polyether Based Solid Electrolytes *Electrochimica Acta*, **1995**, *40*, 2251-2258.

[61] G. Nagasubramanian, S. D. Stefano, 12-Crown-4 Ether-Assisted Enhancement of Ionic Conductivity and Interfacial Kinetics in Polyethylene Oxide Electrolytes, *Journal of the Electrochemical Society*, **1990**, *137*, 3830-3835.

[62] M. Watanabe, M. Kanba, K. Nagaoka, I. Shinohara, Ionic Conductivity of Hybrid Films Based on Polyacrylonitrile and Their Battery Application, *Journal of Applied Polymer Science*, **1982**, *27*, 4191-4198.

[63] M. Watanabe, M. Kanba, K. Nagaoka, I. Shinohara, Ionic Conductivity of Hybrid Films Composed of Polyacrylonitrile, Ethylene Carbonate, and $LiClO_4$, *Journal of Polymer Science: Polymer Physics Edition*, **1983**, *21*, 939-948.

[64] O. Bohnke, G. Frand, M. Rezrazi, C. Rousselot, C. Truche, Fast ion transport in new lithium electrolytes gelled with PMMA. 1. Influence of polymer concentration *Solid State Ionics* **1993**, *66*, 97-104.

[65] O. Bohnke, G. Frand, M. Rezrazi, C. Rousselot, C. Truche, Fast ion transport in new lithium electrolytes gelled with PMMA. 2. Influence of lithium salt concentration, *Solid State Ionics*, **1993**, *66*, 105-112.

[66] M. Watanabe, M. Kanba, H. Matsuda, K. Tsunemi, K. Mizoguchi, E. Tsuchida, I. Shinohara, High Lithium Ionic Conductivity of Polymeric Solid Electrolytes, *Macromolecular Rapid Communications* **1981**, *2*, (12), 741-744.

[67] H. T. Taskier, Hydrophilic polymer coated microporous membranes capable of use as a battery separator *US 4,359,510*, **1982** Celanese Corporation.

[68] A. S. Gozdz, C. N.Schmutz, J.-M. Tarascon, P. C. Warren, Polymeric electrolytic cell separator membrane *US 5,418,091*, **1995**, I. Bell Communications Research.

[69] S. J. Law, H. Street, G. J. Askew, Method of manufacture of nonwoven fabric *US 6,358,461*, **2002**, Tencel Limited.

[70] J.-F. Audebert, H.-J. Feistner, G. Frey, R. Farer, G. L. Thrasher, Nonwoven Separator for Electrochemical Cell, *EU WO002003043103A2*, **2003**, Everyday Battery Inc., Carl Freudenberg KG.

6 Literaturverzeichnis

[71] T. Ashida, T. Tsukuda, Nonwoven fabric for separator of non-aqueous electrolyte battery and non-aqueous electrolyte battery using the same *US 6,200,706*, **2001**, Mitsubishi Paper Mills Limited.

[72] A. L. Benson, D. A. Jordan, Nonwoven fibrous substrate for battery separator *US 4,279,979*, **1981**, The Dexter Corporation.

[73] A. Mathur, Recyclable thermoplastic moldable nonwoven liner for office partition and method for its manufacture *US 6,517,676*, **2003**, Ahlstrom Mount Holly Springs LLC.

[74] F. Croce, G. B. Appetecchi, L. Persi, B. Scrosati, Nanocomposite polymer electrolytes for lithium batteries, *Nature* **1998**, *394*, 456-458.

[75] D. Zhang, H. Yan, Z. Zhu, H. Zhang, J. Wang, Qilu, Electrochemical stability of lithium bis(oxatlato) borate containing solid polymer electrolyte for lithium ion batteries, *Journal of Power Sources,* **2011**, *196*, 10120-10125.

[76] C. Sanchez, F. Ribot, Design of hybrid organic-inorganic materials synthesized via sol-gel chemistry, *New Journal of Chemistry,* **1994**, *18*, 1007-1047.

[77] G. Kickelbick, *Hybrid Materials Synthesis, Characterisation, and Applications*, WILEY-VCH, Weinheim, **2007**.

[78] S. Grund, P. Kempe, G. Baumann, A. Seifert, S. Spange, Zwillingspolymerisation: Ein Weg zur Synthese von Nanokompositen, *Angewandte Chemie,* **2007**, *119*, 636-640.

[79] P. Kempe, T. Löschner, D. Adner, S. Spange, Selective ring opening of 4H-1,3,2-benzodioxasiline twin monomers, *New Journal of Chemistry,* **2011**, *35*, 2735-2739.

[80] A. Mehner, T. Rüffer, H. Lang, A. Pohlers, W. Hoyer, S. Spange, Synthesis of Nanosized TiO_2 by Cationic Polymerization of (m4-oxido)-hexakis(m-furfuryloxo)-octakis(furfuryloxo)-tetratitanium, *Advanced Materials,* **2008**, *20*, 4113-4117.

[81] S. Spange, S. Grund, Nanostructured Organic-Inorganic Composite Materials by Twin Polymerization of Hybrid Monomers, *Advanced Materials*, **2009**, *21*, 2111–2116.

[82] Standard Test Method for Resistance of Nonporous Paper to Passage of Air, *ASTM International*, **2003**, D726 – 94.

[83] R. W. Call, C. W. Fulk, L. Shi, X. Zhang, K. V. Nguyen, Co-Extruded, Multi-Layered Battery Separator, *US 20080118827*, **2008**, Hammer & Hanf.

[84] P. W. Atkins, *Physikalische Chemie*, Vol. 3, WILEY-VCH, Weinheim, **2001**.

[85] D. Meschede, *Gerthsen Physik*, Vol. 22, Springer, Berlin, Heidelberg, New York, **2004**.

[86] G. Wedler, *Lehrbuch der Physikalischen Chemie*, Vol. 5, WILEY-VCH, Weinheim, **2004**.

[87] BASF SE, Technisches Datenblatt Kerocom PIBA, **2003**.

[88] V. Jaacks, W. Kern, Initiatoren fur die Polymerisation des Trioxans, *Organisch-Chemisches Institut der Universität Mainz*, **1962**.

[89] J. Dechnik, Neue Hybridmaterialien für Separatoren, *Bachelorarbeit*, **2010**, Heinrich-Heine-Universität Düsseldorf.

[90] O. Chiantore, M. Lazzari, Thermal decomposition of Phenol-Formaldehyde Foundry Resins, *Int. J. Polymer Analysis & Charakterisation*, **1995**, *1*, 119-130.

[91] G. Wegner, M. Rodriguez-Baeza, A. Lücke, G. Lieser, Kinetik und Mechanismus der kationischen Polymerisation von Trioxan: Ein katalysierter Kristallwachstumsprozeß, *Makromol. Chem.*, **1980**, *181*, 1763 - 1790.

[92] T. H. Thomas, T.C.Kendrick, Thermal Analysis of Polydimethylsiloxanes, *Journal of Polymer Science: Part A-2*, **1969**, *7*, 537-549.

[93] S. Dörries, Präparation und Charakterisierung lösungsmittelbeständiger Membranen aus neuartigen

6 Literaturverzeichnis

Hybridmaterialien für potentielle Anwendungen in Li-Ionen Batterien., *Bachelorarbeit*, **2011**, Heinrich-Heine-Universität Düsseldorf.

[94] A. F. Hollemann, N. Wiberg, E. Wiberg, *Lehrbuch der Anorganischen Chemie*, Vol. *102*, de Gruyter, **2007**.

[95] W. Klemm, R. Hoppe, *Anorganische Chemie*, de Gruyter, Berlin, New York, **1980**.

[96] D. Katarzynski, Pervaporation komplexer Aromaten am Beispiel von Naphthalin/n-Decan-Mischungen, *Dissertation*, **2008**, Heinrich-Heine-Universität Düsseldorf.

[97] Y. Huai, J. Gao, Z. Deng, Jishuan Suo, Preparation and characterization of a special structural poly(acrylonitrile)-based microporous membrane for lithium-ion batteries *International Journal of Ionics The Science and Technology of Ionic Motion*, **2010**, *16*, (7), 603-611.

7 Anhang

Im Anhang dieser Arbeit werden zunächst die verwendeten Geräte und Methoden erläutert. Anschließend erfolgt die exakte Versuchsbeschreibung der durchgeführten Synthesen und Membranherstellungsverfahren. Hieran schließt sich die Darstellung der zugehörigen Spektren und Diagramme an. Im letzten Teil werden dann die Daten der Gurley bzw. Leitfähigkeitsmessungen wiedergegeben.

7.1 Verwendete Geräte und Methoden

^{1}H-NMR-Spektroskopie
Die ^{1}H-Spektren wurden mit einem FT-NMR DRX500 der Firma Bruker aufgenommen. Als Lösemittel wurde $CDCl_3$ verwendet.

^{13}C-NMR-Spektroskopie
Die ^{13}C-Spektren wurden mit einem FT-NMR DRX500 der Firma Bruker aufgenommen. Als Lösemittel wurde $CDCl_3$ verwendet.

DSC-Messungen
Die Glasübergangstemperaturen wurden am Institut für Organische und Makromolekulare Chemie II AK Ritter mit einem Mettler Toledo DSC288 bestimmt. Die Proben wurden zunächst zweimal mit einer Heizrate von 15 K/min auf 150 °C erhitzt und mit einer Kühlrate von 15 K/min auf 0 °C abgekühlt. Anschließend wurden die Proben mit gleicher Heiz- bzw. Kühlrate zweimal auf 250°C erhitzt und wieder auf 0 °C abgekühlt. Im letzten Durchgang erfolgte nur noch das Erhitzen auf 300 °C mit einer Heizrate von 15 K/min. Zur Bestimmung der Glasübergangstemperatur wurde die zweite Aufheizkurve herangezogen.

Zug-Dehnungsversuche

7 Anhang

Die Zugversuche wurden an einer Zwick Roell Zwicki 2.5N bei Raumtemperatur durchgeführt. Die Zuggeschwindigkeit betrug bei allen Messungen 20 mm/min.

MALDI-TOF
Die Aufnahmen der MALDI-TOF Spektren erfolgte an einem Flugzeit Massenspektrometer Ultraflex TOF der Firma Bruker an der Heinrich-Heine-Universität Düsseldorf.

Schmelzpunktbestimmung
Die Schmelzpunktbestimmung erfolgte an einem Büchi Melting Point B-540.

Lichtmikroskopische Aufnahmen
Die lichtmikroskopischen Aufnahmen erfolgten am Institut für Organische und Makromolekulare Chemie II AK Prof. Dr. Dr. h.c. Ritter an einem Polarisationsmikroskop Olympus BH-2.

Elementaranalyse
Alle Elementaranalysen wurden in der BASF SE in Ludwigshafen durchgeführt.

TEM bzw. HAADF-STEM
Alle TEM- bzw. HAADF-STEM-Aufnahmen wurden in der BASF SE in Ludwigshafen durchgeführt.

Härtemessungen
Alle Härtemessungen wurden von der BASF SE in Ludwigshafen durchgeführt.

DTA
Die DTA Messungen wurden mit einem Netsch STA 449C im Institut für Anorganische Chemie und Strukturchemie, Lehrstuhl Prof. Dr. Frank an der Heinrich-Heine-Universität Düsseldorf durchgeführt.

7.2 Verwendete Chemikalien und Aufbereitung

Tabelle 7-1: In dieser Arbeit verwendete Chemikalien und deren Aufbereitung.

Substanz	Bezugsfirma	CAS	Reinheit	Aufbereitung
Monomersynthese				
2-Hydroxybenzylalkohol	Merck	90-01-7	zur Synthese	
TMOS	Merck	681-84-5	zur Synthese	
TBAF 1 M in THF	Sigma-Aldrich	429-21-4		
Dichlordimethylsilan	Sigma-Aldrich	75-78-5	> 99,5 %	
Triethylamin	Grüssing	121-44-8	99 %	
Toluol	VWR Prolabo	108-88-3	p.a.	Destillation
n-Hexan	VWR Prolabo	110-54-3	p.a.	Destillation
Initiatoren				
DL-Milchsäure	Grüssing	50-21-5	90 %	
DL-Milchsäure	ABCR	79-33-4	> 98 %	
TFA	VWR Prolabo	76-05-1	> 99 %	
Methansulfonsäure	Fluka	75-75-2	> 99 %	
Trifluormethansulfonsäure	Sigma-Aldrich	1493-13-6	98 %	
Bernsteinsäurediethylester	Sigma-Aldrich	123-25-1	99 %	
Maleinsäureanhydrid	ACROS	108-31-6	> 99 %	
Acrylsäure	Merck	79-10-7	> 99 %	
tert-Butylacrylat	Acros	1663-39-4	99 %	
Bortrifluoriddiethylether	Merck	109-63-7		

Zinn(IV)chlorid 1M in Chloroform	Sigma-Aldrich	7646-78-8	99,995 %
Elektrolyt			
Diethylcarbonat	Sigma-Aldrich	105-58-8	> 99%
Ethylencarbonat	Sigma-Aldrich	96-49-1	99 %
Dimethoxyethan	Sigma-Aldrich	110-71-4	99,5 %
1,3-Dioxolan	Acros	646-06-0	99,5 %
LiTFSI	ABCR	90076-65-6	99,9 %
Porenerzeugung			
Luvitec VA 64P®	BASF SE		
Kollidon K 90®	BASF SE		
Luwax®	BASF SE		
LiOH	AppliChem	1310-66-3	p.a.
NaOH	J.T. Baker	1310-73-2	p.a.
HF	Merck	7664-39-3	30-40 %
Vernetzung			
Trioxan	Sigma-Aldrich	110-88-3	> 99 %

7.3 Synthesen und Ansätze zur Membranherstellung

7.3.1 Monomer A (2,2'-Spirobi[4H-1,3,2-benzodioxasilin])

Ansatz:
Tabelle 7-2: In dieser Arbeit verwendeter Ansatz zur Synthese des Monomer A.

Edukt	M [g/mol]	n [mmol]	m [g]	V [mL]
2-Hydroxy-benzylalkohol	124,14	662	82,22	
TMOS	152,22	331	50,38	48
TBAF 1 M in THF	261,46	6,05	0,16	175 µL
Toluol	92,14	2360,5	217,5	250
n-Hexan	86,18			~ 500
Prod. (Theorie) Monomer A	272,33	331	90,1	

Durchführung:
In einem 500 mL Dreihalskolben werden 82,22 g (662 mmol) 2-Hydroxybenzylalkohol in 25 mL abs. Toluol unter Argon bei einer Ölbadtemperatur von 85 °C gelöst. Es folgt die schrittweise Zugabe von 50,38 g (331 mmol) Tetramethylorthosilicat (TMOS) und 175 µL (0,16 mmol) Tetra-n-butylammoniumfluorid (TBAF), indem zunächst zwei Drittel des TMOS, dann das TBAF und anschließend das restliche TMOS zugetropft werden. Das Reaktionsgemisch wird in einer Destillationsapparatur (Aufsatz einer kurzen Vigreux-Kolonne, Kühlfinger + Zinke, Spinne + Kolben auf den Dreihalskolben) auf 80 °C erhitzt und ein Vakuum angelegt, welches schrittweise von 700 mbar auf 350 mbar reduziert wird. Hierdurch wird das bei der Reaktion entstehende Methanol konstant als Methanol-Toluol-Azeotrop bei einer Siedetemperatur von 42 °C abdestilliert. Nachdem ca. 70 mL an Destillat übergegangen sind, wird die Reaktion abgebrochen und die Reaktionslösung am Rotationsverdampfer eingeengt bis ein Feststoff ausfällt. Dieser wird in abs. Hexan bei einer Ölbadtemperatur von 69 °C unter Argon erneut gelöst. Nachdem das Gemisch auf Raumtemperatur abgekühlt ist, wird die milchige Produktlösung von dem als gelben Öl sichtbaren Oligomer

abdekantiert. Dieser Schritt wird so lange wiederholt, bis das Hexan sich nicht mehr trübt. Die abdekantierte Lösung wird am Rotationsverdampfer eingeengt. Das Produkt fällt als weißer Feststoff aus.

Ausbeuten:
Tabelle 7-3: Ausbeuten der in dieser Arbeit durchgeführten Synthesen des Monomer A.

Synthese Nr.	Ausbeute [g]	Ausbeute [%]
1	72	78
2	75,3	84
3	80,1	89
4	79,3	88
5	78,7	87

7.3.2 Monomer B (2,2-Dimethyl-4H-1,3,2-benzodioxasilin)

Ansatz:
Tabelle 7-4: In dieser Arbeit verwendeter Ansatz zur Synthese des Monomer B.

Edukt	M [g/mol]	n [mmol]	m [g]	V [mL]
2-Hydroxy-benzylalkohl	124,14	177	21,97	
Dichlor-dimethylsilan	129,06	177	22,84	21,55
Triethylamin	101,19	353	35,72	48,93
Toluol	92,14	3305	304,5	350
Prod. (Theorie) Monomer B	180,28	177	31,91	

Durchführung:
21,97 g (177 mmol) 2-Hydroxybenzyalkohol, 35,7 g (353 mmol) Triethylamin und 300 ml abs. Toluol werden in einem 500 mL Einhalskolben verrührt. Unter weiterem intensiven Rühren werden langsam 22,9 g (177 mmol) Dichlordimethylsilan, gelöst in 50 mL

Toluol, zugetropft, wobei ein voluminöser weißer Niederschlag entsteht. Durch Schwenken des Kolbens kann die Durchmischung erheblich verbessert werden. Die Mischung wird 2 Stunden bei 65 °C Ölbadtemperatur unter Rückfluss gerührt. Anschließend wird der Niederschlag abfiltriert und mit wenig (ca. 10 mL) Toluol gewaschen. Die Reaktions- und Waschlösungen werden vereinigt und am Rotationsverdampfer eingeengt. Die verbleibende gelbe Lösung wird bei 0,8 mbar und 80 °C destilliert, wobei das Produkt als farblose Lösung erhalten wird.

Ausbeuten:

Tabelle 7-5: Ausbeuten der in dieser Arbeit durchgeführten Synthesen des Monomer B.

Synthese Nr.	Ausbeute [g]	Ausbeute [%]
1	25,3	79,3
2	22,7	71,1
3	23,6	73,7
4	25,5	79,9
5	24,9	78,0
6	25,2	79,0
7	25,7	80,5

7.3.3 Ansätze Zwillingscopolymere mit festem Initiator

DL-Milchsäure 98 %

Tabelle 7-6: In dieser Arbeit verwendeter Ansatz zur Herstellung des Zwillingscopolymers der molaren Monomerzusammensetzung A:B = 1:1, DL-Milchsäure 98 % initiiert.

Edukt	M [g/mol]	n [mmol]	m [mg]
Monomer A	272,33	1,5	408,5
Monomer B	180,28	1,5	270,4
DL-Milchsäure 98 %	90,08	0,17	15,3

7 Anhang

Tabelle 7-7: In dieser Arbeit verwendeter Ansatz zur Herstellung des Zwillingscopolymers der molaren Monomerzusammensetzung A:B = 1:2,3, DL-Milchsäure 98 % initiiert.

Edukt	M [g/mol]	n [mmol]	m [mg]
Monomer A	272,33	1,8	490,2
Monomer B	180,28	4,2	757,2
DL-Milchsäure 98 %	90,08	0,17	15,3

Maleinsäureanhydrid > 99 %

Tabelle 7-8: In dieser Arbeit verwendeter Ansatz zur Herstellung des Zwillingscopolymers der molaren Monomerzusammensetzung A:B = 1:1, Maleinsäureanhydrid > 99 % initiiert.

Edukt	M [g/mol]	n [mmol]	m [mg]
Monomer A	272,33	1,5	408,5
Monomer B	180,28	1,5	270,4
Maleinsäure > 99 %	98,06	0,17	16,7

7.3.4 Ansätze Zwillingscopolymere mit flüssigem Initiator

Trifluoressigsäure > 99 %

Tabelle 7-9: In dieser Arbeit verwendeter Ansatz zur Herstellung des Zwillingscopolymers der molaren Monomerzusammensetzung A:B = 1:1, Trifluoressigsäure > 99 % initiiert.

Edukt	M [g/mol]	n [mmol]	m [mg]
Monomer A	272,33	1,5	408,5
Monomer B	180,28	1,5	270,4
Trifluoressigsäure > 99 %	90,08	0,17	15,3

Bortrifluoriddiethylether

Tabelle 7-10: In dieser Arbeit verwendeter Ansatz zur Herstellung des Zwillingscopolymers der molaren Monomerzusammensetzung A:B = 1:1, Bortrifluoriddiethylether initiiert.

Edukt	M [g/mol]	n [mmol]	m [mg]
Monomer A	272,33	1,5	408,5
Monomer B	180,28	1,5	270,4
Bortrifluoriddiethylether	114,93	0,17	24,1

Bernsteinsäurediethylester 99 %

Tabelle 7-11: In dieser Arbeit verwendeter Ansatz zur Herstellung des Zwillingscopolymers der molaren Monomerzusammensetzung A:B = 1:1, Bersteinsäurediethylester 99 % initiiert.

Edukt	M [g/mol]	n [mmol]	m [mg]
Monomer A	272,33	1,5	408,5
Monomer B	180,28	1,5	270,4
Bernsteinsäurediethylester 99 %	174,19	0,17	29,7

Methansulfonsäure > 99 %

Tabelle 7-12: In dieser Arbeit verwendeter Ansatz zur Herstellung des Zwillingscopolymers der molaren Monomerzusammensetzung A:B = 1:1, Methansulfonsäure > 99 % initiiert.

Edukt	M [g/mol]	n [mmol]	m [mg]
Monomer A	272,33	1,5	408,5
Monomer B	180,28	1,5	270,4
Methansulfonsäure > 99 %	96,11	0,17	16,3

Trifluormethansulfonsäure 98 %

Tabelle 7-13: In dieser Arbeit verwendeter Ansatz zur Herstellung des Zwillingscopolymers der molaren Monomerzusammensetzung A:B = 1:1, Trifluormethansulfonsäure > 99 % initiiert.

Edukt	M [g/mol]	n [mmol]	m [mg]
Monomer A	272,33	1,5	408,5
Monomer B	180,28	1,5	270,4
Trifluormethansulfonsäure 98 %	150,08	0,17	25,5

Acrylsäure:tert-Butylacrylat

Tabelle 7-14: In dieser Arbeit verwendeter Ansatz zur Herstellung des Zwillingscopolymers der molaren Monomerzusammensetzung A:B = 1:1, initiiert mit einer Mischung aus Acrylsäure und tert-Butylacrylat.

Edukt	M [g/mol]	n [mmol]	m [mg]
Monomer A	272,33	1,5	408,5
Monomer B	180,28	1,5	270,4
Acrylsäure	72,06	0,17	12,3
tert-Butylacrylat	128,17	0,17	12,8

7 Anhang

Zinn(IV)chlorid 99,995 %

Tabelle 7-15: In dieser Arbeit verwendeter Ansatz zur Herstellung des Zwillingscopolymers der molaren Monomerzusammensetzung A:B = 1:1, Zinn(IV)chlorid initiiert.

Edukt	M [g/mol]	n [mmol]	m [mg]
Monomer A	272,33	1,5	408,5
Monomer B	180,28	1,5	270,4
Zinn(IV)chlorid 1M in Chloroform	260,5	0,009	2,2

7.3.5 Ansätze Zwillingscopolymere mit Initiator und Trioxan

DL-Milchsäure 98 %, 5% Trioxan 99 %

Tabelle 7-16: In dieser Arbeit verwendeter Ansatz zur Herstellung des Zwillingscopolymers der molaren Monomerzusammensetzung A:B = 1:1, DL-Milchsäure 98 % initiiert und mit 5 % Trioxan > 99 % versetzt.

Edukt	M [g/mol]	n [mmol]	m [mg]
Monomer A	272,33	1,5	408,5
Monomer B	180,28	1,5	270,4
DL-Milchsäure 98 %	90,08	0,3	27,6
Trioxan 99 %	90,08	0,07	6,8

DL-Milchsäure 98 %, 50% Trioxan 99 %

Tabelle 7-17: In dieser Arbeit verwendeter Ansatz zur Herstellung des Zwillingscopolymers der molaren Monomerzusammensetzung A:B = 1:1, DL-Milchsäure 98 % initiiert und mit 50 % Trioxan > 99 % versetzt.

Edukt	M [g/mol]	n [mmol]	m [mg]
Monomer A	272,33	1,5	408,5
Monomer B	180,28	1,5	270,4
DL-Milchsäure 98 %	90,08	0,17	27,6
Trioxan > 99 %	90,08	0,075	6,8

Trifluoressigsäure > 99 %, 5% Trioxan 99 %

Tabelle 7-18: In dieser Arbeit verwendeter Ansatz zur Herstellung des Zwillingscopolymers der molaren Monomerzusammensetzung A:B = 1:1, Trifluoressigsäure > 99% initiiert und mit 5 % Trioxan > 99 % versetzt.

Edukt	M [g/mol]	n [mmol]	m [mg]
Monomer A	272,33	1,5	408,5
Monomer B	180,28	1,5	270,4
Trifluoressigsäure > 99 %	90,08	0,17	15,3
Trioxan > 99 %	90,08	0,75	68

7.3.6 Ansätze Membranen mit thermischer Initiierung

Tabelle 7-19: In dieser Arbeit verwendeter Ansatz zur Herstellung des Zwillingscopolymers der molaren Monomerzusammensetzung A:B = 1:1, thermisch initiiert.

Edukt	M [g/mol]	n [mmol]	m [mg]
Monomer A	272,33	3	817,0
Monomer B	180,28	3	540,8

Tabelle 7-20: In dieser Arbeit verwendeter Ansatz zur Herstellung des Zwillingscopolymers der molaren Monomerzusammensetzung A:B = 1:2,3, thermisch Initiiert.

Edukt	M [g/mol]	n [mmol]	m [mg]
Monomer A	272,33	1,8	490,2
Monomer B	180,28	4,2	757,2

7.3.7 Ansätze der Membranen mit Luvitec VA 64P®

Tabelle 7-21: In dieser Arbeit verwendeter Ansatz zur Herstellung des Zwillingscopolymers der molaren Monomerzusammensetzung A:B = 1:2,3, thermisch initiiert und mit Luvitec® VA 64P versetzt.

Edukt	M [g/mol]	n [mmol]	m [mg]
Monomer A	272,33	3,6	980
Monomer B	180,28	8,4	1516
Luvitec VA 64P®			12,4
THF	72,11	0,007	0,05

7 Anhang

7.4 Spektren und Diagramme

7.4.1 ¹H-NMR Spektren Monomer A

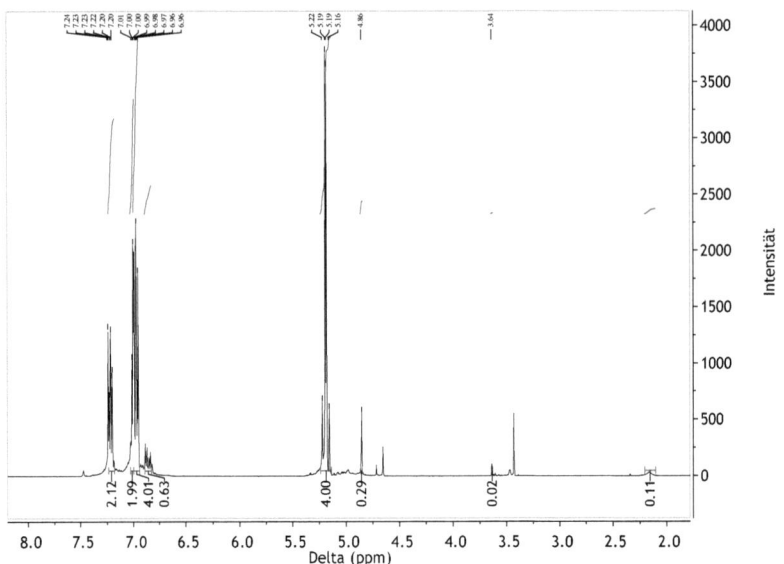

Abb. 7.1: ¹H-NMR Synthese Nr. 1 Monomer A.

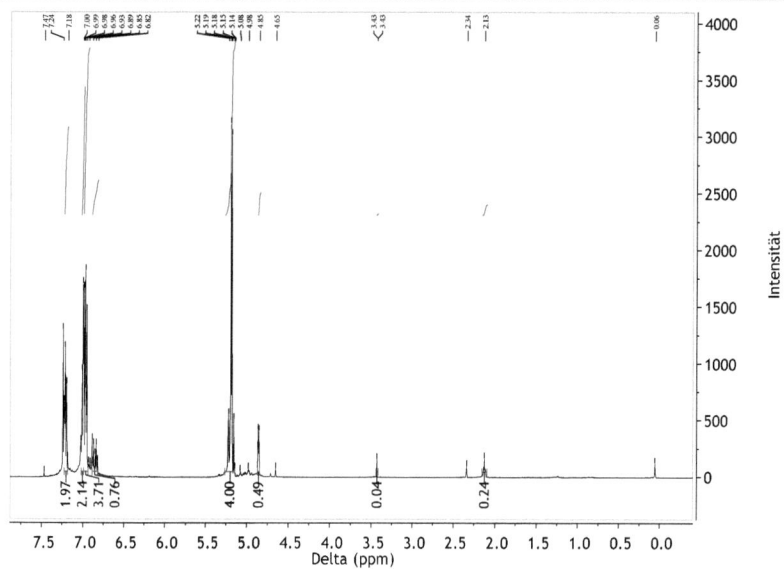

Abb. 7.2: ^{1}H-NMR Synthese Nr. 2 Monomer A.

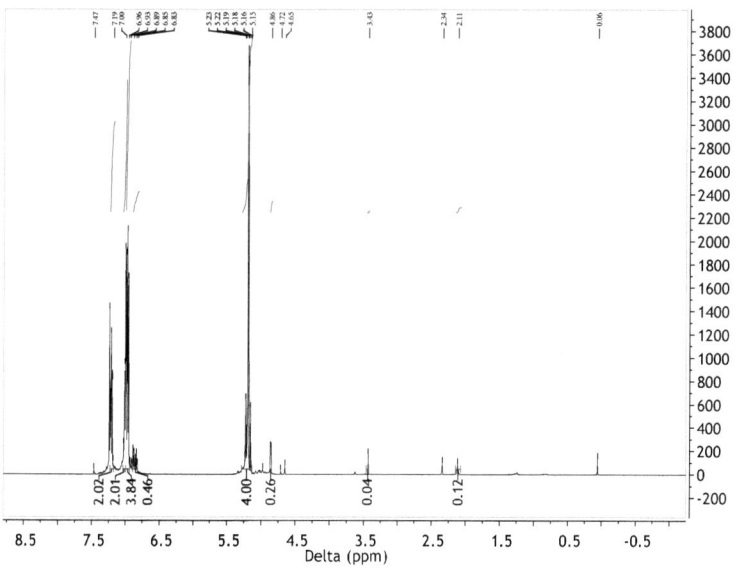

Abb. 7.3: ^{1}H-NMR Synthese Nr. 3 Monomer A.

7 Anhang

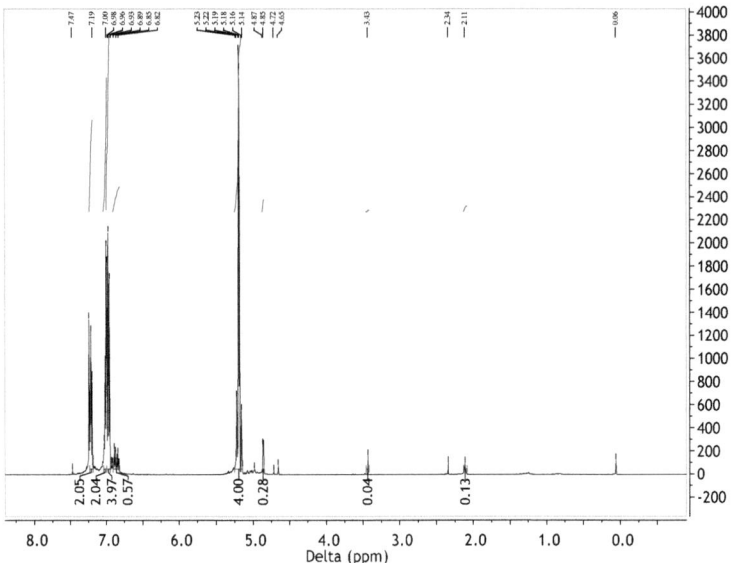

Abb. 7.4: ^{1}H-NMR Synthese Nr. 4 Monomer A.

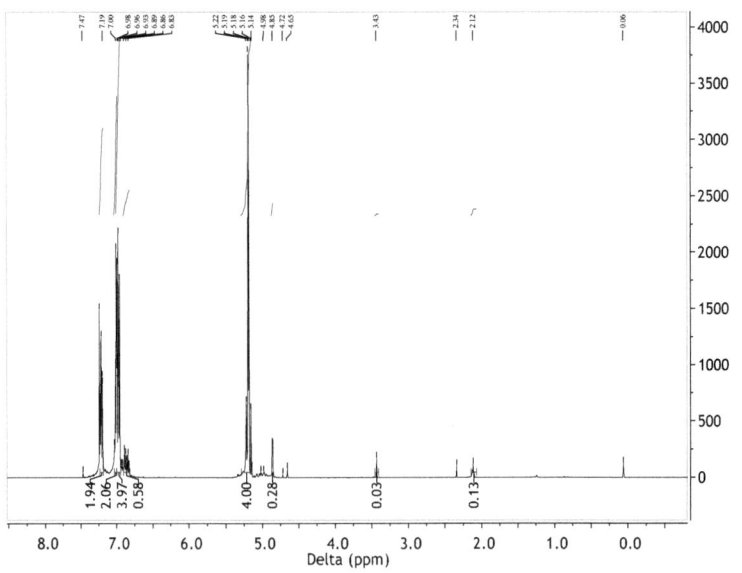

Abb. 7.5: ^{1}H-NMR Synthese Nr. 5 Monomer A.

Tabelle 7-22: Auswertung ^{1}H-NMR des Monomer A Synthese 2-5.

δ ppm	Multiplizität	Anzahl H-Atome	Synth. 2	Synth. 3	Synth. 4	Synth. 5	Zuordnung
5,13-5,19	dd	4	4	4	4	4	f/m
6,89-6,98	m	4	3,71	3,84	3,97	3,97	c/d/j/k
6,94-7,00	m	2	2,14	2,01	2,04	2,06	b/i
7,14-7,23	m	2	1,97	2,01	2,05	1,94	a/h
2,10	s	1	0,24	0,12	0,13	0,13	7
4,86	s	2	0,49	0,26	0,28	0,28	6
6,80-6,88	m	4	0,76	0,46	0,57	0,58	1/2/3/4
7.30	s	1					8

7.4.2 ^{1}H-NMR Spektren Monomer B

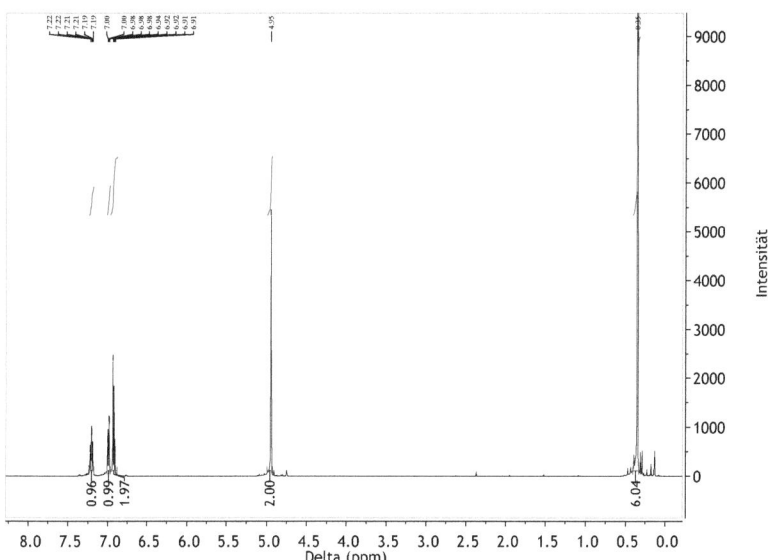

Abb. 7.6: ^{1}H-NMR Synthese Nr. 1 Monomer B.

7 Anhang

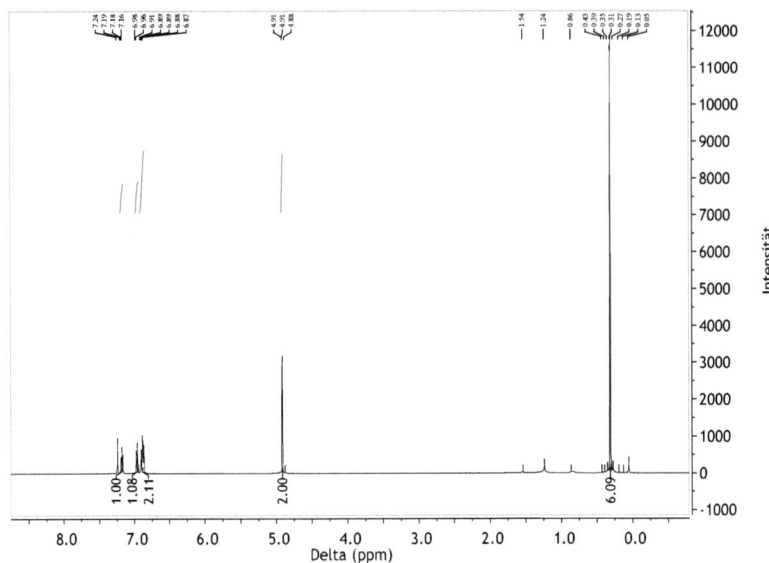

Abb. 7.7: ^{1}H-NMR Synthese Nr. 2 Monomer B.

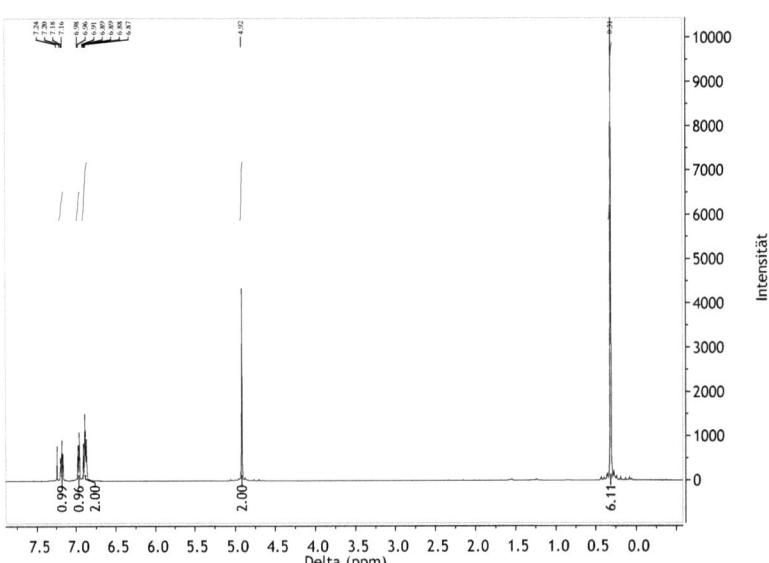

Abb. 7.8: ^{1}H-NMR Synthese Nr. 3 Monomer B.

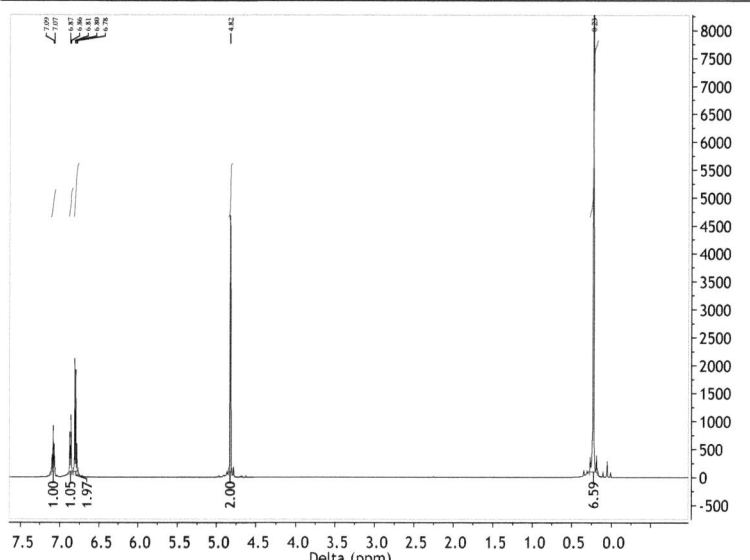

Abb. 7.9: ^{1}H-NMR Synthese Nr. 4 Monomer B.

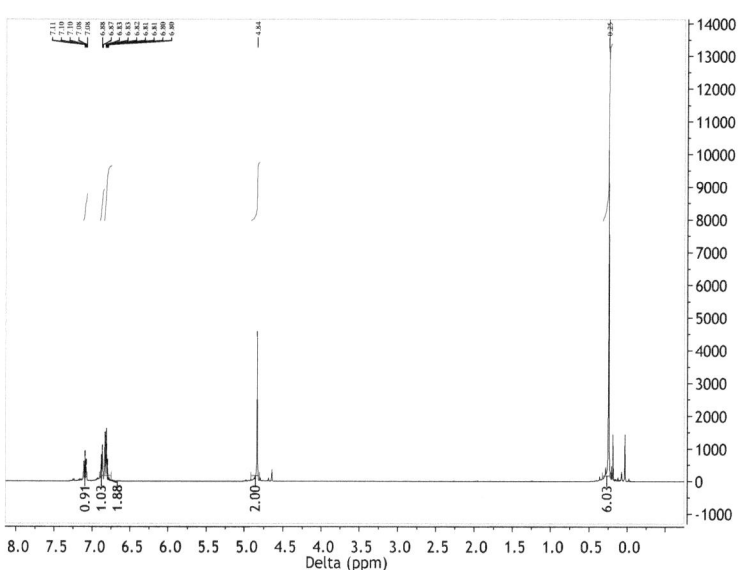

Abb. 7.10: ^{1}H-NMR Synthese Nr. 5 Monomer B.

7 Anhang

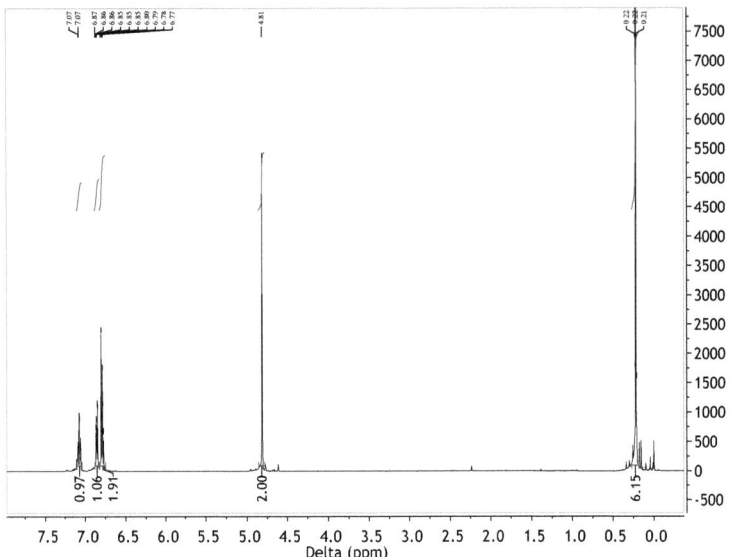

Abb. 7.11: ^{1}H-NMR Synthese Nr. 6 Monomer B.

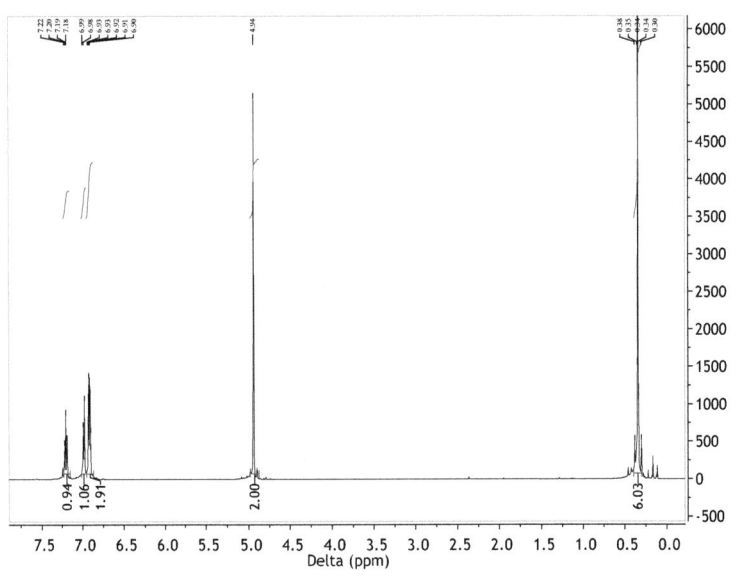

Abb. 7.12: ^{1}H-NMR Synthese Nr. 7 Monomer B.

Tabelle 7-23: Auswertung ¹H-NMR des Monomer B Synthese 2-7.

δ ppm	Multipli-zität	Anzahl H-Atome	Synt. 2	Synt. 3	Synt. 4	Synt. 5	Synt. 6	Synt. 7	Zuordnung
0,31	s	6	6,09	6,11	6,59	6,03	6,15	6,03	a/b
4,91	s	2	2	2	2	2	2	2	c
6,87-6,91	m	2	2,11	2,00	1,97	1,88	1,91	1,91	g/h
6,96-6,97	d	1	1,08	0,96	1,05	1,03	1,06	1,06	f
7,17-7,24	m	1	1,00	0,99	1,00	0,91	0,97	0,94	e
2,15	s	1							7
4,86	s	2							6
6,82-6,89	m	4							1/2/3/4
	s	1							8

7.4.3 ¹³C-NMR Spektren Monomer A

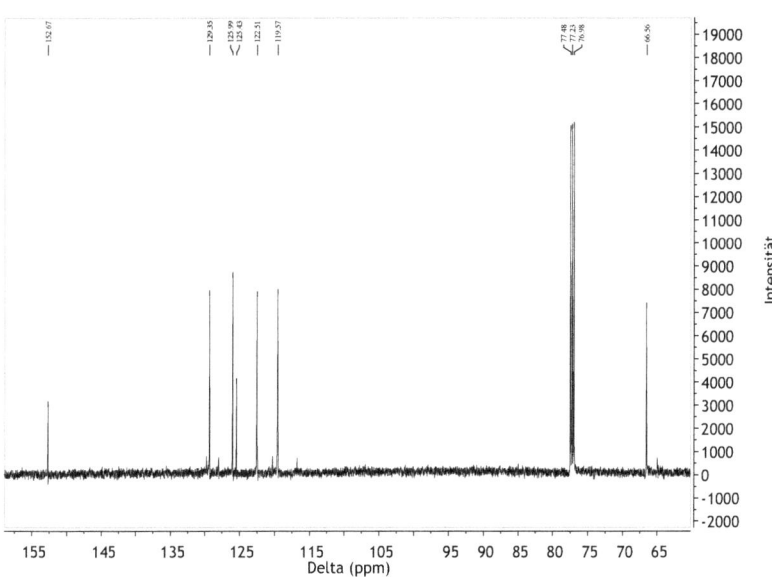

Abb. 7.13: ¹³C-NMR Synthese Nr. 1 Monomer A.

7 Anhang

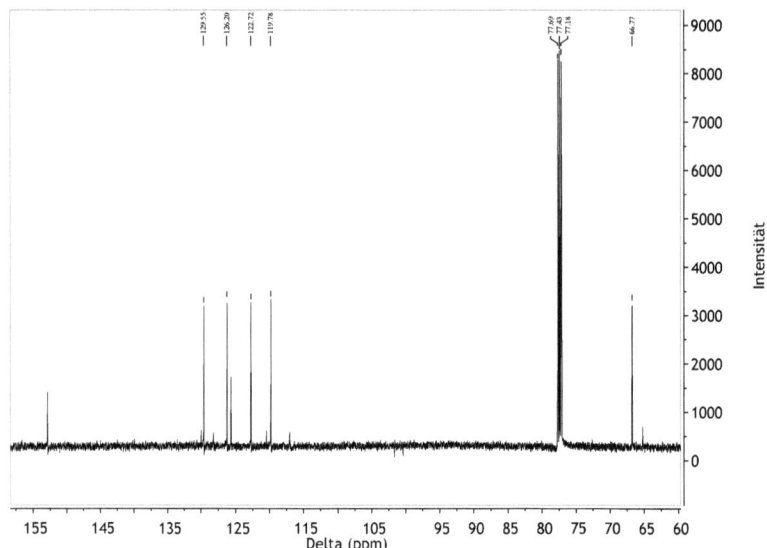

Abb. 7.14: ^{13}C-NMR Synthese Nr. 2 Monomer A.

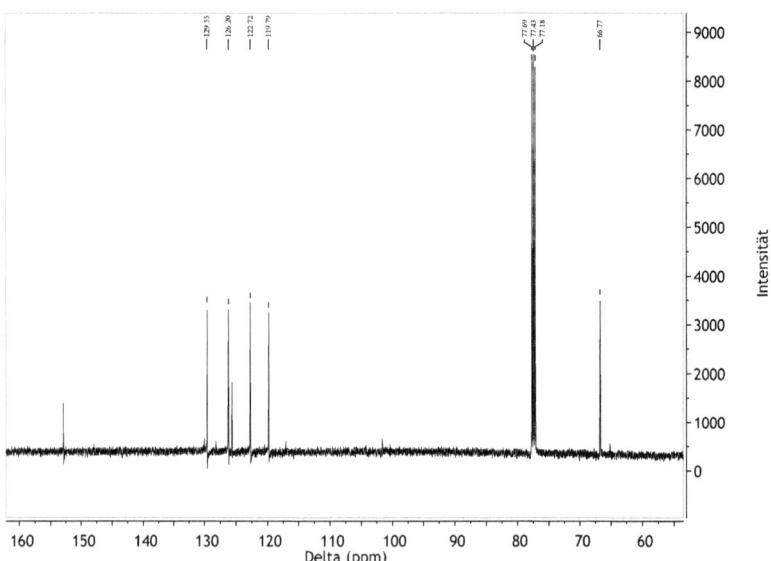

Abb. 7.15: ^{13}C-NMR Synthese Nr. 3 Monomer A.

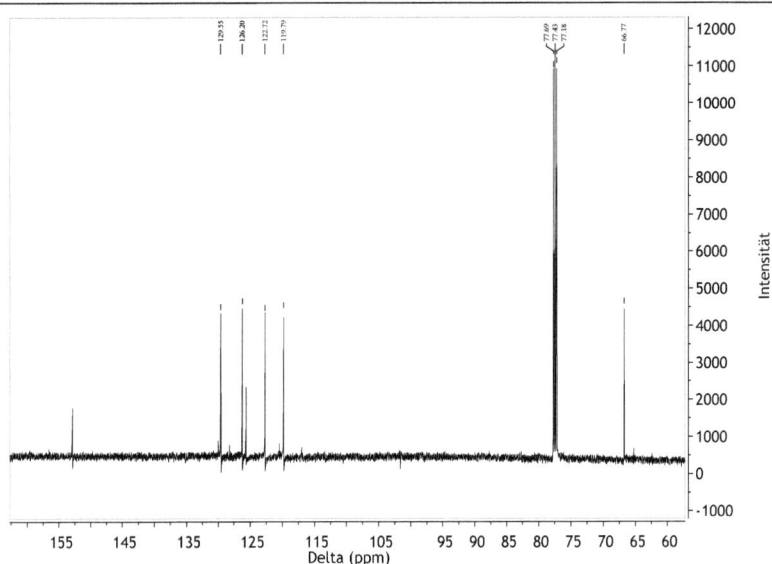

Abb. 7.16: ^{13}C-NMR Synthese Nr. 4 Monomer A.

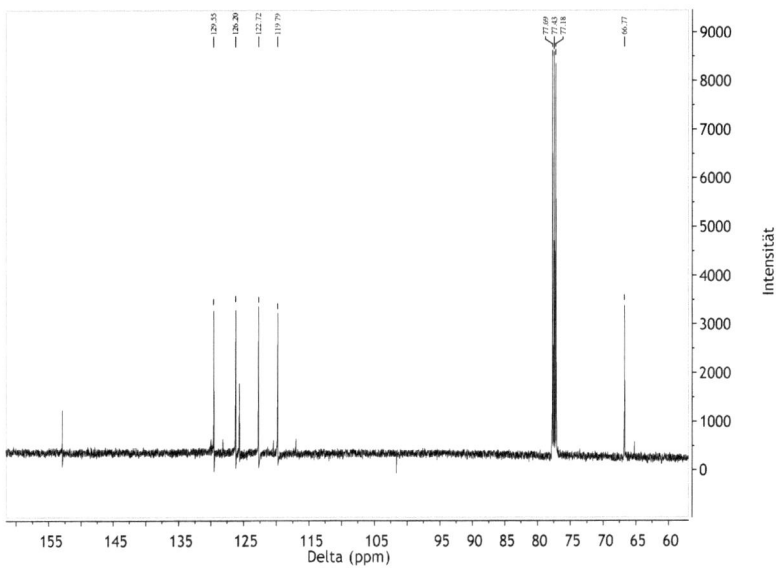

Abb. 7.17: ^{13}C-NMR Synthese Nr. 5 Monomer A.

7 Anhang

7.4.4 ^{13}C-NMR Spektren Monomer B

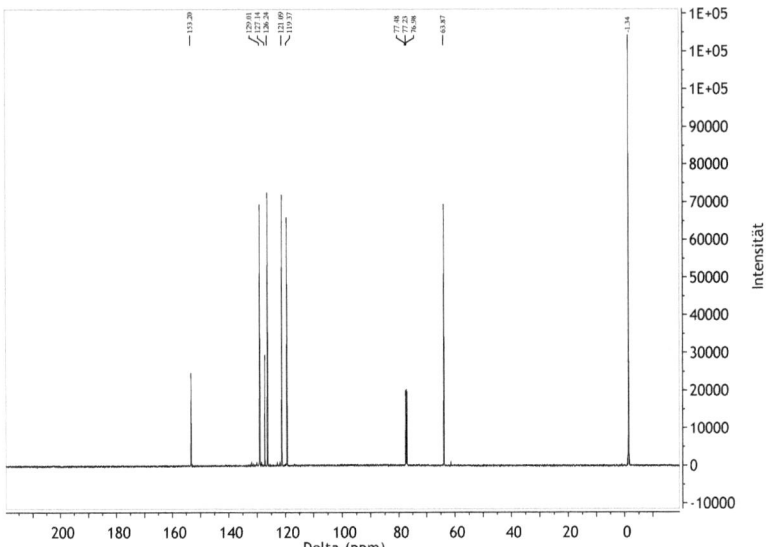

Abb. 7.18: ^{13}C-NMR Synthese Nr. 1 Monomer B.

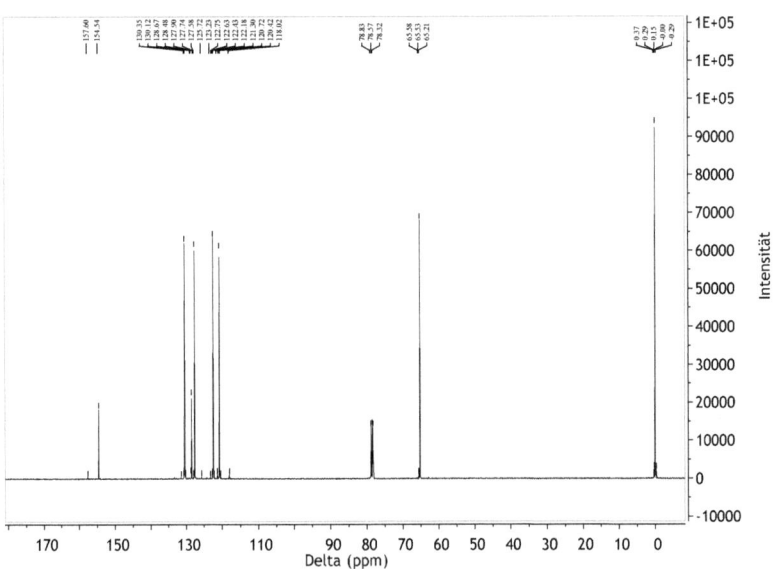

Abb. 7.19: ^{13}C-NMR Synthese Nr. 2 Monomer B.

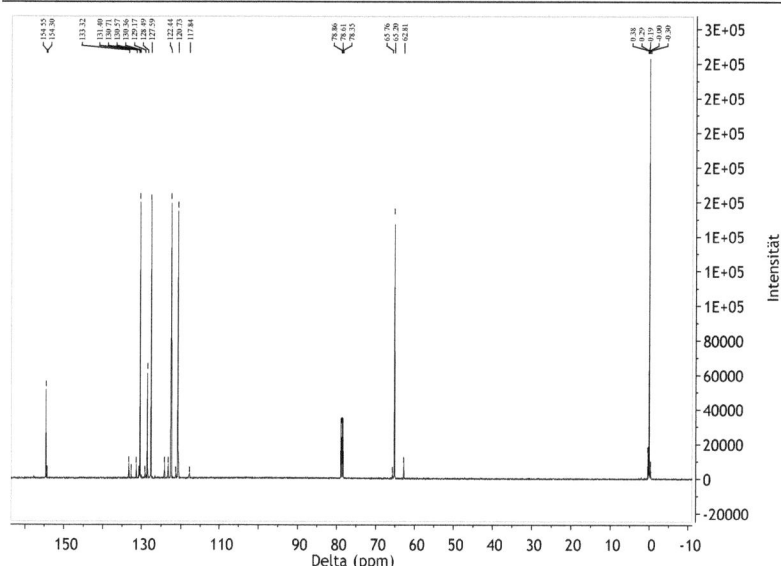

Abb. 7.20: ^{13}C-NMR Synthese Nr. 3 Monomer B.

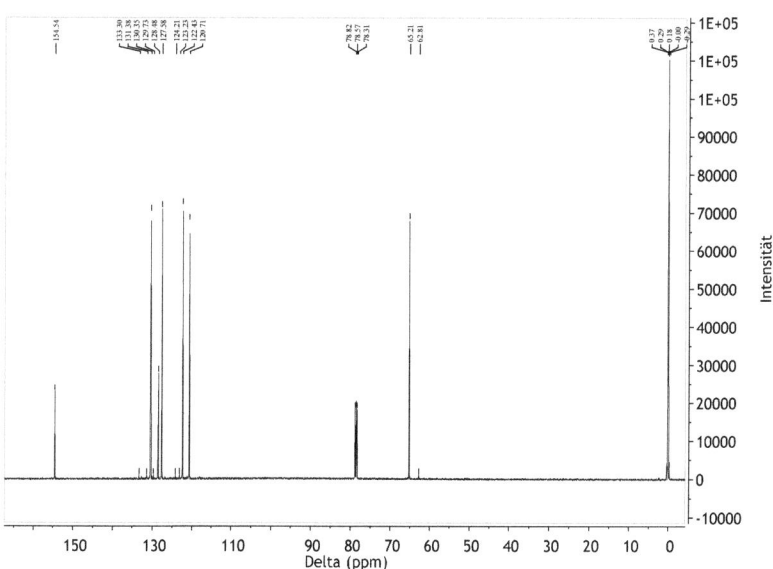

Abb. 7.21: ^{13}C-NMR Synthese Nr. 4 Monomer B.

7 Anhang

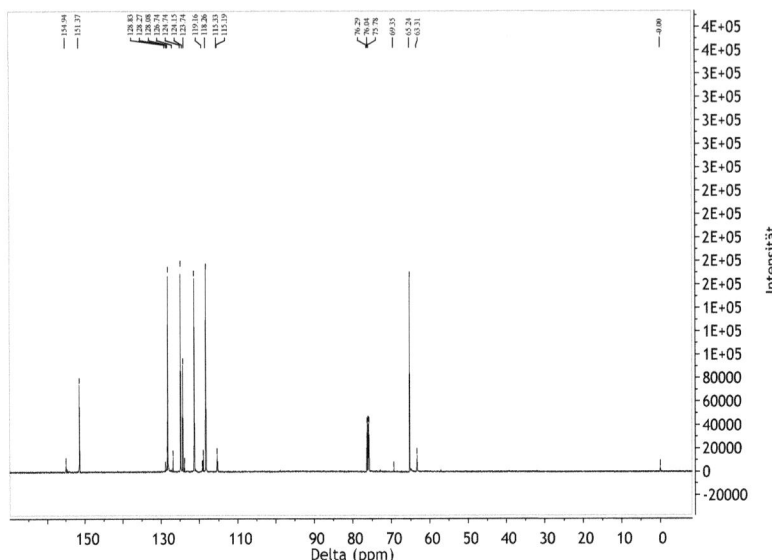

Abb. 7.22: ^{13}C-NMR Synthese Nr. 5 Monomer B.

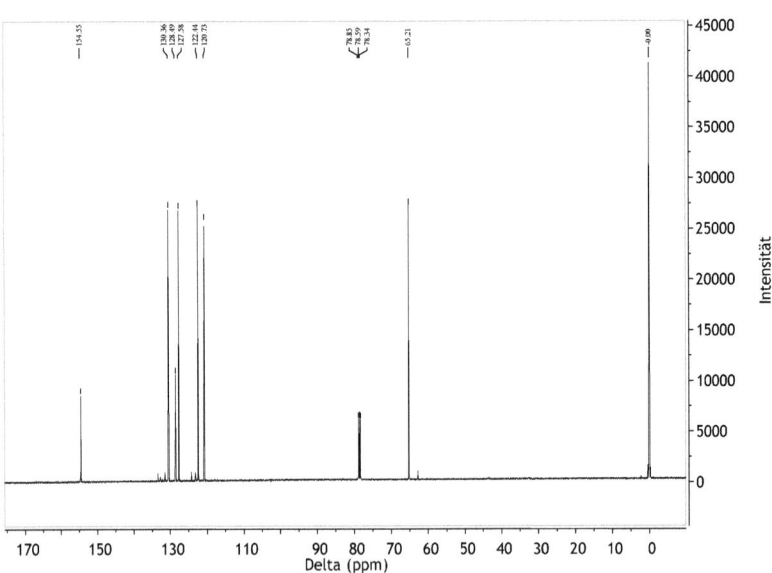

Abb. 7.23: ^{13}C-NMR Synthese Nr. 6 Monomer B.

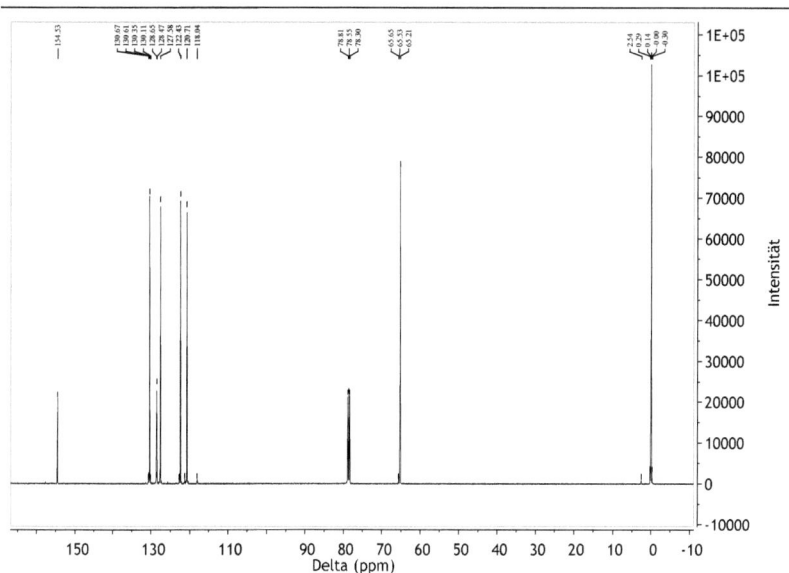

Abb. 7.24: ^{13}C-NMR Synthese Nr. 7 Monomer B.

7.4.5 ^{1}H-NMR Spektren der Beständigkeitstests des Monomer A

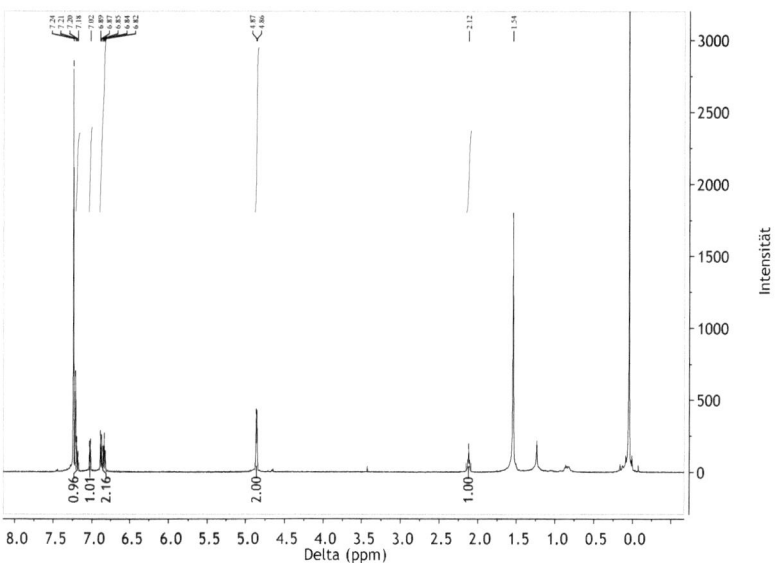

Abb. 7.25: ^{1}H-NMR Spektrum des Monomer A nach Lagerung für 6 Monate in PET-Dose als Pulver.

7 Anhang

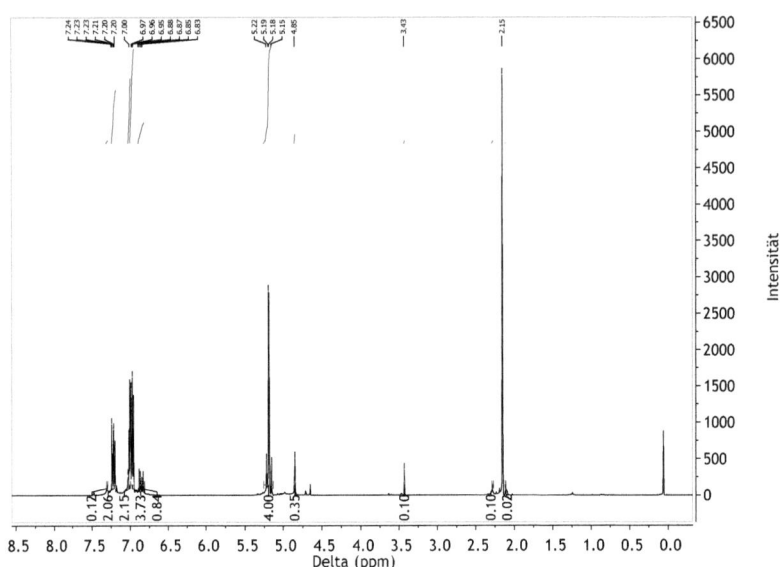

Abb. 7.26: ^{1}H-NMR Spektrum des Monomer A nach Lagerung für > 1 Jahr in PET-Dose als Bulk > 1 cm^3.

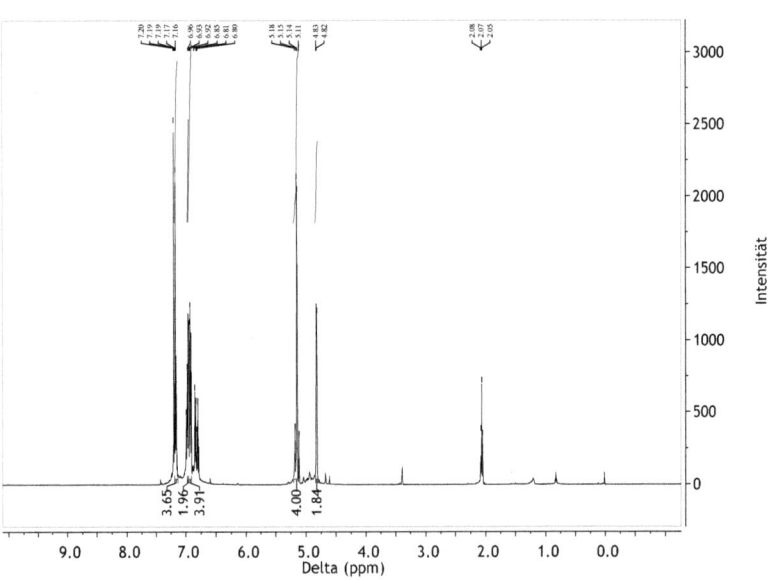

Abb. 7.27: ^{1}H-NMR Spektrum des Monomer A nach Lagerung für > 2 Jahr in PET-Dose als Bulk > 1cm^3.

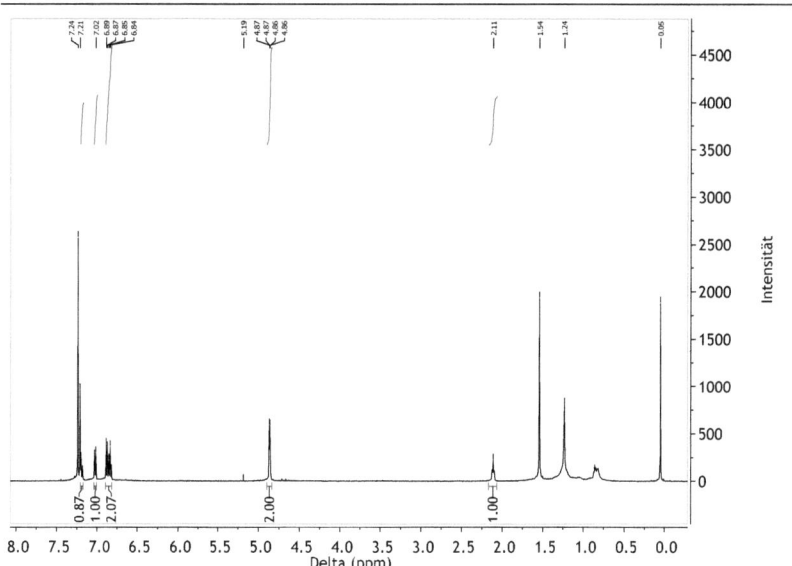

Abb. 7.28: ¹H-NMR Spektrum des Monomer A nach Lagerung für 6 Monaten im Glaskolben als Pulver.

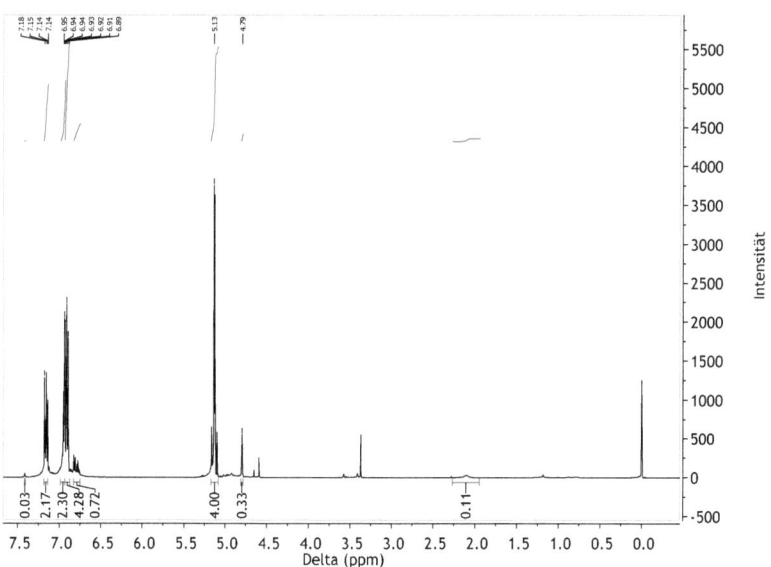

Abb. 7.29: ¹H-NMR Spektrum des Monomer A nach Lagerung für > 1 Jahr im Glaskolben als Bulk > 1 cm³.

7 Anhang

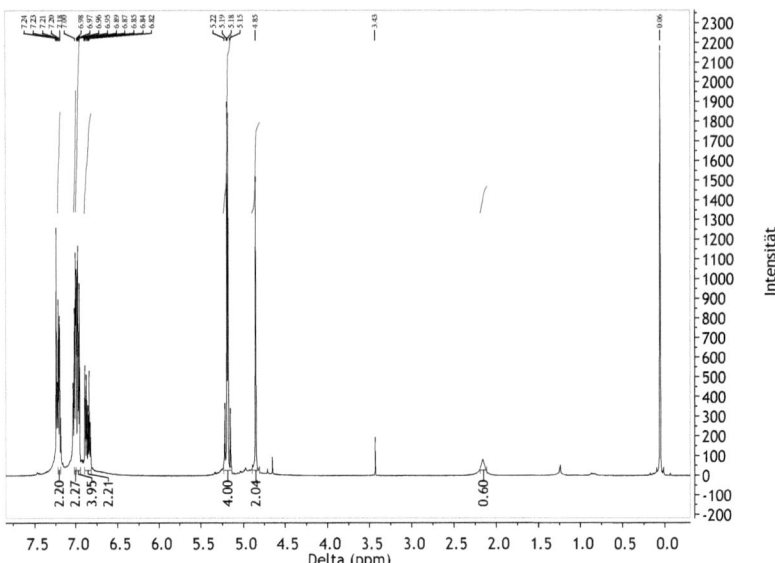

Abb. 7.30: ^{1}H-NMR Spektrum des Monomer A nach Lagerung für 1 Jahr in PET-Dose als Bulk.> 0,5 cm^3.

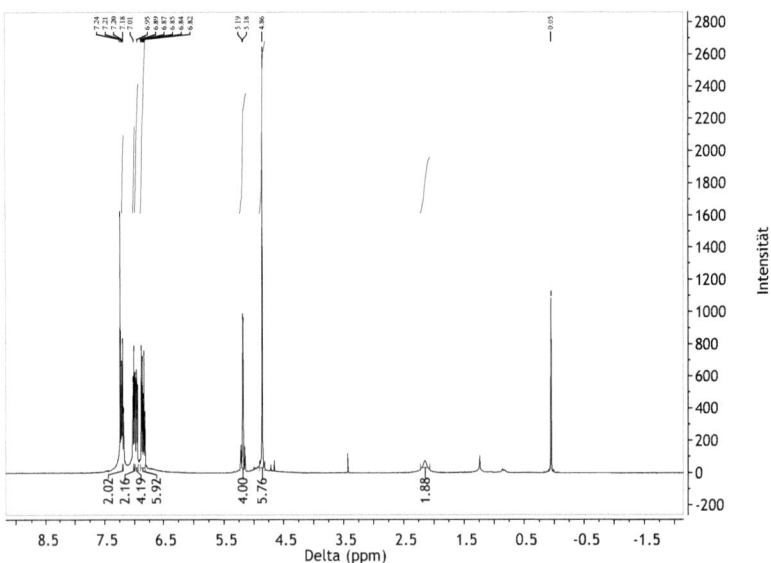

Abb. 7.31: ^{1}H-NMR Spektrum des Monomer A nach Lagerung für 1 Jahr in PET-Dose als Bulk > 0,3 cm^3.

7.4.6 ¹H-NMR Spektren der Beständigkeitstests des Monomer B

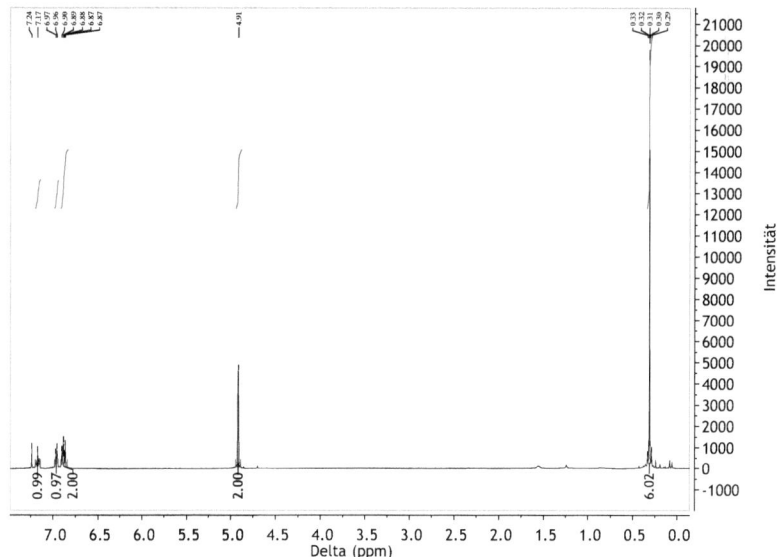

Abb. 7.32: ¹H-NMR Spektrum des Monomer B nach Lagerung für 6 Monaten im Glaskolben.

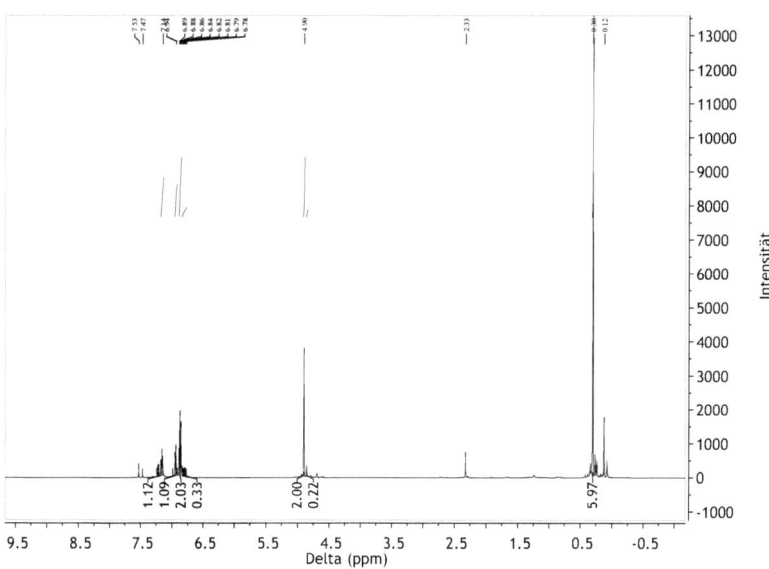

Abb. 7.33: ¹H-NMR Spektrum des Monomer B nach Lagerung für > 1 Jahre im Glaskolben.

7 Anhang

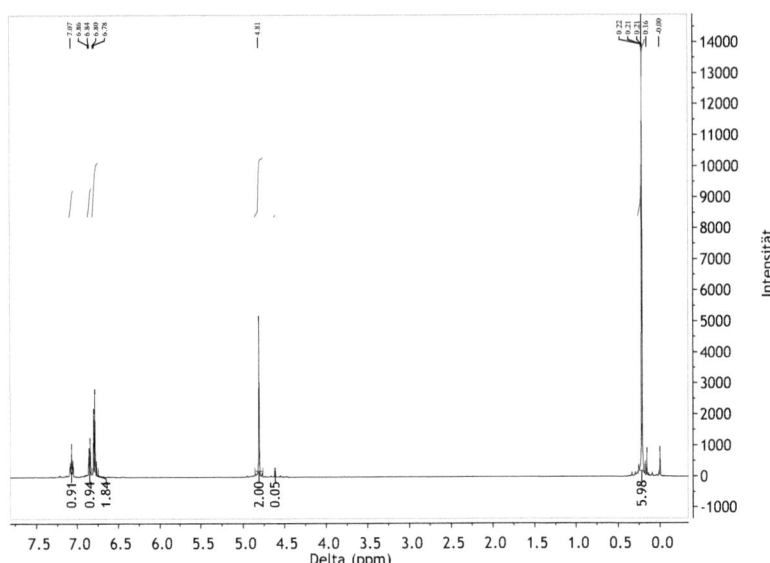

Abb. 7.34: ¹H-NMR Spektrum des Monomer B nach Lagerung für > 2 Jahre im Glaskolben.

7.4.7 Rückstandsuntersuchungen mittels ¹H-NMR

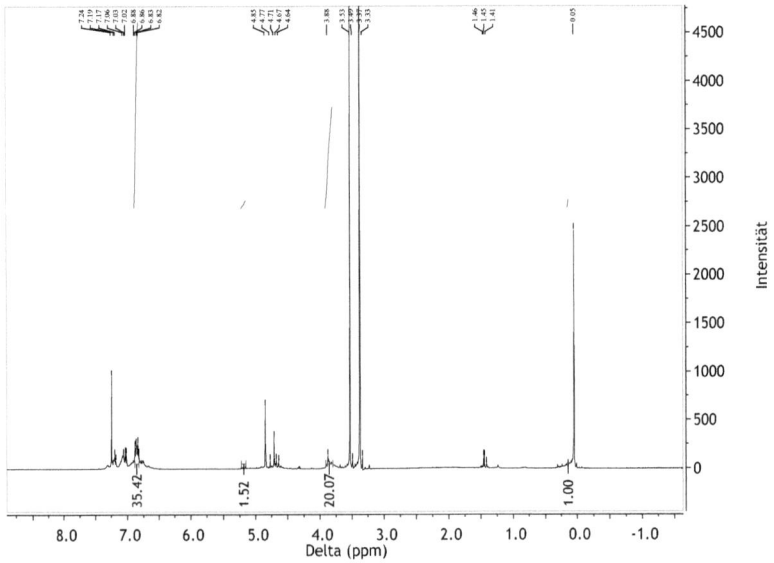

Abb. 7.35: ¹H-NMR in CDCl₃ des Rückstandes einer für 3 Tage mit DME behandelten Membran der molaren Monomerzusammensetzung A:B = 1:1, 5% Trioxan, DL-Milchsäure 98 % initiiert und für 4 h bei 85 °C polymerisiert.

- 210 -

¹H-NMR (500 MHz,CDCl₃) δ (ppm): 0,14 (s, Methylgruppen Silikon), 3,80-3,90 (m, CH₂, Phenolharz), 5,21 (s, OH, Phenolharz), 6,77-6,87 (m Protonen am aromatischen Ring des Phenolharzes)

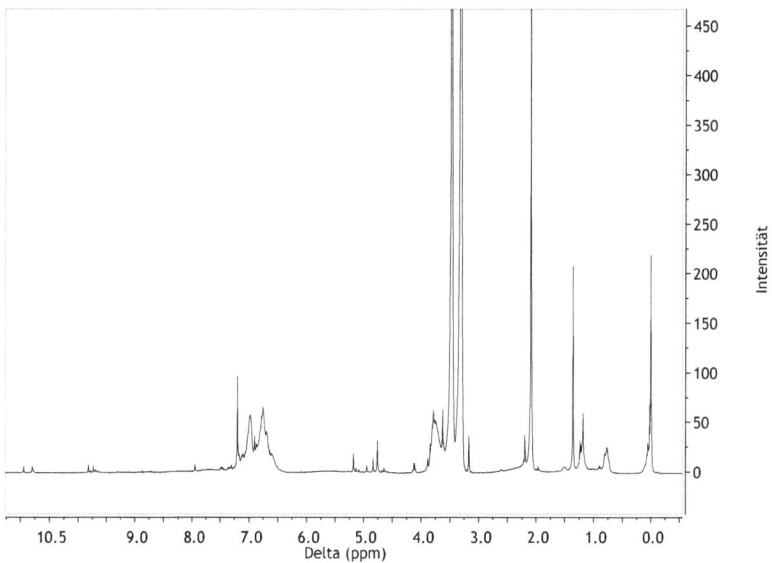

Abb. 7.36: ¹H-NMR in DMSO-d₆ des Rückstands einer für 20 Stunden mit LiOH behandelten Membran der molaren Monomerzusammensetzung A:B = 1:1, 5 % Trioxan > 99 %, DL-Milchsäure 98 % initiiert und für 4 h bei 85 °C polymerisiert.

¹H-NMR (500 MHz,DMSOd₆) δ (ppm): 0,14 (s, Methylgruppen Silikon), 3,80-3,90 (m, CH₂, Phenolharz), 5,21 (s, OH, Phenolharz), 6,77-6,87 (m Protonen am aromatischen Ring des Phenolharzes).

7 Anhang

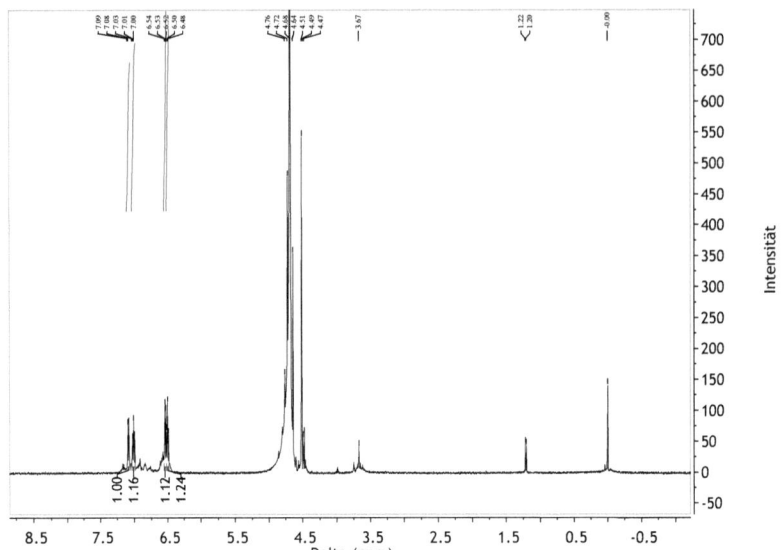

Abb. 7.37: ^{1}H-NMR in D$_2$O des Rückstand einer für 20 Stunden mit NaOH behandelten Membran der molaren Monomerzusammensetzung A:B = 1:1, 5% Trioxan > 99 %, DL-Milchsäure 98 % initiiert und für 4 h bei 85 °C polymerisiert.

^{1}H-NMR (500 MHz, D$_2$O) δ (ppm)= 7,21-6,62 (m, Protonen am aromatischen Ring des Phenolharzes)

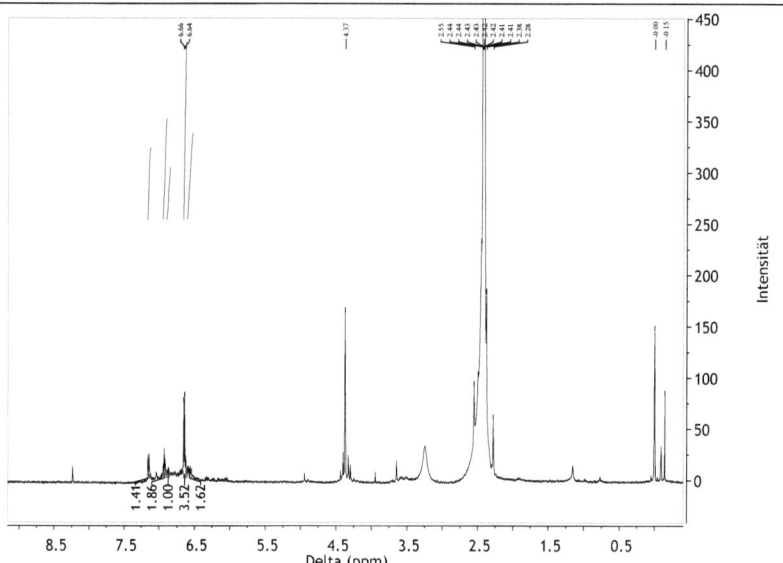

Abb. 7.38: 1H-NMR in DMSO-d$_6$ des Rückstand einer für 20 Stunden mit entlüfteter NaOH behandelten Membran der molaren Monomerzusammensetzung A:B = 1:1, 5 % Trioxan > 99 %, DL-Milchsäure 98 % initiiert und für 4 h bei 85 °C polymerisiert.

^{1}H-NMR (500 MHz, DMSOd$_6$) δ (ppm): 0,14 (s, Methylgruppen Silikon), 3,80-3,90 (m, CH$_2$, Phenolharz), 5,21 (s, OH, Phenolharz), 6,77-6,87 (m Protonen am aromatischen Ring des Phenolharzes).

7.4.8 DSC-Messungen

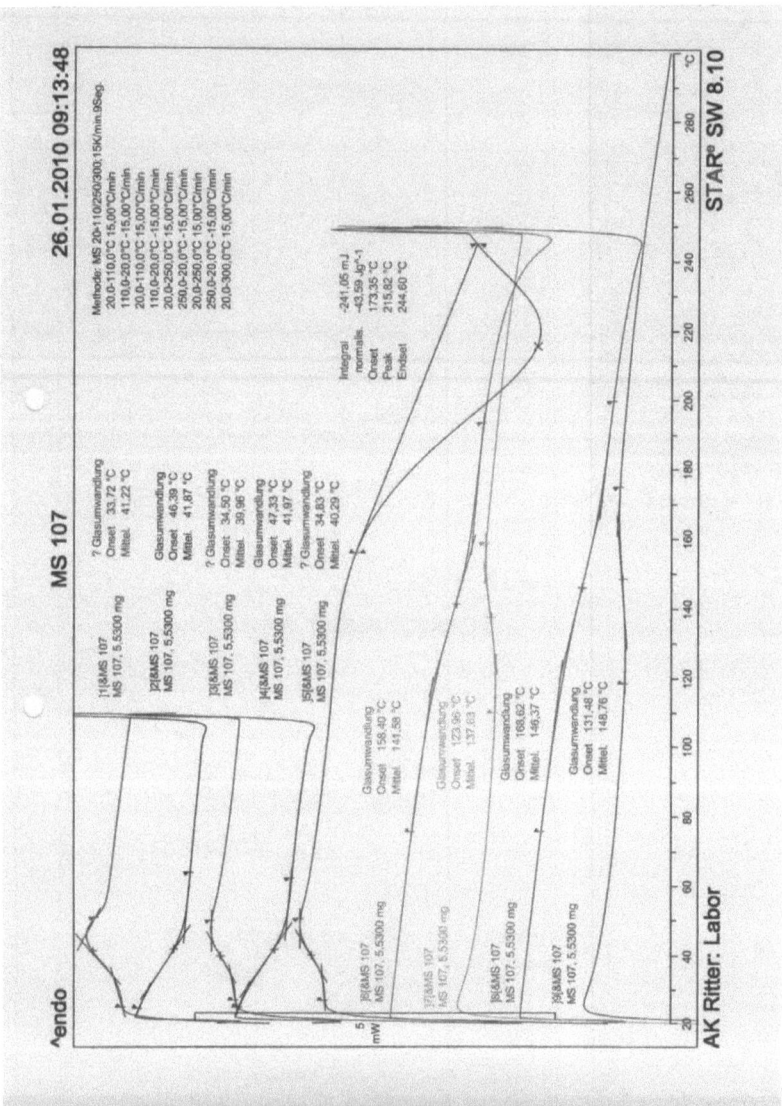

Abb. 7.39: DSC eines Zwillingscopolymers der molaren Zusammensetzung Monomer A:B = 1:1, DL-Milchsäure 98 % initiiert, Zugabe von 5 % Trioxan zur Schmelze, 30 Minuten bei 150 °C getempert.

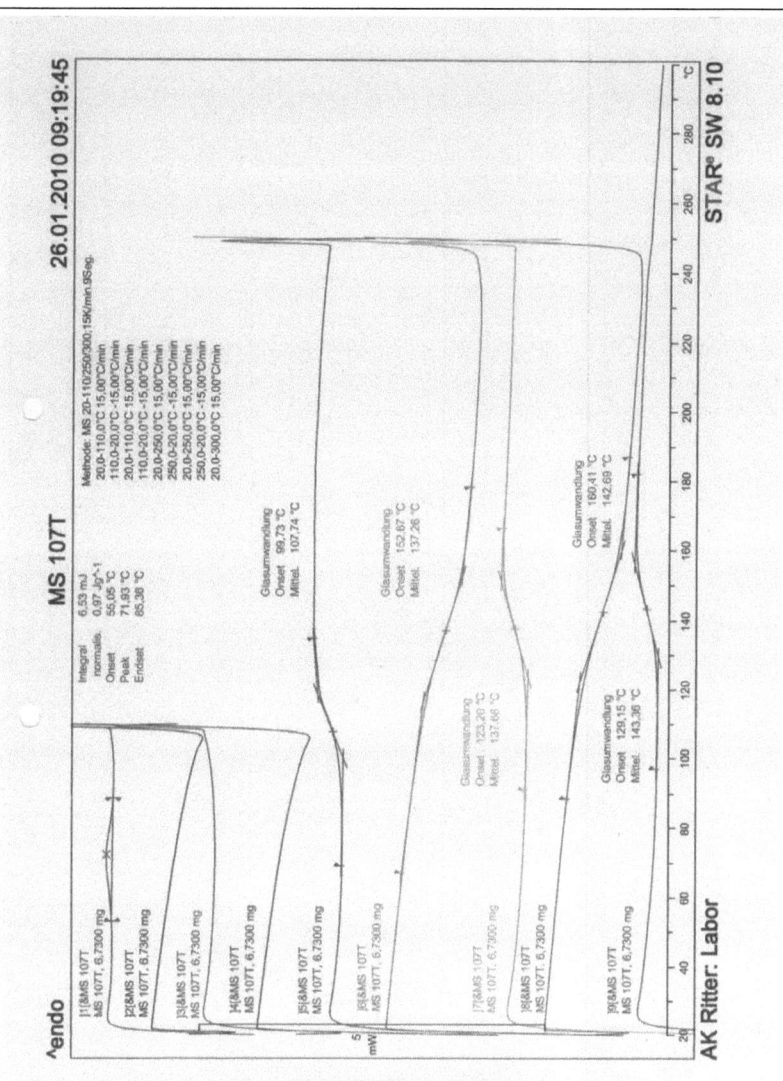

Abb. 7.40: DSC eines Zwillingscopolymers der molaren Zusammensetzung Monomer A:B = 1:1, DL-Milchsäure 98 % initiiert, Zugabe von 5 % Trioxan zur Schmelze, 30 Minuten bei 150 °C getempert.

7 Anhang

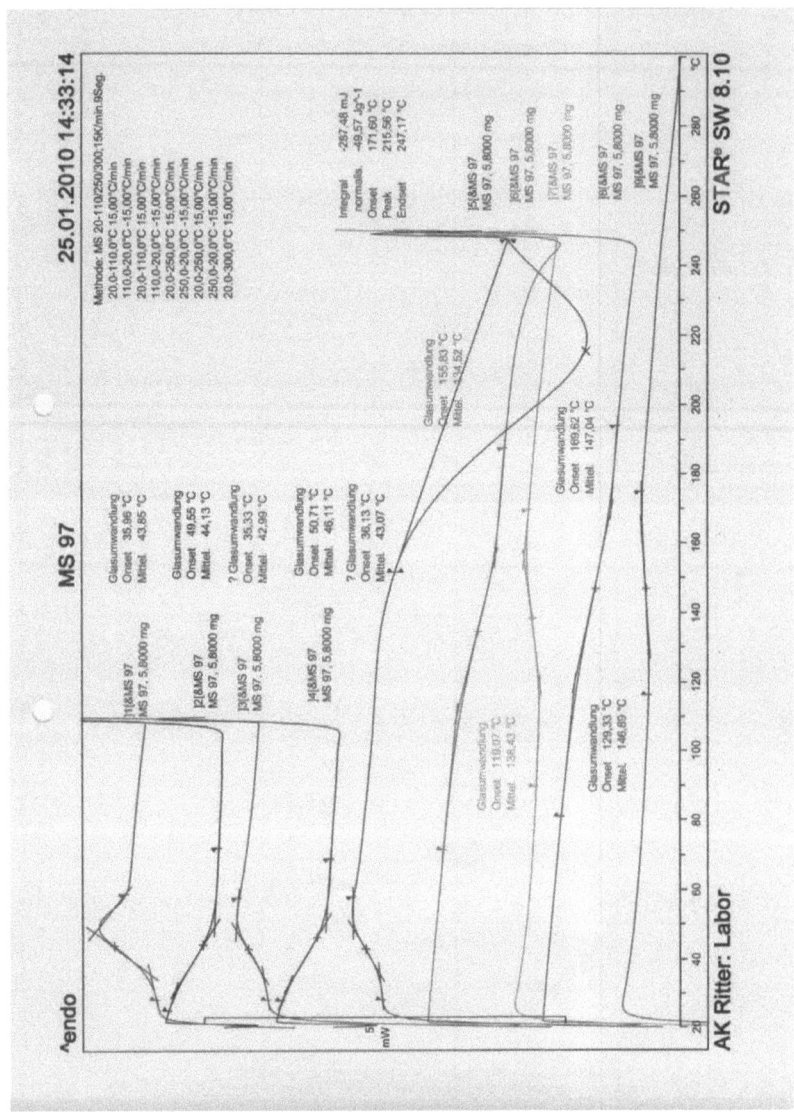

Abb. 7.41: DSC eines Zwillingscopolymers der molaren Zusammensetzung Monomer A:B = 1:1, DL-Milchsäure 98 % initiiert, Zugabe von 5 % Trioxan zur Schmelze, 30 Minuten bei 150 °C getempert.

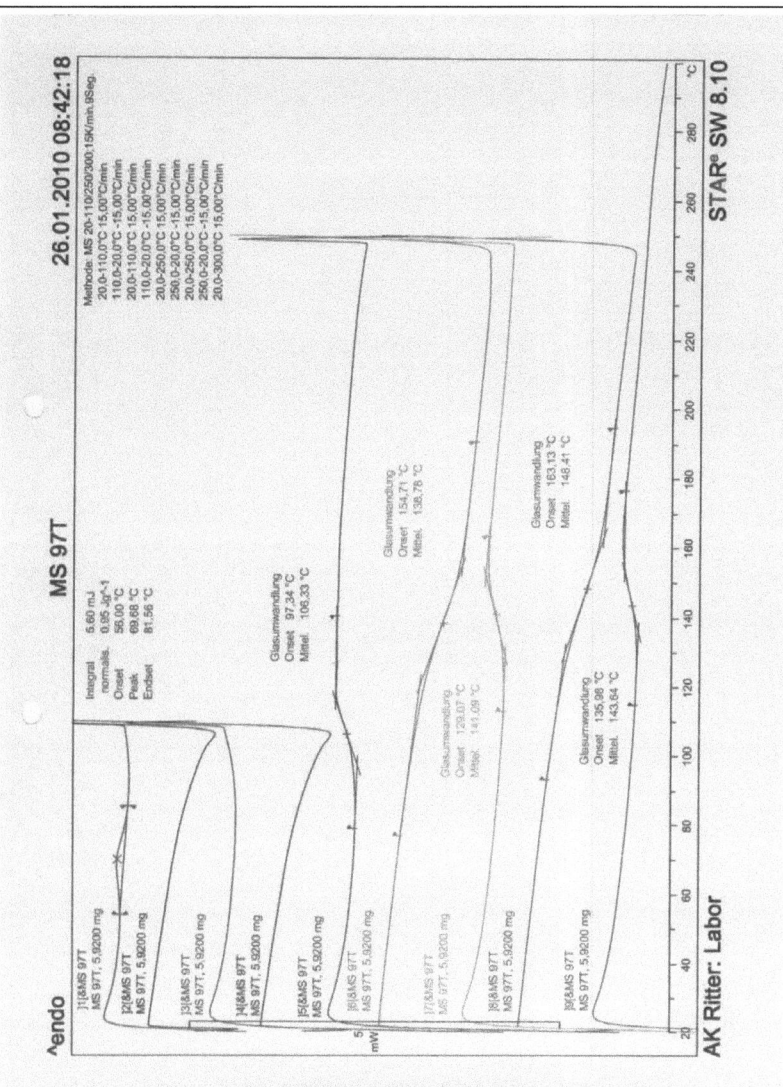

Abb. 7.42: DSC eines Zwillingscopolymers der molaren Zusammensetzung Monomer A:B = 1:1, DL-Milchsäure 98 % initiiert, Zugabe von 5 % Trioxan zur Schmelze, 30 Minuten bei 150 °C getempert.

7 Anhang

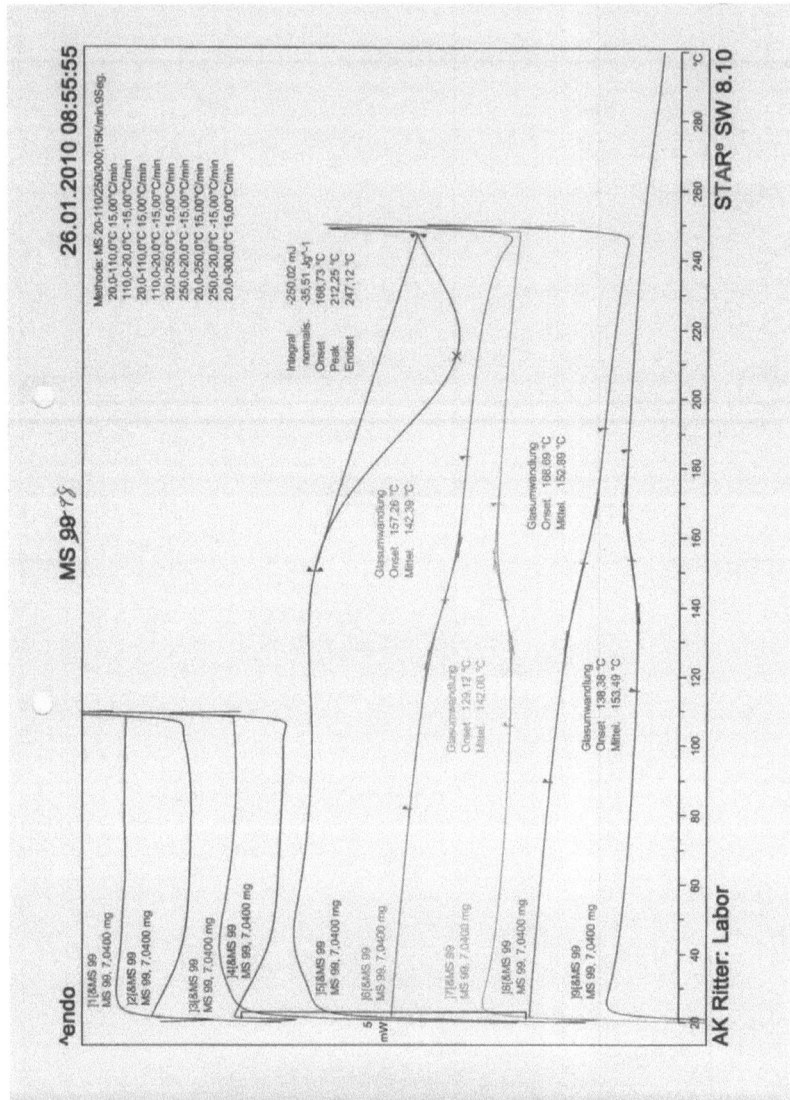

Abb. 7.43: DSC eines Zwillingscopolymers der molaren Zusammensetzung Monomer A:B = 1:1, DL-Milchsäure 98 % initiiert, Zugabe von 5 % Trioxan zur Schmelze, 30 Minuten bei 150 °C getempert.

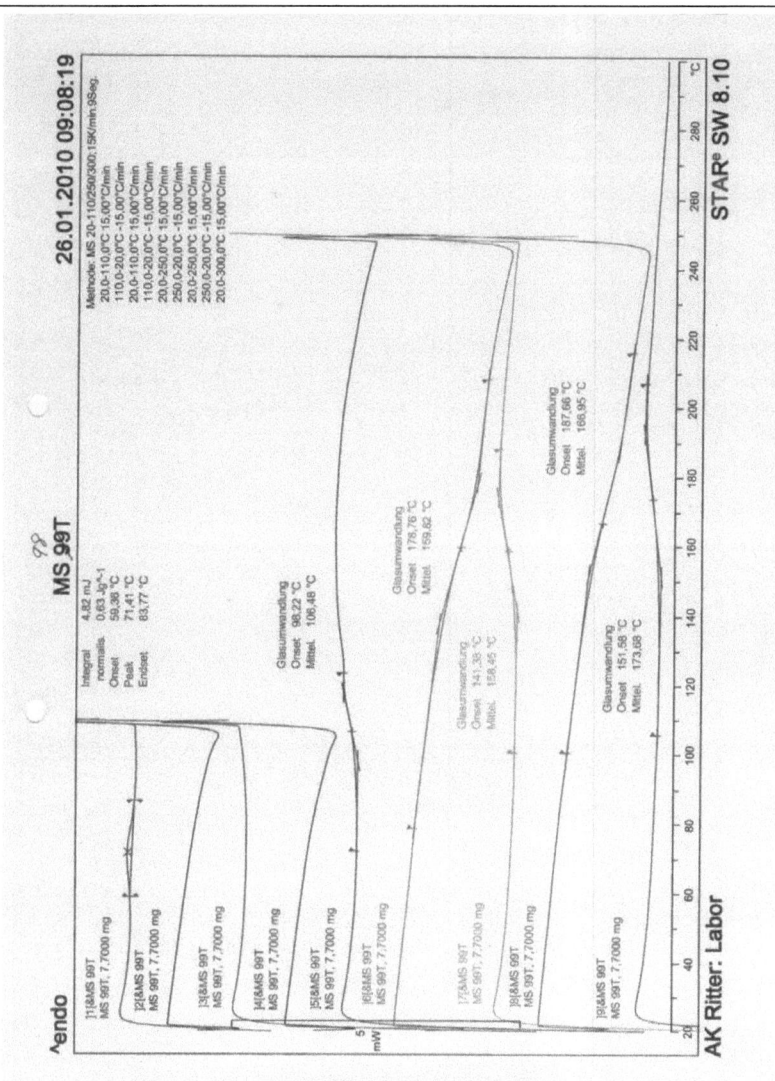

Abb. 7.44: DSC eines Zwillingscopolymers der molaren Zusammensetzung Monomer A:B = 1:1, DL-Milchsäure 98 % initiiert, Zugabe von 5 % Trioxan zur Schmelze, 30 Minuten bei 150 °C getempert.

7 Anhang

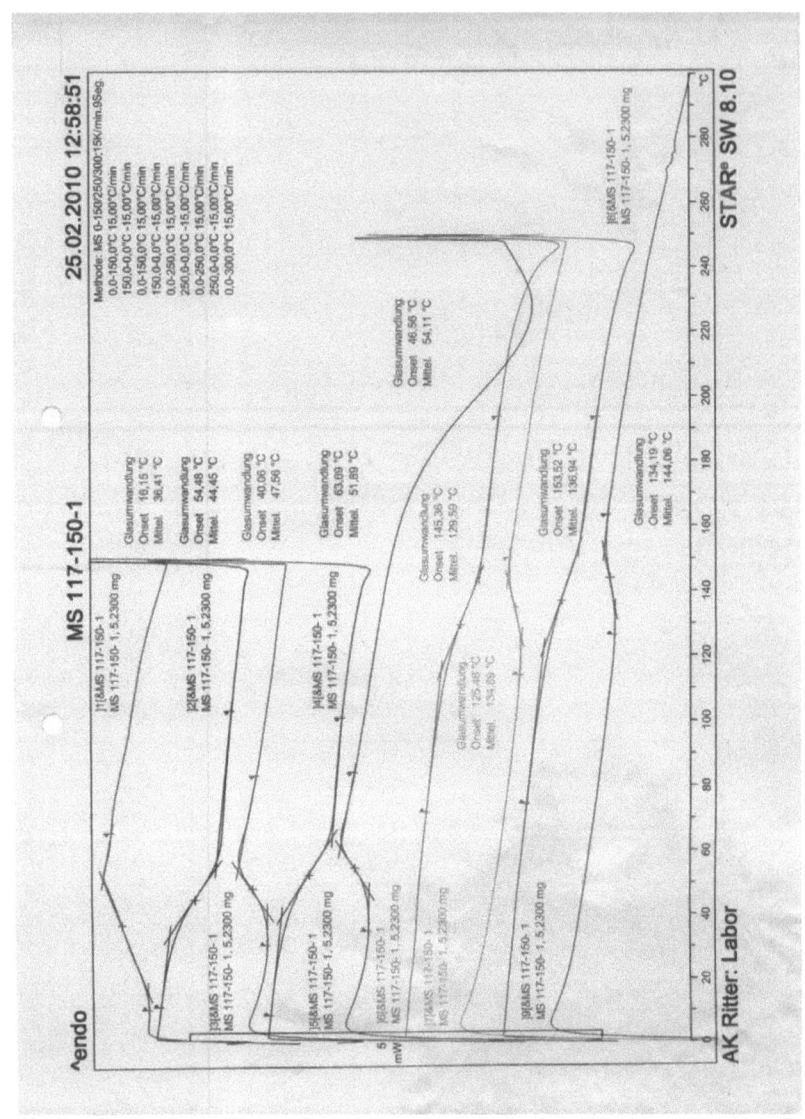

Abb. 7.45: DSC eines Zwillingscopolymers der molaren Zusammensetzung Monomer A:B = 1:1, DL-Milchsäure 98 % initiiert, 10 Minuten bei 150 °C getempert.

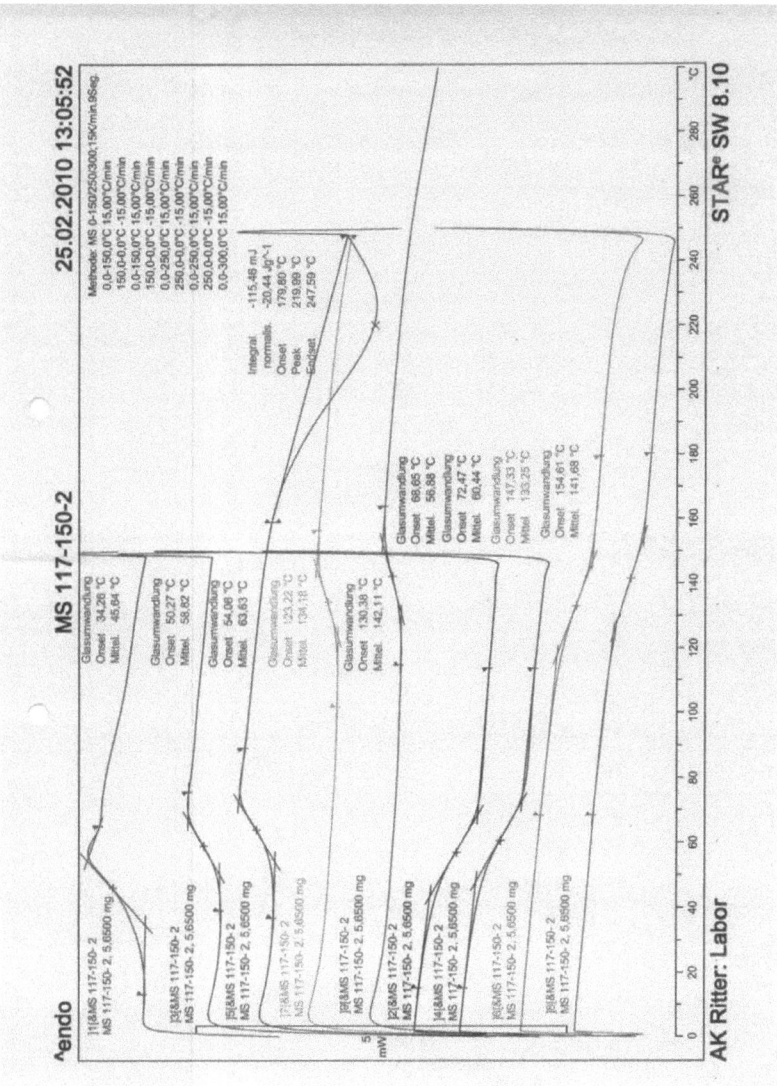

Abb. 7.46: DSC eines Zwillingscopolymers der molaren Zusammensetzung Monomer A:B = 1:1, DL-Milchsäure 98 % initiiert, 20 Minuten bei 150 °C getempert.

7 Anhang

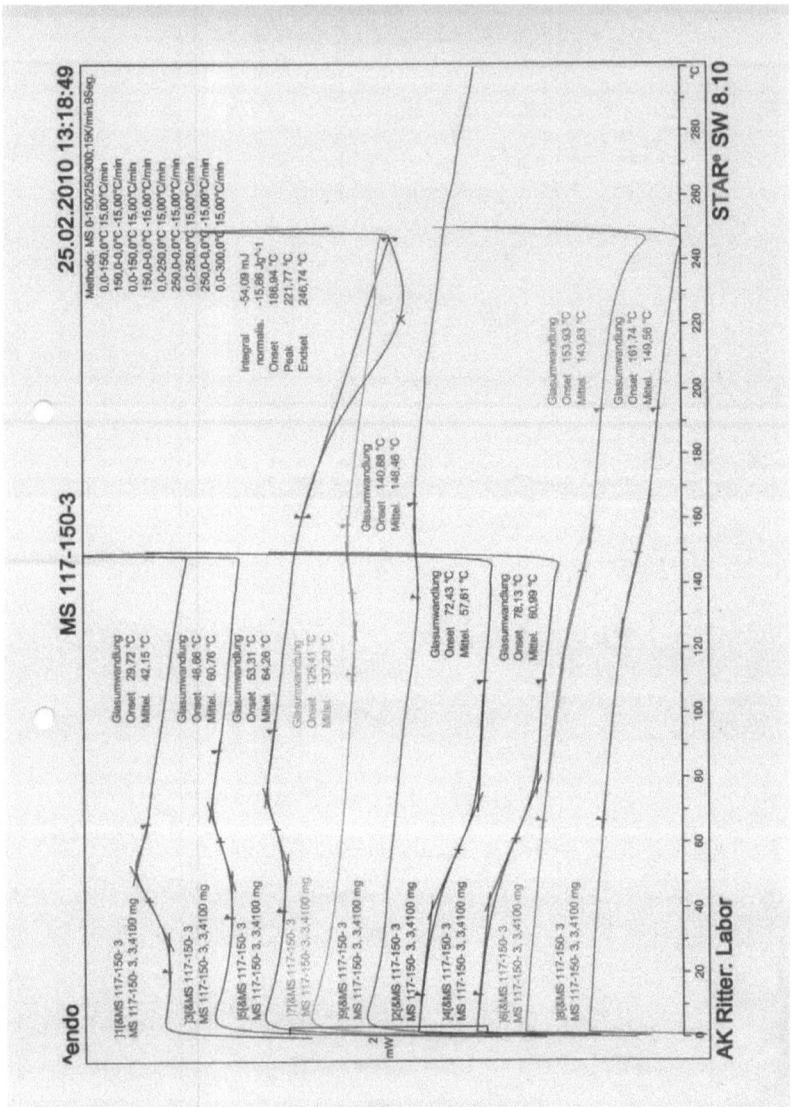

Abb. 7.47: DSC eines Zwillingscopolymers der molaren Zusammensetzung Monomer A:B = 1:1, DL-Milchsäure 98 % initiiert, 30 Minuten bei 150 °C getempert.

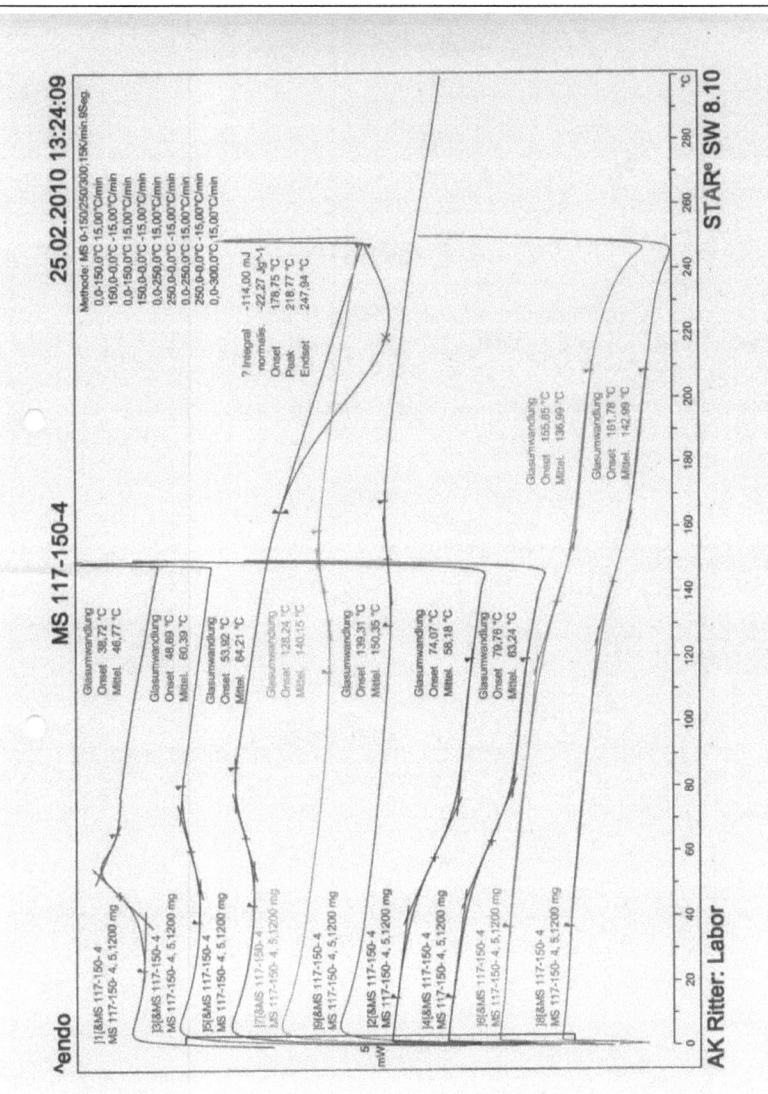

Abb. 7.48: DSC eines Zwillingscopolymers der molaren Zusammensetzung Monomer A:B = 1:1, DL-Milchsäure 98 % initiiert, 40 Minuten bei 150 °C getempert.

7 Anhang

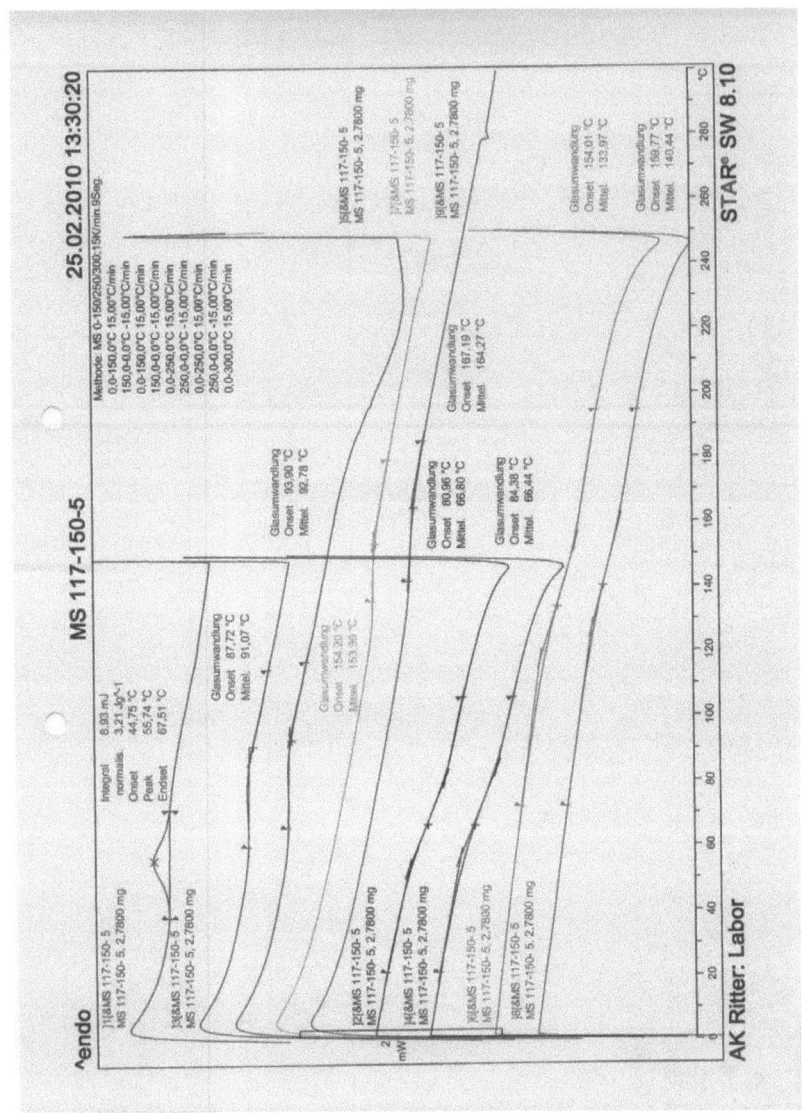

Abb. 7.49: DSC eines Zwillingscopolymers der molaren Zusammensetzung Monomer A:B = 1:1, DL-Milchsäure 98 % initiiert, 50 Minuten bei 150 °C getempert.

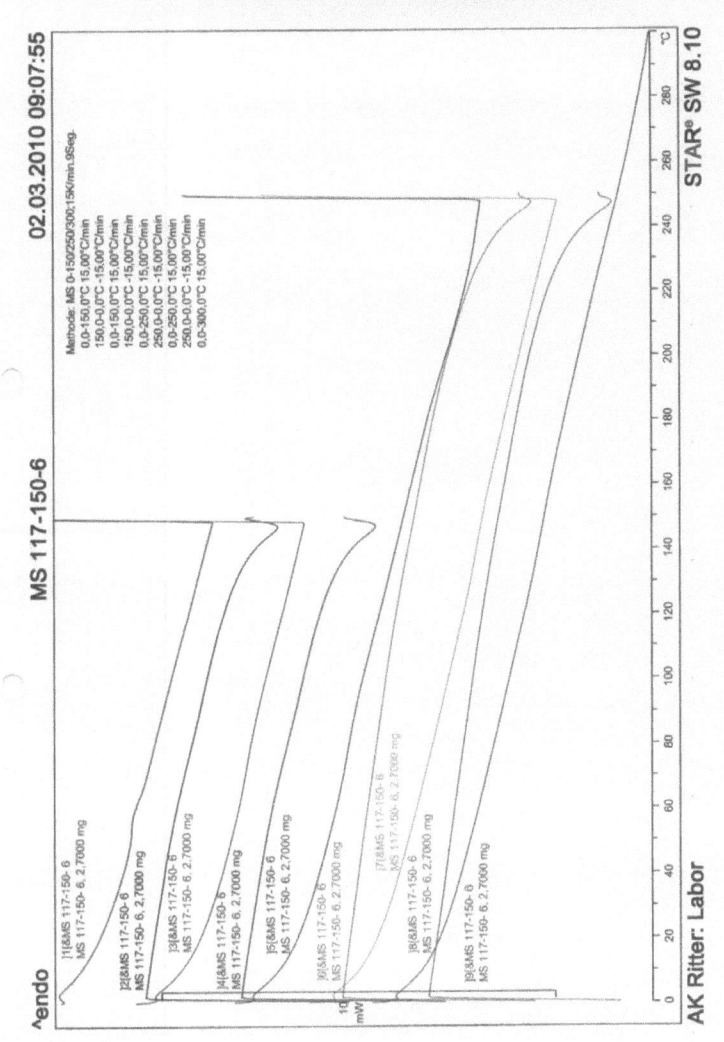

Abb. 7.50: DSC eines Zwillingscopolymers der molaren Zusammensetzung Monomer A:B = 1:1, DL-Milchsäure 98 % initiiert, 60 Minuten bei 150 °C getempert.

7 Anhang

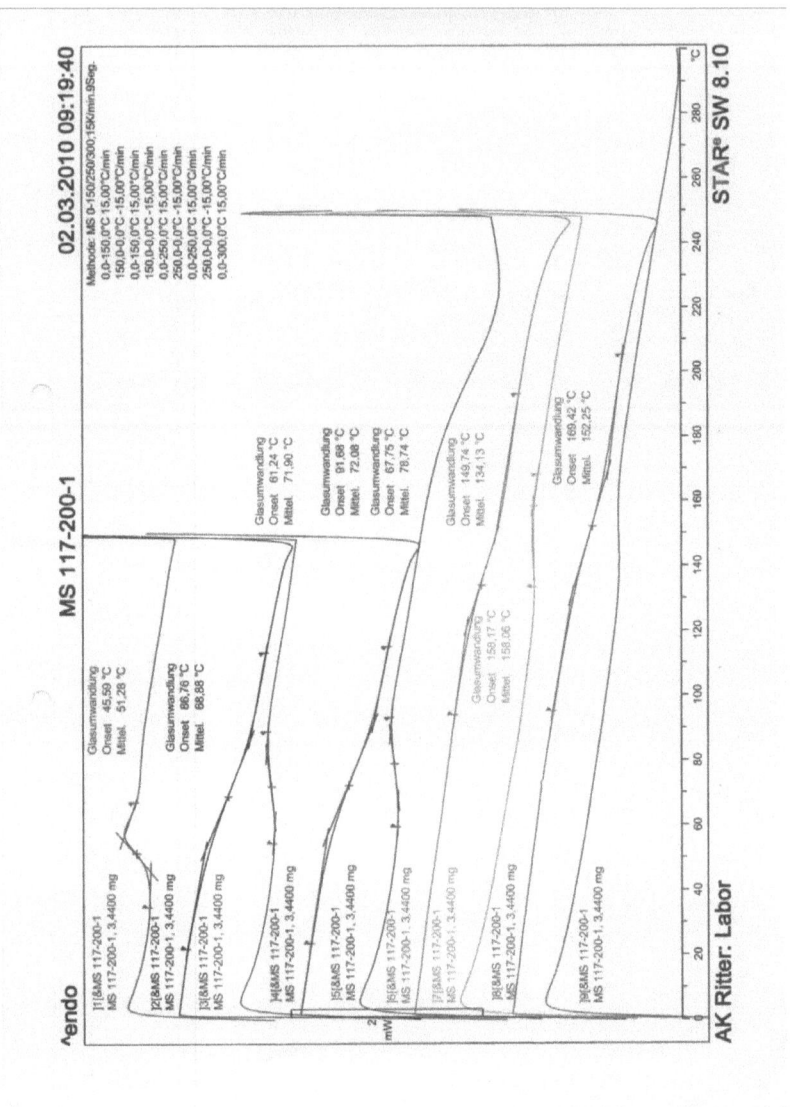

Abb. 7.51: DSC eines Zwillingscopolymers der molaren Zusammensetzung Monomer A:B = 1:1, DL-Milchsäure 98 % initiiert, 10 Minuten bei 200 °C getempert.

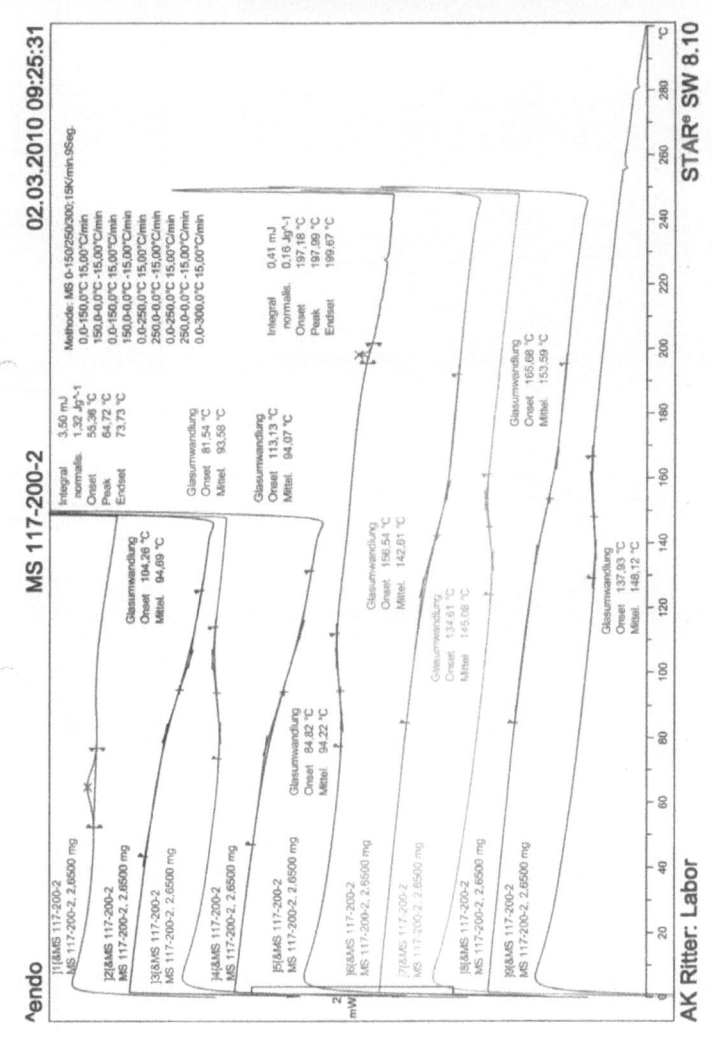

Abb. 7.52: DSC eines Zwillingscopolymers der molaren Zusammensetzung Monomer A:B = 1:1, DL-Milchsäure 98 % initiiert, 20 Minuten bei 200 °C getempert.

7 Anhang

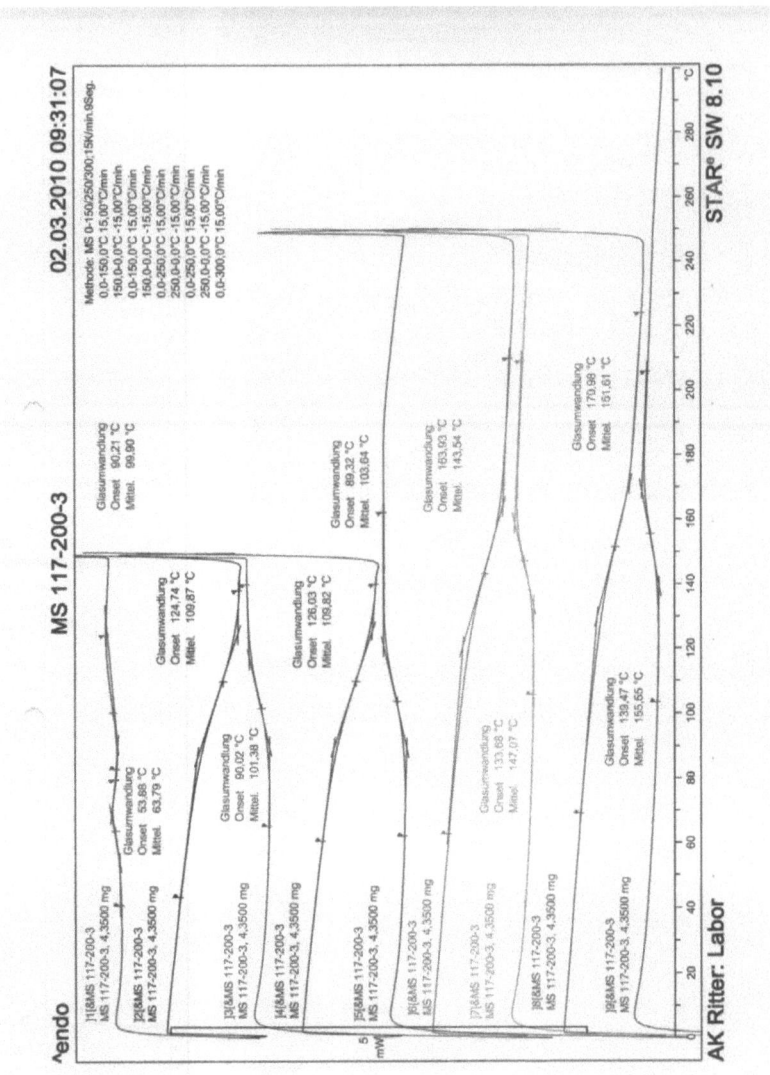

Abb. 7.53: DSC eines Zwillingscopolymers der molaren Zusammensetzung Monomer A:B = 1:1, DL-Milchsäure 98 % initiiert, 30 Minuten bei 200 °C getempert.

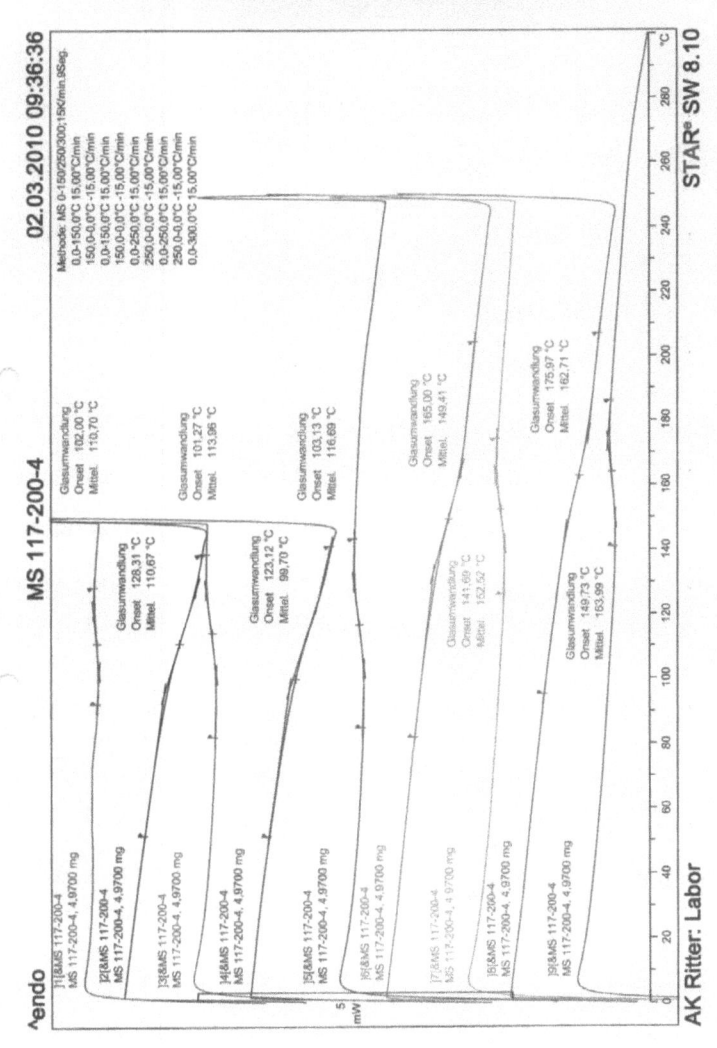

Abb. 7.54: DSC eines Zwillingscopolymers der molaren Zusammensetzung Monomer A:B = 1:1, DL-Milchsäure 98 % initiiert, 40 Minuten bei 200 °C getempert.

7 Anhang

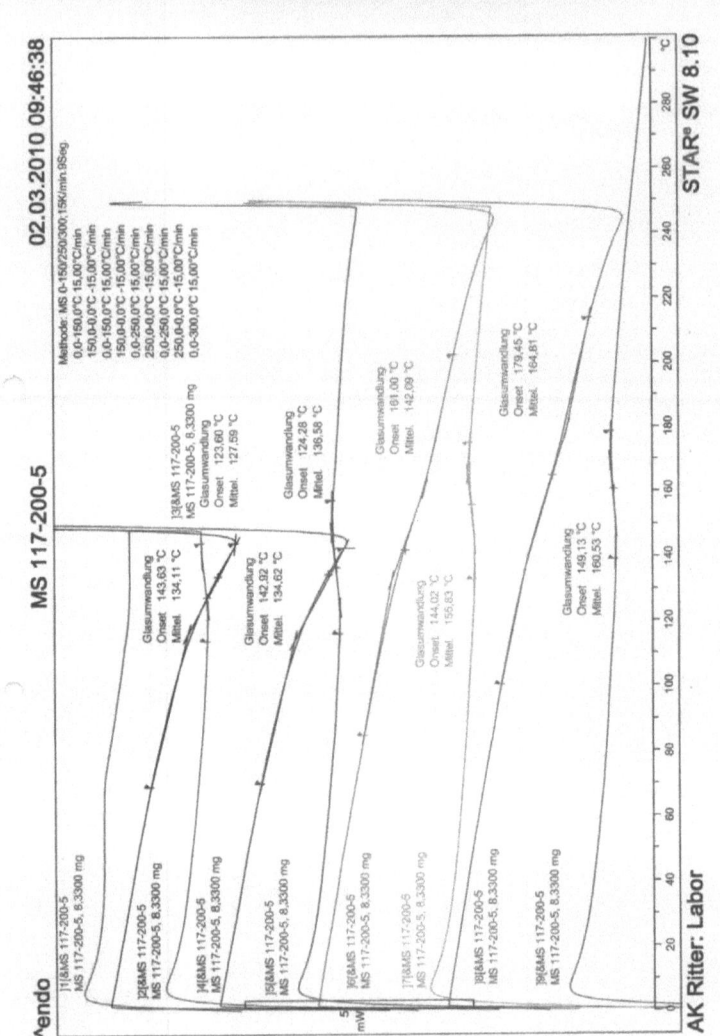

Abb. 7.55: DSC eines Zwillingscopolymers der molaren Zusammensetzung Monomer A:B = 1:1, DL-Milchsäure 98 % initiiert, 50 Minuten bei 200 °C getempert.

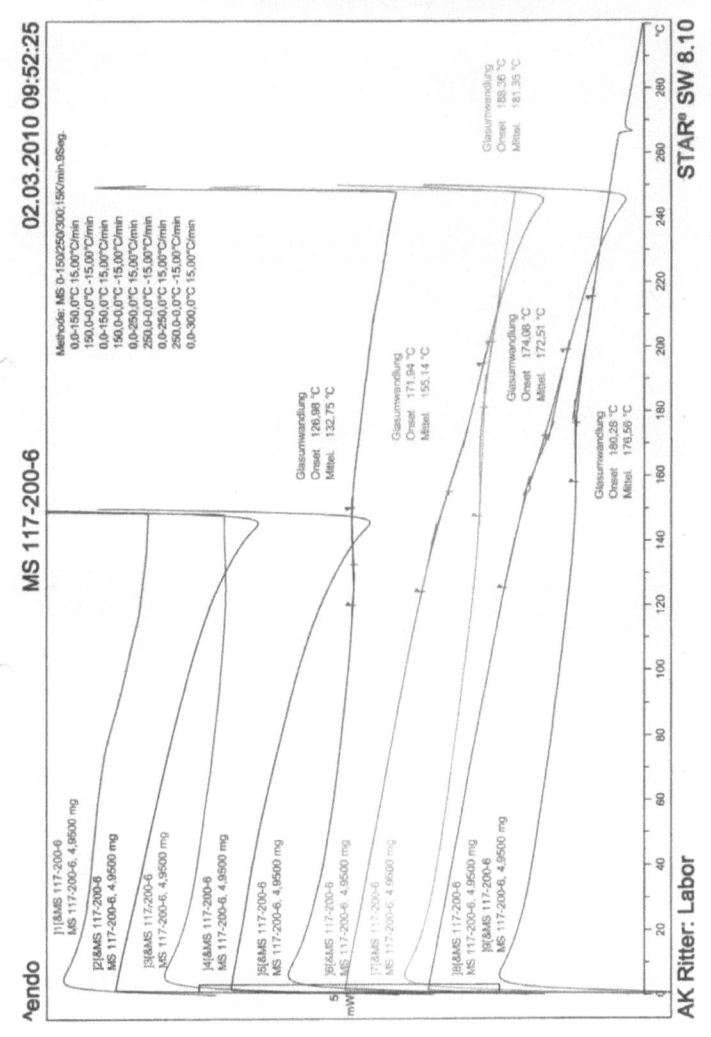

Abb. 7.56: DSC eines Zwillingscopolymers der molaren Zusammensetzung Monomer A:B = 1:1, DL-Milchsäure 98 % initiiert, 60 Minuten bei 200 °C getempert.

7 Anhang

7.4.9 DTA-Messungen

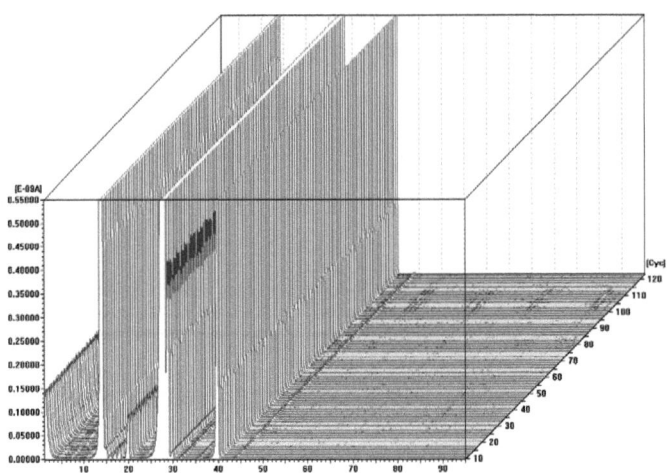

Abb. 7.57: Massenspektroskopische Analyse der Verbrennungsprodukte eines Zwillingscopolymers der molaren Zusammensetzung Monomer A:B = 1:1, DL-Milchsäure 98 % initiiert, mit Zugabe von 5 % Trioxan zur Schmelze.

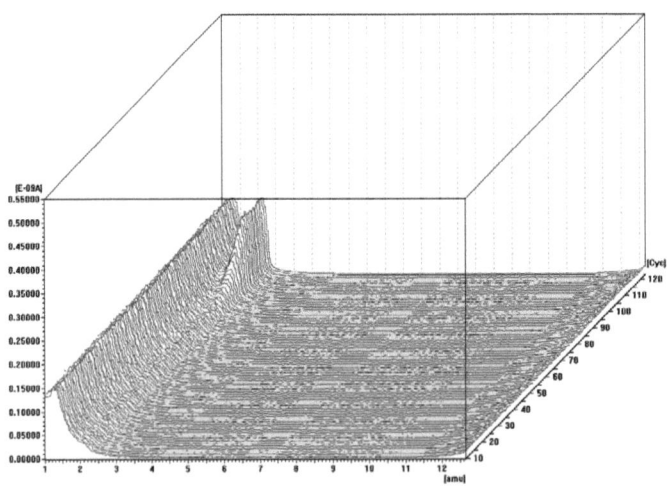

Abb. 7.58: Massenspektroskopische Analyse der Verbrennungsprodukte eines Zwillingscopolymers der molaren Zusammensetzung Monomer A:B = 1:1, DL-Milchsäure 98 % initiiert, mit Zugabe von 5 % Trioxan zur Schmelze.

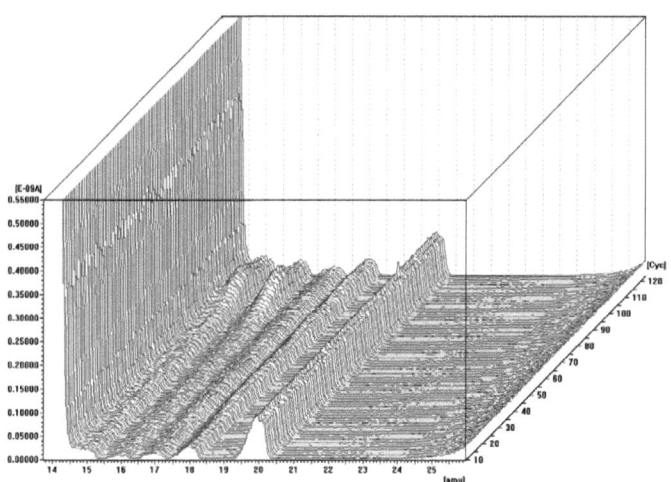

Abb. 7.59: Massenspektroskopische Analyse der Verbrennungsprodukte eines Zwillingscopolymers der molaren Zusammensetzung Monomer A:B = 1:1, DL-Milchsäure 98 % initiiert, mit Zugabe von 5 % Trioxan zur Schmelze.

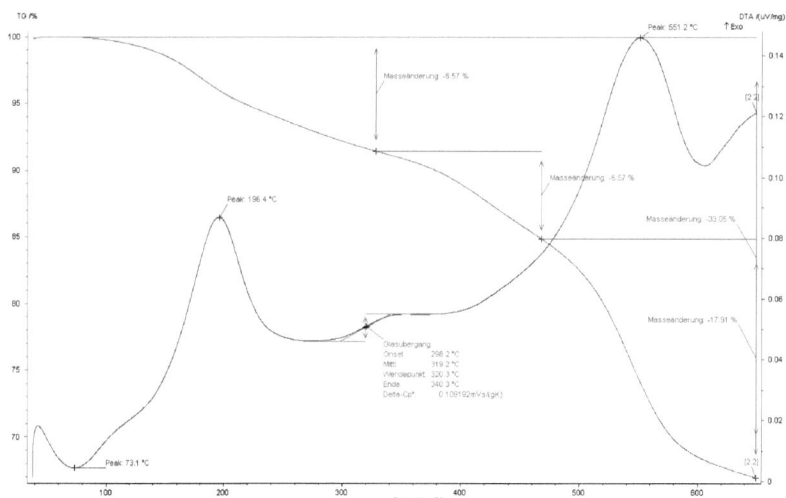

Abb. 7.60: DTA Diagramm eines Zwillingscopolymers der molaren Zusammensetzung Monomer A:B = 1:1, DL-Milchsäure 98 % initiiert, mit Zugabe von 5 % Trioxan zur Schmelze.

7 Anhang

7.4.10 Zug-Dehnungs-Messungen

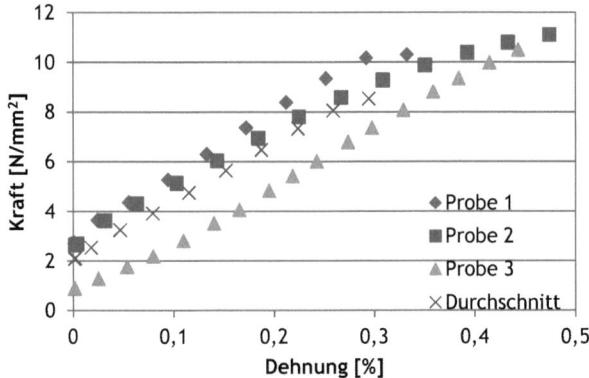

Abb. 7.61: σ/ε-Diagramm eines 17 μm PET-Vlies beschichtet mit Zwillingscopolymerisat der molaren Monomerzusammensetzung A:B = 1:2,3, 80 min bei 200 °C polymerisiert. Gemessen bei RT.

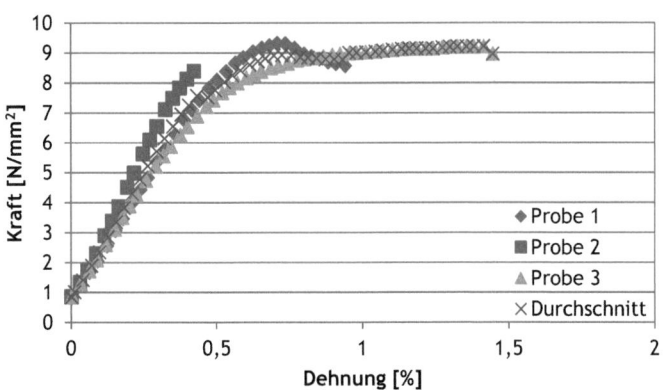

Abb. 7.62: σ/ε-Diagramm eines 17 μm PET-Vlies beschichtet mit Zwillingscopolymerisat der molaren Monomerzusammensetzung A:B = 1:2,3, 80 min bei 200 °C polymerisiert, 1,5 min mit 38-40 % HF behandelt. Gemessen bei RT.

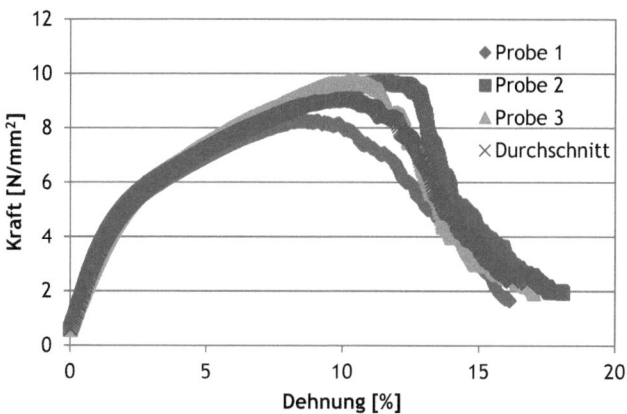

Abb. 7.63: σ/ε-Diagramm eines 17 µm PET-Vlies. Gemessen bei RT.

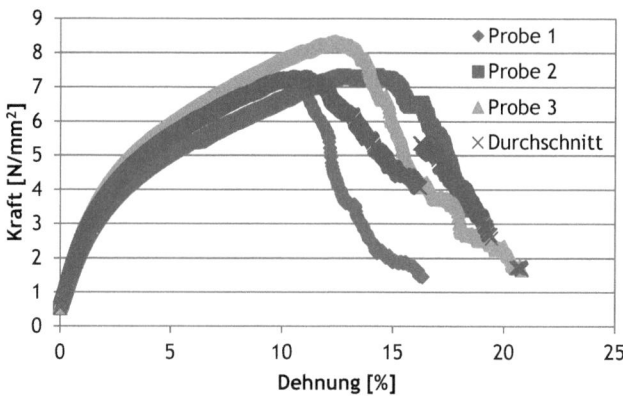

Abb. 7.64: σ/ε-Diagramm eines 17 µm PET-Vlies, 1,5 Minuten HF 38-40 % behandelt. Gemessen bei RT.

7 Anhang

7.4.11 Gurley Daten

Tabelle 7-24: Gurley Messungen eines Celgard® 2400 Separator.

	Probe 1			Probe 2			Probe 3	
Mes-sung	V [cm^3]	Gurley Zahl [s]	Mes-sung	V [cm^3]	Gurley Zahl [s]	Mes-sung	V [cm^3]	Gurley Zahl [s]
1	47	19,04	1	49,5	18,08	1	47,3	18,92
2	49,7	18,00	2	48,6	18,41	2	49,2	18,19
3	48	18,64	3	48,9	18,30	3	48,1	18,60
4	47,8	18,72	4	47,3	18,92	4	48,2	18,56
5	49,5	18,08	5	49,4	18,11	5	48	18,64
6	48,3	18,53	6	47,3	18,92	6	49,2	18,19
7	49,3	18,15	7	48,9	18,30	7	49,1	18,22
8	47,3	18,92	8	48,1	18,60	8	47,3	18,92
9	48,5	18,45	9	49,3	18,15	9	47	19,04
10	47,2	18,96	10	49,1	18,22	10	47,9	18,68

Tabelle 7-25: Gurley Messung einer Zwillingscopolymermembran der molaren Zusammensetzung A:B = 1:2,3, behandelt für 1,5 Minuten mit HF-Lösung 9-11 %.

	Probe 1			Probe 2			Probe 3	
Mes-sung	V [cm^3]	Gurley Zahl [s]	Mes-sung	V [cm^3]	Gurley Zahl [s]	Mes-sung	V [cm^3]	Gurley Zahl [s]
1	13,9	64,37	1	13,8	64,84	1	13,7	65,31
2	13,7	65,31	2	13,9	64,37	2	13,9	64,37
3	13,9	64,37	3	13,9	64,37	3	13,9	64,37
4	13,4	66,77	4	13,9	64,37	4	13,8	64,84
5	13,7	65,31	5	13,8	64,84	5	13,5	66,28
6	13,8	64,84	6	13,9	64,37	6	13,7	65,31
7	13,8	64,84	7	13,4	66,77	7	13,8	64,84
8	13,7	65,31	8	13,4	66,77	8	13,4	66,77
9	13,9	64,37	9	13,8	64,84	9	13,9	64,37
10	13,6	65,79	10	13,9	64,37	10	13,6	65,79

Tabelle 7-26: Gurley Messung einer Zwillingscopolymermembran der molaren Zusammensetzung A:B = 1:2,3, behandelt für 1,5 Minuten mit HF-Lösung 19-21 %.

	Probe 1			Probe 2			Probe 3	
Messung	V [cm^3]	Gurley Zahl [s]	Messung	V [cm^3]	Gurley Zahl [s]	Messung	V [cm^3]	Gurley Zahl [s]
1	31,9	28,05	1	35,2	25,42	1	34,8	25,71
2	30,8	29,05	2	36,2	24,72	2	34,3	26,09
3	31,8	28,14	3	35,6	25,13	3	35,4	25,28
4	30,5	29,34	4	36,6	24,45	4	33,5	26,71
5	31,6	28,32	5	36,9	24,25	5	34,1	26,24
6	30,2	29,63	6	35,8	24,99	6	35,3	25,35
7	31,5	28,41	7	36,4	24,58	7	34,9	25,64
8	31,9	28,05	8	35,9	24,92	8	34,2	26,16
9	30,1	29,73	9	35,1	25,49	9	35,6	25,13
10	30,6	29,24	10	36,8	24,31	10	34,3	26,09

Tabelle 7-27: Gurley Messung einer Zwillingscopolymermembran der molaren Zusammensetzung A:B = 1:2,3, behandelt für 1 Minute mit HF-Lösung 38-40 %.

	Probe 1			Probe 2			Probe 3	
Messung	V [cm^3]	Gurley Zahl [s]	Messung	V [cm^3]	Gurley Zahl [s]	Messung	V [cm^3]	Gurley Zahl [s]
1	8,2	109,12	1	9,8	91,30	1	9,2	97,26
2	8,3	107,80	2	9,8	91,30	2	9,1	98,33
3	8,4	106,52	3	9,6	93,20	3	8,9	100,54
4	8,5	105,27	4	9,8	91,30	4	9,2	97,26
5	8,5	105,27	5	9,5	94,19	5	8,7	102,85
6	8,2	109,12	6	9,5	94,19	6	8,8	101,68
7	8,3	107,80	7	10,1	88,59	7	9,2	97,26
8	8,1	110,47	8	9,7	92,24	8	9	99,42
9	8,3	107,80	9	9,9	90,38	9	9	99,42
10	8,5	105,27	10	9,7	92,24	10	9,3	96,21

Tabelle 7-28: Gurley Messung einer Zwillingscopolymermembran der molaren Zusammensetzung A:B = 1:2,3, behandelt für 1,5 Minute mit HF-Lösung 38-40 %.

	Probe 1			Probe 2			Probe 3	
Messung	V [cm^3]	Gurley Zahl [s]	Messung	V [cm^3]	Gurley Zahl [s]	Messung	V [cm^3]	Gurley Zahl [s]
1	36	24,85	1	30,1	29,73	1	32	27,96
2	36,5	24,51	2	29,8	30,03	2	31,9	28,05
3	36,3	24,65	3	30,3	29,53	3	32,6	27,45
4	36,9	24,25	4	30,4	29,43	4	32,4	27,62
5	36,4	24,58	5	29,7	30,13	5	31,7	28,23
6	37,2	24,05	6	29,6	30,23	6	31,9	28,05
7	36,8	24,31	7	30,1	29,73	7	32,4	27,62
8	37,1	24,12	8	30	29,83	8	32,6	27,45
9	36,5	24,51	9	29,8	30,03	9	32,6	27,45
10	36,4	24,58	10	29,6	30,23	10	31,9	28,05

7 Anhang

7.4.12 Leitfähigkeitsmessungen

Tabelle 7-29: Leitfähigkeitsmessungen einer Zwillingscopolymermembran der molaren Zusammensetzung A:B = 1:2,3, behandelt für 1,5 Minuten mit HF-Lösung 19-21 %, Schichtdicke: 117 µm.

Frequenz [Hz]	Impedanz [Ohm/cm^2]	Phasenverschiebung [Grad]
100000	3,400661124	77,99
56234,13252	2,581239823	48,0078909
31622,7766	2,300002757	27,72080875
17782,7941	2,261509189	15,29242089
10000	2,24997844	8,450591826
5623,413252	2,253218751	5,6078909
3162,27766	2,197193758	4,970808746
1778,27941	2,153988383	4,102420892
1000	2,09388756	2,640591826
562,3413252	2,072494357	1,5478909
316,227766	2,064468956	0,870808746
177,827941	2,062046035	0,489913036
100	2,061191566	0,280000592
56,23413252	2,060764464	0,158778667
31,6227766	2,060550946	0,083079021
17,7827941	2,0605035	0,047990974
10	2,05988681	0,022000001
5,623413252	2,060764464	0,009877856
3,16227766	2,060218851	-0,0056921
1,77827941	2,06024257	-0,003200903
1	2,06140515	-0,0118

Tabelle 7-30: Leitfähigkeitsmessungen einer Zwillingscopolymermembran der molaren Zusammensetzung A:B = 1:2,3, behandelt für 1,5 Minuten mit HF-Lösung 19-21 %, Schichtdicke: 88 µm.

Frequenz [Hz]	Impedanz [Ohm/cm^2]	Phasenverschiebung [Grad]
100000	9,353375215	45,09
56234,13252	2,780983145	45,4178909
31622,7766	2,51917511	26,04080875
17782,7941	2,491944449	14,34242089
10000	2,481894729	7,850591826
5623,413252	2,490883161	4,9978909
3162,27766	2,473337355	4,120808746
1778,27941	2,454275752	4,212420892
1000	2,361774105	3,260591826
562,3413252	2,318613481	2,0678909
316,227766	2,302572729	1,230808746
177,827941	2,297488555	0,689913036
100	2,295743464	0,390000592
56,23413252	2,295135638	0,228778667
31,6227766	2,295214911	0,123079021
17,7827941	2,295162062	0,067990974
10	2,2955056	0,042000001
5,623413252	2,294210994	0,009877856
3,16227766	2,294686479	0,0043079
1,77827941	2,295162062	0,0082
1	2,294871416	-0,0218

7 Anhang

Tabelle 7-31: Leitfähigkeitsmessungen einer Zwillingscopolymermembran der molaren Zusammensetzung A:B = 1:2,3, behandelt für 1,5 Minuten mit HF-Lösung 19-21 %, Schichtdicke: 100 μm.

Frequenz [Hz]	Impedanz [Ohm/cm^2]	Phasenverschiebung [Grad]
100000	3,550245263	74,69
56234,13252	2,582636929	47,8478909
31622,7766	2,302042603	27,69080875
17782,7941	2,263124033	15,29242089
10000	2,25197392	8,410591826
5623,413252	2,259375196	5,3978909
3162,27766	2,237037975	4,580808746
1778,27941	2,20253773	4,542420892
1000	2,116061846	3,300591826
562,3413252	2,080814457	2,0678909
316,227766	2,068132487	1,170808746
177,827941	2,063922363	0,679913036
100	2,062235965	0,380000592
56,23413252	2,061808647	0,218778667
31,6227766	2,061310221	0,123079021
17,7827941	2,061523817	0,067990974
10	2,061357685	0,042000001
5,623413252	2,061689963	0,029877856
3,16227766	2,06102546	0,0043079
1,77827941	2,061072917	-0,013200903
1	2,060811915	-0,0018

Tabelle 7-32: Leitfähigkeitsmessungen einer Zwillingscopolymermembran der molaren Zusammensetzung A:B = 1:2,3, behandelt für 1,5 Minuten mit HF-Lösung 38-40 %, Schichtdicke: 82 µm.

Frequenz [Hz]	Impedanz [Ohm/cm^2]	Phasenverschiebung [Grad]
100000	3,663686942	72,53
56234,13252	2,731828029	45,5978909
31622,7766	2,492403524	25,99080875
17782,7941	2,472369382	14,31242089
10000	2,464128528	7,870591826
5623,413252	2,473166508	5,0478909
3162,27766	2,452270403	4,260808746
1778,27941	2,424311137	4,262420892
1000	2,335975893	3,140591826
562,3413252	2,298017632	1,9778909
316,227766	2,28390669	1,130808746
177,827941	2,27978219	0,629913036
100	2,279099872	0,330000592
56,23413252	2,280149678	0,158778667
31,6227766	2,281199967	0,063079021
17,7827941	2,28298657	0,007990974
10	2,283039138	-0,017999999
5,623413252	2,284537844	-0,030122144
3,16227766	2,285905943	-0,0556921
1,77827941	2,286537649	-0,063200903
1	2,288064994	-0,0518

7 Anhang

Tabelle 7-33: Leitfähigkeitsmessungen einer Zwillingscopolymermembran der molaren Zusammensetzung A:B = 1:2,3, behandelt für 1,5 Minuten mit HF-Lösung 38-40 %, Schichtdicke: 88 µm.

Frequenz [Hz]	Impedanz [Ohm/cm^2]	Phasenverschiebung [Grad]
100000	8,980765503	35,94
56234,13252	2,910203486	43,4478909
31622,7766	2,674658607	24,72080875
17782,7941	2,66004116	13,61242089
10000	2,649588052	7,480591826
5623,413252	2,657745287	4,7778909
3162,27766	2,640999729	3,940808746
1778,27941	2,624450323	4,042420892
1000	2,530453474	3,120591826
562,3413252	2,485726582	1,9978909
316,227766	2,469894236	1,170808746
177,827941	2,464837863	0,639913036
100	2,463589569	0,330000592
56,23413252	2,464866241	0,158778667
31,6227766	2,465462247	0,053079021
17,7827941	2,466768288	-0,002009026
10	2,467421568	-0,017999999
5,623413252	2,469922672	-0,050122144
3,16227766	2,471003478	-0,0656921
1,77827941	2,471003478	-0,0518
1	2,472198603	-0,0318

Tabelle 7-34: Leitfähigkeitsmessungen einer Zwillingscopolymermembran der molaren Zusammensetzung A:B = 1:2,3, behandelt für 1,5 Minuten mit HF-Lösung 38-40 %, Schichtdicke: 63 µm.

Frequenz [Hz]	Impedanz [Ohm/cm^2]	Phasenverschiebung [Grad]
100000	3,536619658	75,11
56234,13252	2,763079347	45,3278909
31622,7766	2,510778243	25,87080875
17782,7941	2,487186528	14,24242089
10000	2,477583823	7,870591826
5623,413252	2,483381015	5,1078909
3162,27766	2,434099665	4,550808746
1778,27941	2,390277683	3,912420892
1000	2,322941948	2,550591826
562,3413252	2,298255757	1,5178909
316,227766	2,289145284	0,840808746
177,827941	2,286458676	0,459913036
100	2,285826991	0,240000592
56,23413252	2,286616625	0,098778667
31,6227766	2,288354777	0,023079021
17,7827941	2,289725162	-0,022009026
10	2,290700743	-0,037999999
5,623413252	2,292072532	-0,050122144
3,16227766	2,292679547	-0,0556921
1,77827941	2,293524357	-0,053200903
1	2,295347038	-0,0618

7 Anhang

Tabelle 7-35: Leitfähigkeitsmessungen einer Zwillingscopolymermembran der molaren Zusammensetzung A:B = 1:2,3, behandelt für 1 Minute mit HF-Lösung 38-40 %, Schichtdicke: 82 µm.

Frequenz [Hz]	Impedanz [Ohm/cm^2]	Phasenverschiebung [Grad]
100000	552,6731544	23,11998733
56234,13252	534,1624678	8,919987329
31622,7766	532,2533084	8,0333219
17782,7941	539,2788272	2,20535637
10000	549,4312658	-1,168844475
5623,413252	566,8046045	-3,488016468
3162,27766	587,8998774	-5,6466781
1778,27941	620,6880294	-7,45464363
1000	658,5645809	-8,238844475
562,3413252	700,3390934	-8,365062367
316,227766	741,3697637	-8,071475902
177,827941	782,3730275	-7,78464363
100	818,3082311	-7,408844475
56,23413252	854,476985	-7,205062367
31,6227766	890,9172537	-7,271475902
17,7827941	933,1433591	-7,56464363
10	977,8412854	-8,208844475
5,623413252	1030,524615	-8,351475902
3,16227766	1088,086369	-9,771475902
1,77827941	1149,974922	-11,07010636
1	1216,181435	-13,15499884

Tabelle 7-36: Leitfähigkeitsmessungen einer Zwillingscopolymermembran der molaren Zusammensetzung A:B = 1:2,3, behandelt für 1 Minute mit HF-Lösung 38-40 %, Schichtdicke: 93 µm.

Frequenz [Hz]	Impedanz [Ohm/cm^2]	Phasenverschiebung [Grad]
100000	563,2074224	23,15998733
56234,13252	543,4609826	9,019987329
31622,7766	541,9614171	8,0833219
17782,7941	548,9317737	2,25535637
10000	559,059935	-1,088844475
5623,413252	576,4589278	-3,388016468
3162,27766	597,7965023	-5,5266781
1778,27941	630,5628343	-7,31464363
1000	668,2029208	-8,088844475
562,3413252	709,534259	-8,215062367
316,227766	750,2886378	-7,941475902
177,827941	791,1728393	-7,66464363
100	826,952129	-7,308844475
56,23413252	862,8958288	-7,125062367
31,6227766	899,1835842	-7,191475902
17,7827941	941,2573265	-7,49464363
10	985,9805994	-8,158844475
5,623413252	1037,44091	-8,825062367
3,16227766	1095,136792	-9,711475902
1,77827941	1157,119919	-11,00010636
1	1223,639167	-13,13499884

7 Anhang

Tabelle 7-37: Leitfähigkeitsmessungen einer Zwillingscopolymermembran der molaren Zusammensetzung A:B = 1:2,3, behandelt für 1 Minute mit HF-Lösung 38-40 %, Schichtdicke: 95 μm.

Frequenz [Hz]	Impedanz [Ohm/cm^2]	Phasenverschiebung [Grad]
100000	563,2074224	23,15998733
56234,13252	543,4609826	9,019987329
31622,7766	541,9614171	8,0833219
17782,7941	548,9317737	2,25535637
10000	559,059935	-1,088844475
5623,413252	576,4589278	-3,388016468
3162,27766	597,7965023	-5,5266781
1778,27941	630,5628343	-7,31464363
1000	668,2029208	-8,088844475
562,3413252	709,534259	-8,215062367
316,227766	750,2886378	-7,941475902
177,827941	791,1728393	-7,66464363
100	826,952129	-7,308844475
56,23413252	862,8958288	-7,125062367
31,6227766	899,1835842	-7,191475902
17,7827941	941,2573265	-7,49464363
10	985,9805994	-8,158844475
5,623413252	1037,44091	-8,825062367
3,16227766	1095,136792	-9,711475902
1,77827941	1157,119919	-11,00010636
1	1223,639167	-13,13499884

Tabelle 7-38: Leitfähigkeitsmessungen einer Zwillingscopolymermembran der molaren Zusammensetzung A:B = 1:2,3, behandelt für 1,5 Minuten mit HF-Lösung 9-11 %, Schichtdicke: 76 µm.

Frequenz [Hz]	Impedanz [Ohm/cm^2]	Phasenverschiebung [Grad]
100000	279,8455242	66,2778909
56234,13252	213,4953229	40,5678909
31622,7766	193,9270385	20,85080875
17782,7941	197,2551566	8,222420892
10000	203,8934927	0,680591826
5623,413252	214,6808792	-3,6021091
3162,27766	227,2863557	-5,919191254
1778,27941	244,480016	-6,727579108
1000	255,6132518	-7,419408174
562,3413252	268,8922996	-7,9221091
316,227766	283,1674731	-8,239191254
177,827941	298,0769305	-8,590086964
100	313,8689578	-9,219999408
56,23413252	340,0074003	-9,811475902
31,6227766	363,0307139	-11,8614759
17,7827941	394,7511189	-13,43464363
10	432,3976945	-14,88884448
5,623413252	475,5797669	-16,18506237
3,16227766	523,4357362	-17,9914759
1,77827941	579,1064068	-20,99010636
1	653,0980238	-25,78499884

7 Anhang

Tabelle 7-39: Leitfähigkeitsmessungen einer Zwillingscopolymermembran der molaren Zusammensetzung A:B = 1:2,3, behandelt für 1,5 Minuten mit HF-Lösung 9-11 %, Schichtdicke: 92 µm.

Frequenz [Hz]	Impedanz [Ohm/cm^2]	Phasenverschiebung [Grad]
100000	278,367395	66,2378909
56234,13252	212,4434597	40,5078909
31622,7766	193,0827009	20,81080875
17782,7941	196,4031122	8,162420892
10000	203,0829041	0,630591826
5623,413252	213,8692593	-3,6121091
3162,27766	226,3931933	-5,919191254
1778,27941	243,443602	-6,737579108
1000	254,5706698	-7,429408174
562,3413252	267,7523957	-7,8821091
316,227766	282,0384799	-8,219191254
177,827941	296,8919111	-8,580086964
100	312,6355535	-9,219999408
56,23413252	338,3205434	-9,811475902
31,6227766	361,2379505	-11,8514759
17,7827941	392,8107546	-13,43464363
10	430,4902995	-14,90884448
5,623413252	473,4273784	-16,20506237
3,16227766	521,4988675	-18,0014759
1,77827941	577,6015761	-20,90010636
1	651,1909701	-25,47499884

Tabelle 7-40: Leitfähigkeitsmessungen einer Zwillingscopolymermembran der molaren Zusammensetzung A:B = 1:2,3, behandelt für 1,5 Minuten mit HF-Lösung 9-11 %, Schichtdicke: 86 µm.

Frequenz [Hz]	Impedanz [Ohm/cm^2]	Phasenverschiebung [Grad]
100000	276,7217945	66,1578909
56234,13252	211,2483694	40,4278909
31622,7766	192,0783274	20,76080875
17782,7941	195,4242101	8,122420892
10000	201,9823242	0,660591826
5623,413252	212,6759421	-3,6321091
3162,27766	225,1325888	-5,929191254
1778,27941	242,0601875	-6,737579108
1000	253,1531673	-7,409408174
562,3413252	266,1879339	-7,9021091
316,227766	280,3905453	-8,229191254
177,827941	295,2013677	-8,590086964
100	310,8732585	-9,219999408
56,23413252	336,4328307	-9,821475902
31,6227766	359,2678621	-11,8614759
17,7827941	390,6594818	-13,43464363
10	427,9897515	-14,89884448
5,623413252	470,8725458	-16,25506237
3,16227766	519,3658257	-18,0414759
1,77827941	576,1603524	-20,87010636
1	648,2437969	-25,21499884

7 Anhang

Tabelle 7-41: Leitfähigkeitsmessungen einer Zwillingscopolymermembran der molaren Zusammensetzung A:B = 1:1, Schichtdicke: 113 µm.

Frequenz [Hz]	Impedanz [Ohm/cm^2]	Phasenverschiebung [Grad]
100000	4224,928601	36,07998733
56234,13252	3702,549505	18,78998733
31622,7766	3530,964685	14,8433219
17782,7941	3502,259919	7,35535637
10000	3509,000047	3,531155525
5623,413252	3544,44608	1,591983532
3162,27766	3564,703184	0,3133219
1778,27941	3601,706951	-0,60464363
1000	3626,397227	-0,918844475
562,3413252	3655,791123	-1,085062367
316,227766	3685,139003	-1,131475902
177,827941	3722,921457	-1,24464363
100	3742,086946	-1,228844475
56,23413252	3766,056871	-1,265062367
31,6227766	3792,768837	-1,361475902
17,7827941	3833,093155	-1,42464363
10	3861,20068	-1,708844475
5,623413252	3899,733004	-2,065062367
3,16227766	3948,029363	-2,461475902
1,77827941	4000,219973	-3,060106363
1	4054,661693	-3,884998843

Tabelle 7-42: Leitfähigkeitsmessungen einer Zwillingscopolymermembran der molaren Zusammensetzung A:B = 1:1, Schichtdicke: 123 µm.

Frequenz [Hz]	Impedanz [Ohm/cm^2]	Phasenverschiebung [Grad]
100000	4217,279395	35,98998733
56234,13252	3699,166454	18,75998733
31622,7766	3526,333427	14,8633219
17782,7941	3495,814456	7,39535637
10000	3501,534212	3,571155525
5623,413252	3535,479912	1,641983532
3162,27766	3554,294209	0,3533219
1778,27941	3589,619155	-0,57464363
1000	3613,419417	-0,898844475
562,3413252	3642,037171	-1,055062367
316,227766	3670,999911	-1,121475902
177,827941	3707,99273	-1,24464363
100	3726,798174	-1,228844475
56,23413252	3750,285873	-1,275062367
31,6227766	3777,068612	-1,371475902
17,7827941	3817,432565	-1,43464363
10	3844,712538	-1,718844475
5,623413252	3885,441495	-2,045062367
3,16227766	3931,71812	-2,471475902
1,77827941	3983,495895	-3,080106363
1	4039,992176	-3,924998843

7 Anhang

Tabelle 7-43: Leitfähigkeitsmessungen einer Zwillingscopolymermembran der molaren Zusammensetzung A:B = 1:1, Schichtdicke: 118 µm.

Frequenz [Hz]	Impedanz [Ohm/cm^2]	Phasenverschiebung [Grad]
100000	4208,141881	36,06998733
56234,13252	3686,335631	18,79998733
31622,7766	3512,193008	14,8933219
17782,7941	3480,834494	7,43535637
10000	3484,483192	3,611155525
5623,413252	3517,291593	1,661983532
3162,27766	3535,927681	0,3633219
1778,27941	3570,987862	-0,56464363
1000	3594,04387	-0,888844475
562,3413252	3623,183868	-1,085062367
316,227766	3650,815401	-1,121475902
177,827941	3687,248214	-1,25464363
100	3705,666863	-1,228844475
56,23413252	3729,231758	-1,275062367
31,6227766	3756,253327	-1,381475902
17,7827941	3795,817939	-1,44464363
10	3823,982305	-1,728844475
5,623413252	3863,535205	-2,075062367
3,16227766	3910,199123	-2,491475902
1,77827941	3962,327549	-3,070106363
1	4019,520741	-3,974998843

Tabelle 7-44: Leitfähigkeitsmessungen einer Zwillingscopolymermembran der molaren Zusammensetzung A:B = 1:2,3, Schichtdicke: 79 µm.

Frequenz [Hz]	Impedanz [Ohm/cm^2]	Phasenverschiebung [Grad]
100000	8682,404718	37,56713287
50118,72336	7059,761443	17,98713287
25118,86432	6718,619189	10,85558266
12589,25412	6853,541171	3,299722154
6309,573445	7053,09975	0,895540572
3162,27766	7145,374998	-0,1166781
1584,893192	7225,701658	-0,60141587
794,3282347	7260,642041	-0,556659196
398,1071706	7288,111798	-0,445668168
199,5262315	7334,913997	-0,590186748
100	7338,292627	-0,498844475
50,11872336	7377,768538	-0,487525703
25,11886432	7378,787885	-0,555156117
12,58925412	7418,396229	-0,590277846
6,309573445	7453,925126	-0,769363609
3,16227766	7495,058484	-1,021475902
1,584893192	7516,748611	-1,326596364
0,794328235	7581,323454	-1,908723273
0,398107171	7695,467813	-3,38957404
0,199526231	7787,176638	-5,962499999
0,1	8030,730022	-9,872499999

7 Anhang

Tabelle 7-45: Leitfähigkeitsmessungen einer Zwillingscopolymermembran der molaren Zusammensetzung A:B = 1:2,3, Schichtdicke: 91 µm.

Frequenz [Hz]	Impedanz [Ohm/cm^2]	Phasenverschiebung [Grad]
100000	7402,107187	20,89617738
63095,73445	7192,723567	9,656177382
39810,71706	7128,339403	5,241751982
25118,86432	7169,82193	5,605582659
15848,93192	7264,795098	1,73858413
10000	7377,553535	-0,488844475
6309,573445	7557,2688	-1,804459428
3981,071706	7713,63118	-2,983327377
2511,886432	7909,132835	-3,754417341
1584,893192	8144,076034	-4,31141587
1000	8351,026651	-4,358844475
630,9573445	8551,097723	-4,289363609
398,1071706	8741,045274	-4,195668168
251,1886432	8929,257961	-4,145156117
158,4893192	9138,677881	-4,22141587
100	9314,153043	-4,178844475
63,09573445	9489,828625	-4,219363609
39,81071706	9668,149774	-4,455668168
25,11886432	9870,368562	-4,905156117
15,84893193	10133,35762	-5,40141587
10	10399,40207	-6,108844475

Tabelle 7-46: Leitfähigkeitsmessungen einer Zwillingscopolymermembran der molaren Zusammensetzung A:B = 1:2,3, Schichtdicke: 66 µm.

Frequenz [Hz]	Impedanz [Ohm/cm^2]	Phasenverschiebung [Grad]
100000	6473,57997	19,93617738
63095,73445	6299,206816	8,886177382
39810,71706	6256,026106	4,571751982
25118,86432	6307,328743	5,015582659
15848,93192	6406,37737	1,19858413
10000	6518,430169	-0,938844475
6309,573445	6689,397713	-2,164459428
3981,071706	6838,447504	-3,283327377
2511,886432	7021,259384	-3,994417341
1584,893192	7238,440642	-4,49141587
1000	7429,678434	-4,468844475
630,9573445	7612,722819	-4,289363609
398,1071706	7781,351206	-4,125668168
251,1886432	7943,73993	-3,975156117
158,4893192	8119,887596	-3,96141587
100	8263,423623	-3,828844475
63,09573445	8403,01265	-3,779363609
39,81071706	8540,828815	-3,905668168
25,11886432	8692,005998	-4,235156117
15,84893193	8889,759611	-4,62141587
10	9086,257019	-5,258844475

i want morebooks!

Buy your books fast and straightforward online - at one of world's fastest growing online book stores! Environmentally sound due to Print-on-Demand technologies.

Buy your books online at
www.get-morebooks.com

Kaufen Sie Ihre Bücher schnell und unkompliziert online – auf einer der am schnellsten wachsenden Buchhandelsplattformen weltweit! Dank Print-On-Demand umwelt- und ressourcenschonend produziert.

Bücher schneller online kaufen
www.morebooks.de

VDM Verlagsservicegesellschaft mbH
Heinrich-Böcking-Str. 6-8   Telefon: +49 681 3720 174   info@vdm-vsg.de
D - 66121 Saarbrücken   Telefax: +49 681 3720 1749   www.vdm-vsg.de

Printed by Books on Demand GmbH, Norderstedt / Germany